看外星
取代你不可能

你 想 象 中 的 未 来 , 正 在 开 启

看见不可以
敢做不可能

每 个 人 都 是 未 来 的 架 构 师
一起努力，去拥抱属于我们每一个人的共同的未来

未来架构师

《未来架构师》节目组 编著

漓江出版社

图书在版编目（CIP）数据

未来架构师：全2册 /《未来架构师》节目组编著. — 桂林：漓江出版社, 2018.5
ISBN 978-7-5407-8374-7

Ⅰ. ①未… Ⅱ. ①未… Ⅲ. ①未来学 – 普及读物 Ⅳ. ①G303–49

中国版本图书馆CIP数据核字（2018）第002396号

未来架构师（上、下）

作　　者：《未来架构师》节目组
策划统筹：符红霞
责任编辑：杨　静　助理编辑：赵卫平
责任校对：王成成
封面设计：7拾3号工作室　版式设计：红杉林文化
美编制作：王道琴
责任监印：周　萍

出 版 人：刘迪才
出版发行：漓江出版社
社　　址：广西桂林市南环路22号
邮　　编：541002
发行电话：0773-2583322　010-85893190
传　　真：0773-2582200　010-85893190-814
电子信箱：ljcbs@163.com
网　　址：http://www.lijinagbook.com
印　　制：三河市西华印务有限公司
开　　本：710×960　1/16　印张：30.5　字数：400千字
版　　次：2018年5月第1版　印次：2018年5月第1次印刷
书　　号：ISBN 978-7-5407-8374-7
定　　价：88.00元（全2册）

|写在前面|

齐竹泉|中央电视台财经频道总监

2017年7月，财经频道推出了《未来架构师》节目。之所以推出《未来架构师》这样一档节目，主要是出于以下两个方面的考虑。

一方面，这是财经频道的定位所决定的。追溯中国几千年的发展历程，中国的强大应该依靠什么？习总书记说过："历史告诉我们一个真理：一个国家是否强大不能单就经济总量大小而定，一个民族是否强盛也不能单凭人口规模、领土幅员多寡而定。近代史上，我国落后挨打的根子之一就是科技落后。"这些年，我们加大了科教兴国战略、创新驱动战略的实施力度，我们制定了"中国制造2025""供给侧结构性改革""新动能培育"等一系列举措，使我国科技水平不断提升，科技成果不断涌现。那么，在这一历史进程当中，媒体应当做什么？做成怎么样？我想，作为有责任的媒体，最重要的任务就是**培育、树立国人的科学思想、理性思维和科技意识**。作为国家媒体，我们推出这样一档科技类的节目既是职责之所在，也是担当之必然。

另一方面，这是科学技术与现实生活关系正在改变的趋势所决定的。听上去有些绕，但仔细琢磨起来您是不是也会感到深以为是呢？

首先，**未来和现实的距离从未如此接近过**。对未来的想象是人类不断发展进步的动力。但过去的想象更多只是一种憧憬、几分浪漫，像嫦娥奔月、精卫填海、夸父追日……即便几十年前看凡尔纳的《海底两万里》《从地球到月球》时，看叶永烈的《小灵通漫游未来》

时，都感到那是遥不可及的幻想世界。但现在，许多事情从想象变成现实的速度在大大加快。我们已经进入一个"科技大爆炸"的时代。

这也就引出了我的第二个观点，**科技对生活的改变从未如此巨大过**。今天，科技已经渗透到我们日常生活的方方面面。可以说，今天的衣食住行、吃喝玩乐，无不渗透着科技的支撑、展示着科技的魅力，以至于现在的孩子，可能还不会说话不会走路，就已经会玩手机了。

这也就引出了我的第三个观点，**我们对未来的关注从未如此紧迫过**。科技越发达，我们越期待未来；科技越发达，我们越恐惧未来。期待也好，恐惧也好，结果就是越来越高度关注涉及未来的一切科技。今天的我们甚至已经习惯去说"没有做不到，只怕想不到"。于是，在这样一档节目中，我们请来了各个领域走在前沿的科技大咖，让他们来给我们讲述他们的思考，让他们来给我们描绘未来的愿景。

最后，我想说几句感谢的话：

感谢所有参与节目的嘉宾，他们是节目的主体和灵魂，他们为所有人开阔了视野、打开了脑洞，架构了更加美好的未来；

感谢《未来加构师》节目组的全体同事，为了这档节目，他们付出了很多很多，个中艰辛只有他们自己清楚；

当然，还要感谢亲爱的观众和读者，感谢你们对科技、自然、社会的热爱，也感谢你们心中永葆的那份对未知的好奇心和想象力，你们都是未来社会的架构师，也是自己生活的架构师。

（摘自《未来架构师》节目启播礼致辞）

|目 录|

contents

第一篇
敢做不可能

我们未来 5 ~ 10 年后的生活将会被哪些脑洞大开的"黑科技"所改变？当那些看似神奇疯狂的想法再也不是停留在科幻片中的想象，你还会说"未来已来"只是一句口号吗？

第二篇
看见不可见

人之所以为人，我们在这个星球之所以能够以这样的方式不断延续发展着，是缘于人类天生的好奇心和创造力。我们对自然规律的总结，对自身的认知，对人类社会发展史的研究，对科技的理解，对未知领域的探求……这些科学精神的光芒指引我们不断向前。

第三篇
敢未来

每一个新奇的想法，每一项创新的发明，都源自我们内心的执着——对历史的致敬、对人类的大爱。未来，从来不是茫然的征途，它是我们走过的路的延伸，它是一代又一代人对那一份"初心"的不懈追寻，它是执着开创的美好……

第一篇
敢做不可能

我们未来 5 ~ 10 年后的生活将会被哪些脑洞大开的"黑科技"所改变？当那些看似神奇疯狂的想法再也不是停留在科幻片中的想象，你还会说"未来已来"只是一句口号吗？

第 **1** 章
人机交互的新界面

▼

刘自鸿

　　微纳电子学专家，2015 年入选为国家"千人计划"特聘专家，同年被评为福布斯"中美十大年度创新人物"。17 岁时拒绝保送考入清华，2006 年进入美国斯坦福大学，用不到 3 年时间拿下电子工程博士学位，曾任美国 IBM 公司"纽约全球研发中心"顾问工程师及研究科学家。29 岁在美国硅谷和中国深圳同步创立跨国公司柔宇科技，两年多的时间便成为跻身全球价值超 10 亿美元公司"独角兽俱乐部"的科技创新企业。

即将到来的柔性世界

刘自鸿 | 柔宇科技创始人、CEO

非常高兴今天能够来到未来架构师这个舞台，我很喜欢这个词，其实每个人都会思考未来，而在未来的缔造过程当中，架构师是非常重要的一个角色。柔宇有一个口号叫作"我们不预测未来，我们创造未来"，其实在创造的过程当中，我们每天都要去思考：在未来，我们的方法会是怎么样的，我们的体系会是怎么样的。这都是架构师的工作。

柔性技术，正在颠覆显示方式

今天每个人都在使用智能手机，大家有没有觉得在我们使用手机的过程当中有些不太方便的地方？或者是否希望它有一些更强大的功能？比如：手机已经很便捷，但大家是不是觉得屏幕不够大，所以才会去ipad？带着手机出去跑步，有没有觉得很不方便？这些都是目前高度发展的信息社会中仍然存在的一些问题。在跑步或者没有口袋的时候，能否把手机像手表一样绕在手腕上，展开后，就能正常打电话、上网？柔性显示技术正在实现这样的愿望。

柔性显示的诞生

○草坪上想出的黑科技

2006年，我从清华毕业后进入斯坦福攻读电子工程博士。到斯坦福的第一个月，我经常躺在学校的草坪上，一边仰望蓝天，一边天马行空地畅想未来。其间，我意识到，人类社会的发展一直都是人跟人、人跟物、人跟大自然的交流。在这些交流过程中，人类获取信息的方式有很多，但其中最重要的方式是通过五官接收信息，而五官中视觉输入大概会占到信息输入总量的70%。我开始琢磨——在显示技术当中，还有哪些东西可以做得更好？

我认为，今天就像一面镜子，我们能看到多远的历史，就能看到多远的未来。关注显示技术之后，我开始查阅显示行业的历史。原始社会的人靠太阳来判断时间，这是一种显示方式；后来，人们在石头上刻字，在竹简上书写；现在，有了电影、电视、手机、电脑……在发展进程中，这些技术之间有没有一些本能的联系？

由此，我发现显示技术要解决的是两个本能的需求。一是便捷，能随时随地查看想要获取的信息，这是手机带给我们的一个好处。二是视觉享受，希望有美好、愉悦的视觉体验，所以各种屏幕越来越大，越来越清晰、逼真。但是，这两种需求恰恰又互相矛盾——想要便捷随身，它屏幕就不能做得太大；想要屏幕又大又清晰，它就满足不了便捷需求。我产生了一个想法：能不能把这些传统的、方方正正的显示屏做得像薄膜一样，想便捷易携就卷曲、折叠，想看大屏就展开。这个想法，成为我十几年来的事业目标。

2006年产生这一想法时，我跟斯坦福的导师做了交流，他很诧异地问我："我没有研究过这个事情，怎么指导你呢？"我对他说，正因为没人研究过，所以才是新课题，我们可以共同研究。导师让我写了一页纸的项目说明，这页纸让我们获得了第一笔研究经费。

○两年推出全球最薄柔显屏

2009年，我从斯坦福博士毕业，适逢美国金融危机，不是创业的好时机，我便加入纽约的IBM公司从事研究工作；2012年，我和斯坦福的两位校友（也是清华校友），共同创立了柔宇科技。当时我们已经想好柔性显示的产业化方式，也迎来了不错的创业时机。

为了把有限的资金投入到技术研发中，我们跑到深圳一个偏僻的小镇，花了一整天时间挑选每块木板、每张桌子、每把椅子。一天下来，省了5万元，晚上12点，我们光着膀子吃着路边摊。当时那个家具厂的老板说："我从来没有看到从美国回来的博士做这样的事情。"我们笑着跟他说，这就是我们这家公司真实的历史起点。

现在，柔宇科技已经从创业时的3个人，发展为拥有来自全球15个国家、1000多人的团队。过去的近5年中，这个团队付出了艰辛的努力，也非常幸运地获得了5轮风险投资，在最近的一轮风险融资当中，公司的估值已超过200亿元。2014年，我们发布了全球最薄的一款柔性显示屏，厚度只有0.01毫米。

这个厚度为0.01毫米的屏幕，用薄如蝉翼来形容也不算夸张。我们用手轻轻地去扇动它，它就可以自由地飘起来。这个显示屏已经连接到了手机上。它的卷曲半径可以做得非常小，可以卷到1毫米半径上，也就是说，一个很大的显示屏可以卷成一个细细的笔芯。这样的技术背后凝聚了很多工作。在这样的一个薄膜上，我们可以做数千万个晶体管，每个晶体管里还有很多不同的材料。做这样的一个柔性电子薄膜就像是在豆腐上盖大厦，要通过各种创新的工艺把不同的材料做成器件，放到这个极薄的薄膜上去——可以把材料做成电路，如果再加上显示材料，就能做成显示屏。

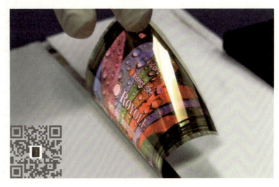

扫码观看：薄如蝉翼的柔性显示屏

柔性电子将如何应用

这样的柔性电子到底会有什么样的应用呢？今天，我们已经把这些创意陆续地应用到现实中，以下这些常见的生活用品中都有柔性电子技术。

"柔性电话"（见图1）：这是一款应用了柔性技术的无线电话，它的设计感非常强，是透明的、弧形的，相关的电路已经集成在了这个弧形的表面上。除了打电话之外，它还具有很多的智能电子消费功能。

"柔性台灯"（见图2）：这款台灯不是普通的台灯，灯管处透明的区域，集成了柔性的电子控制技术，你可以控制它的亮度，也可以控制它的颜色，它会让我们跟台灯以及其他家用电器的交互变得更加简洁、时尚，它们的外形也更美观、更具设计感。

"柔性水杯"（见图3）：这款水杯已经铺上了柔性电子，它看上去是透明的，但我们可以用手指来控制这个水杯的颜色、亮度，甚至可以用它跟其他的生活用品进行交流。

"柔性键盘"（见图4）：采用柔性电子技术的PC键盘，会非常便捷，需要用的时候，就把它拉开；不需要用的时候，就把它收缩回去。

"柔性背包"（见图5）：这款背包的背包带上集成了柔性电子，可以控制背包后面显示的图案，还可以用它来跟队友、朋友进行交流。这会使骑行或出行时的交流更加方便、直观。除了背包，还有很多常用的穿戴设备，都可以采用柔性技术让它们更加智能、便捷。

这些都是柔性电子在我们衣食住行当中的应用，大家也一定会好奇——我们的未来到底会是什么样子？

❶ 柔性电话
❷ 柔性台灯
❸ 柔性水杯
❹ 柔性键盘
❺ 柔性背包

| 左滑 | 右滑 | 上滑 | 双击 | 单击 | 两点触摸 |

扫码观看：柔性科技在生活中的应用

柔性电子，定义新的交互时代

现在，大家会在媒体上看到各种各样、五花八门的名词，包括人工智能、虚拟现实、物联网、5G、大数据、云服务，等等。有没有一个归类可以让这些名词变得更加精简？我认为，其实未来的信息社会主要就是三个方向：一是人机交互，二是人工智能，三是万物互联。刚才大家看到的柔性显示、柔性传感这样的柔性电子技术，以及虚拟现实技术，其实都是一种新的人机交互的技术。

20世纪，鼠标、键盘和电脑显示屏，这些人机交互技术定义了当时的PC时代或者说互联网时代。21世纪，触摸屏加手指的交互技术，定义了智能手机时代或者说移动互联网时代。我们希望，将来无处不在的柔性电子可以在下一个信息时代起到重要的作用。将来的手机可能会变成我手上戴着的这样可以折叠、掰弯的手机（见左图），也可能拉出来就变成一个平板电脑；大的显示屏、电视机可以收起来卷到墙上。所有这些都可能通过柔性电子技术变成现实。除了人机交互技术之外，我们当然也需要人工智能进行分析、决策，还需要通过万物互联将这些孤立的个体联结起来，组成我们未来的信息社会。

可以掰弯、戴在手腕上的柔性手机

我们生活在一个信息高度发达的时代，我们拥有很多的创造力，希望大家共同用我们的所学所想，来创造一个更加美好的未来。

扫码体验：与"柔性世界"亲密互动
（图为刘自鸿与陈伟鸿在节目现场）

互动问答

| 第一问：柔性显示的手机退回了原始时代？ |

张江（北京师范大学管理学院系统科学系副教授）：听说柔宇科技的这种便携手机只能打电话，这是否是一种倒退？任何颠覆性的科技产品，都会有一个冷启动的过程。比如在手机界面上，你们的确有很大变革，但功能上会有相应的减少，如何去平衡这两者？可能对于年轻的手机用户来说，更需要交互性的功能，而不是仅仅为了美观，为了柔性而柔性。

刘自鸿：我们的手机也可以上网，跟智能手机的功能是一样的。柔性显示也好，柔性电子也好，其实不是单纯地为了让它变得更美观。我始终认为，所有的科技创新，都应该是为了解决问题而去产生创意的。因为只有解决问题才能创造价值。我们之所以产生这样的想法，也是因为看到了这个行业中需要解决的矛盾，比如为了解决手机屏幕小的问题，产生了平板电脑，它的屏幕更大了，而它的功能跟手机差不多。这两者间其实就存在一种矛盾。所以，我们才会考虑：能否让屏幕通过折叠、卷曲，变得可大可小。

柔性电子透明电话

解决现实存在的问题，就是研发柔性电子的初衷。你看到我手上这款可以掰弯的手机，其实它的功能不只是打电话，还包括智能手机的很多功能（比如上网）。当然，对于一些细化的具体功能，我们会做一些合理的筛选；但主要的功能，还是会尽量满足用户的需求——会思考用户到底有哪些痛点、哪些是他最需要的东西。所以，柔性显示应该是让手机的功能变得加强大了，让我们的人机交互变得更加简单了。

张江（北京师范大学管理学院系统科学系副教授）：这样的手机贵吗？能买得到吗？你手上戴的那个手机多少钱？

刘自鸿：这样的手机还没有进入到正式发布销售的环节，目前没有正式定价。但是，现在柔性电子的技术已经发展到了消费者完全可以承受的阶段。我手上这款现在还没有量产，没有定价，欢迎你继续留意。

| 第二问：为什么要用柔性屏？|

陈楸帆（科幻作家）：如果柔性屏这么重要的话，为什么那么多大厂不去做？如果未来的世界到处都是屏幕，是否会对人造成很强的干扰？因为人脑对于信息的接收是有一定局限的，最好的办法应该是让人更高效地去接收信息，而不是给人很多信息。比如给人戴上隐形眼镜，看到哪里，就相应地呈现出想要看的东西。我觉得柔性屏是一个阶段性的产物，它的生命周期能有多长？它有发展的必要吗？

刘自鸿：我们今天做了很多产品，希望把科学的可实现性和艺术的前瞻性融合在一起。您刚才提到：包括在眼睛里面实现更加科幻的东西，不是没有想过，但是要以今天的科学技术来实

应用了柔性屏
的未来产品

扫码观看：显示界面的进化史（图为可加入笔中随时展开、收回的显示屏）

现，还有相当大的挑战。所以，柔性屏已经是目前显示行业中最前沿的一种方式、一种状态，也非常适应人的本能需求，比如对于触觉反馈的需求，对兼顾大屏和便携的需求。所以说，柔性显示屏，是基于目前生活中实际存在的挑战、问题，所产生出来的、一个可行的技术解决方案，而且这个技术并不简单。

再说您刚才提到的另外一点，为什么那些大公司不做？其实，不是不想做，有很多公司都想做，在过去的两年中，已经有很多公司加入柔性电子行业。但是，正如所有的新技术一样，在它还没有成熟之前，会产生不同的看法。2011年我们刚开始提出这个方向时，很多人是不看好的，认为这个技术太难了或者说太远了。2012年我们刚创业时，我们的投资人去问一些传统显示技术的专家，说你们觉得柔性显示屏技术可以有创业公司很快做出来吗？他们得到的反馈是需要30年、甚至50年才能做出来。所以，不同的人对于新技术的看法是不一样的。只是我们非常专注，非常执着地坚持了这个方向，到2014年的时候我们就把它做出来了。

| 第三问：不能量产的黑科技是否终将破产？|

米磊（"硬科技"提出者）：我们都知道一个新的技术出来，从实验室走到量产，需要相当长的时间。比如天才工程师特斯拉，他在100多年前就发明了无线充电，但是因为没有量产，他的后半生穷困潦倒。美国RCA公司发明了液晶电视，但是因为没能实现量产最终倒闭了。您的新科技能否实现量产？

刘自鸿：特斯拉、液晶显示屏，最初确实有量产问题，但是，今天这些东西都已经成为现实的技术，而且都已经广泛应用于生活，为人类社会的发展做出了巨大的贡献。尽管当时可能不是最佳的时间，但终究取得了成功。所以选择正确的时间点，对于任何一个行业来说都是至关重要的。

我常常跟自己说：在正确的时间点启动，会成为先锋；在错误的时间点启动，会成为先烈。但是，柔性显示屏不是今天一天做出来的，我们过去的十几年一直专注于此，我们的团队中非常多的科学家，已经投入了大量的时间、精力、智力去解决那些技

利用柔性电子技术加载到眼镜上的智能显示屏

术问题。在这个时间点去做量产是水到渠成的事情。现在柔性显示、柔性电子的技术，不管是从产业链角度、材料角度，还是从技术解决方案的角度来说，都已经成熟到我们有足够的信心去做这件事情，而且事实上现在已经进入到量产阶段了。

米磊（"硬科技"提出者）：它和量产之间现在是什么样的距离呢？什么时间我能在市场上买到你手上的那款手机？

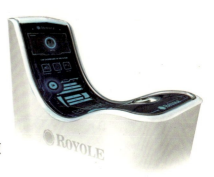

基于柔性技术的汽车中控设备

刘自鸿：2015年7月，我们就已经在深圳建了一条量产线，已经投产了。前期因为量比较小，我们的技术解决方案主要针对企业级的客户，结合他们原有的产业帮助他们做新产品开发。

目前，我们的柔性电子解决方案已经跟一些运动时尚品牌、智能家居厂商签订了合同，有很多产品正在大量生产中。但是，我们现在着手的另外一件事，很快就能让大家有深刻的感受——我们从2015年10月开始，在深圳筹建了一条投资100多亿元的量产线，计划在2017年年底全面投产。这个量产线将达到年产5000多万片的规模。

米磊（"硬科技"提出者）：一个技术有无数种应用的可能。你刚才说得很对，时间点很重要。所以，选择哪个应用方向作为第一个能够落地的，这个对你来说是非常重要的。你最有可能量产的技术方向是哪个？

刘自鸿：智能家居、运动时尚、建筑装饰、汽车应用等都有。这里面，我们会有些侧重点，还有些正在大量开发的东西。目前还没有正式发布，到合适的时间点大家肯定会知道。

| 第四问："掰弯"世界的梦想怎么变成卖 VR 了？|

吕强（"问号青年"）：刘老师的演讲，是从一个特别浪漫的开头开始的——躺在斯坦福大学的草坪上望着天空，想到一个柔性的世界。我感觉他的梦想是要"掰弯"这个世界，这是一个特别浪漫主义的梦想。但是我手上拿着的这个头戴影院，让我觉得当初那个翩翩少年要变成一个卖VR的生意人了。你还记得当初那个在斯坦福大学草坪上的少年吗？怎么变成这样了？而且我觉得这个东西它一点都不软。

刘自鸿： 这个问题，需要我从几个层面去回答。首先我觉得你和米磊的观点可以互相辩驳了。一个说要赶快量产，一个说你不应该卖东西。其实大家说的，我想背后都藏着一个同样的大观点——既要有远大的理想和对未来的畅想，也要让它能够落地、能够产业化。所以我们在创业过程中，一直坚持两个轴——我也经常画那张图——一个X轴和一个Y轴。X轴是从0到1的创新，Y轴是1到无穷的产业化。这张图代表了柔宇过去5年发展的核心理念：在0到1的创新理想上，我们先开发柔性显示屏、柔性传感器，再到"头戴影院"这种泛虚拟的产品（见下图）；

VR

虚拟现实Virtual Reality的简称。虚拟现实技术是一种可以创建和体验虚拟世界的计算机仿真系统，是仿真技术的一个重要方向。它利用计算机生成一种模拟环境，是一种多源信息融合的、交互式的三维动态视景和实体行为的系统仿真。

扫码观看：兼顾大屏与便携的解决方案（图为VR智能移动影院柔宇X）

在1到无穷的产业化上，我们的每个方向都要做量产，不会只停留在纯真的创新的点子上，而是要让这个点子通过施肥、浇水长成参天大树。所以，柔性显示屏也好，柔性传感器也好，一直都在做产业化的事情。

关于"卖VR（头戴影院）"——2015年我们发布这个产品时，就有很多人说：柔宇一直很有情怀，很有创新的理念，怎么突然跟风去做VR了呢？——大家以为是有投资方要我们出这个产品。其实不是这样的。首先，这个产品里面用到了我们柔性电子的技术。其次，这个产品诞生的初衷不是因为今天VR变得这么火，我们才去跟风；实际的情况是，当2013年我们开始做这个产品的时候，VR的概念还没有在市场上大规模流行，没有几个人知道VR——说实话，当时我们也不知道什么是VR。

做头戴影院，源于斯坦福的一个邀请——他们邀请我们2013年11月5日回去做一个报告。11月3日，我们为这个报告准备PPT演讲稿，弄到凌晨2点多，实在太困了，困到我的脸要贴到电脑屏幕上了；但就是那一瞬间，我突然发现屏幕上的字好大（其实是一种错觉，因为太困了，再加上脸离屏幕很近），就被惊醒了。为什么呢？因为在柔性显示技术里，我们一直试图解决一个核心问题，就是便携性和高清大屏的矛盾问题。之前我们是采用让便携的屏幕展开、变成大屏的方式。就在那一瞬间，我突然发现"近眼光学"也是一种解决方式，可以用一块很小的物理屏幕，再通过光学把它放大，变成一个很大的屏幕。这其实是殊途同归，都是为了解决同一个核心的矛盾问题。

当时，想到"近眼光学"的解决方案让我兴奋得一晚上没睡着，我整晚都在画框图。我想：在很多地方（比如飞机上），都可以通过这样的头戴式设备把一个很小的屏幕变成一个很大的电影院，这是一件很酷的事情，而且跟我们柔性显示屏在解决的矛盾是一致的。所以，当时我们的团队迅速确定了这个项目，组了一个"007团队"（因为加上我自己，总共有7个工程师，是从2013年年底开始做的，那时还没有VR。

VR真正开始兴起，是2014年的4月底5月初，一家创业公司被大公司以20亿美元收购了，于是VR开始变得非常火爆，一下子出来四五百家创业公司，都是做VR的；因为大家发现这个方向很新，很有价值。我们做头戴影院，是在这之前。

VR智能移动影院柔宇X

再回到"为什么要做VR"这个问题上。从公司创立的第一天起，我们确立的使命就是"通过技术创新，让人们更好的感知世界"。我们致力于解决产业当中的一个核心矛盾问题——显示的便携性和高清大屏的矛盾。不管是柔性显示也好，还是头戴的泛VR的产品也好，都是秉承着这个理念，这也是我们为什么要做这件事情的一个原因。

吕强（"问号青年"）：您刚才说，我跟米磊老师有个矛盾，他希望快点量产，我觉得其实科学家应该更加有情怀一点，不应该成为一个生意人。这两种观点，你之后会怎么选择？

刘自鸿：我觉得两者并不矛盾。其实。今天我们的团队已经不是我当初一个人躺在草坪上孤军奋斗的状态了。我们的团队有来自15个国家的1000多人，有做产品研发的、有做可靠性测试的、有做各种各样的工艺设计的、有做市场的、有做产品推广的，还有艺术家，各个行业的人都有。我要决策的，是让这样的技术、这样的产品，在我们公司的理念上沿着正确的方向去运营，让它走近千家万户的生活中，让更多的人感受到它的价值。至于怎么去实现，我想那是另外一个话题。但是我们的使命没有变过，我们的价值观也没有变过。

| 第五问: 全息投影比柔性电子屏更终极? |

可随意在牛仔裤上"开玩"的游戏界面

吕强("问号青年"): 刚刚您说柔性屏可以兼具便携和大屏两种功能, 但我现在想到有一种技术好像也有这种功能, 就是全息投影。我拿一个小小的投影仪, 我可以随身带着它, 投在墙上可以看电影, 也可以做各种各样的互动, 这其实也是一种替代品。我觉得这个已经没有屏了, 是不是比您的柔性显示屏更终极?

刘自鸿: 为什么投影仪没有取代手机显示屏、取代家里的电视机? 因为它的使用有一定的局限性。今天的电子用品消费中, 对便携性的需求, 决定了它的最佳形态只能用传统的实体屏幕或者柔性屏幕来解决; 投影不论从技术角度, 还是体积大小、功耗等各方面, 都无法满足这种需求。但是, 您说的这种全息投影技术会有它相应的用途, 比如博物馆的展示等, 可这是不同的方向。就像今天办公室里的投影仪和手机、电视机的显示屏, 其实有不同的应用方向。

从市场需求的角度来说, 实体形态的显示屏占据的市场份额是巨大的, 甚至是绝大部分的。为什么呢? 今天的生活中, 不论手机还是电视机, 物理形态会比非物理形态更符合人的本能需求。大家有没有想过, 智能手机为什么采用触摸屏, 而不是纯空中操作? 天天玩手机的人应该有这样的感受, 我们看到感兴趣的东西时会下意识地想去按一下它, 这种触觉反馈是人的一种本能需求, 就像你看到一个漂亮的东西就想去摸一摸一样。所以它是适应人的不同需求而产生的。

| 第六问：柔宇显示的终极形态是什么？ |

武巍（80后创客、科技公司CEO）：我们经常说"触摸屏"，触摸和屏——触摸是交互；屏是显示，是视觉反馈。刚才您用沙发皮来操作"切水果"游戏，它的触摸操作和视觉反馈不在同一个平面上，我们看到这样的交互存在很多挑战，可能有时候切不到，或者不知道切的是什么地方。这就引发一个问题——你怎么看待柔宇将来显示的终极形态？或者说，怎样才是比较好的、人性化的人机交互设计？

刘自鸿：这是一个非常好的疑问。其实我们也在思考，未来的人机交互怎样才能更好地满足人类的需求，这也是我们的一个使命。我们每天做的就是不断改善人和机器打交道的方式。柔性显示的好处是，它不受物体形状的限制，可以应用到曲面的、传统的平面上，以及生活中原本没有电子功能的表面上，它能让我们跟电子、机器、世界的交流方式变得更加直观和方便。

在应用了柔性技术的沙发皮上玩"切水果"游戏

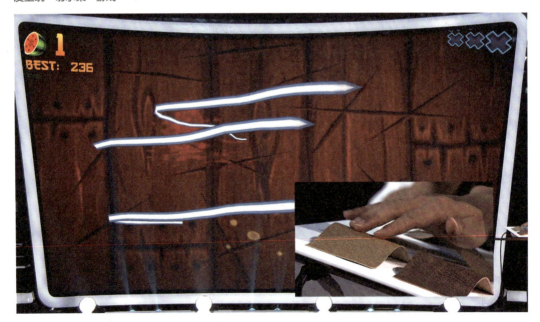

我觉得随着技术不断扩展，将来的显示会
变得无处不在——你想要获取信息时，在很多
地方都能获取到；同样，你如果要反馈信息给
机器、给别人，也可以通过生活中触手可及的
地方进行输入、交流。当然，像那位朋友提到
的，包括全息投影这样的技术，未来也会充分
应用，但这些技术之间不会有矛盾，它们会在不同的、特定的领
域更好地帮助我们去感知世界。

柔性屏开关

张江（北京师范大学管理学院系统科学系副教授）：如果未来真的到处都
是屏幕的话，它的能耗是否会成为一个大问题？所有的电子设备都
会发热，如果都是屏幕，会不会影响整个绿色经济、绿色环保？

刘自鸿： 这个在技术上是有办法解决的。首先，现在的这些
显示器，它本身的功耗并不高。其次，能源的来源也会变得更加
广泛，比如今天的太阳能技术，会有更广泛的应用。

廖春元

Liao Chunyuan

考入清华大学电子计算机系后，他开始在图像识别和智能交互领域闯荡，后赴美国马里兰大学深造，获计算机博士学位，在著名的富士施乐硅谷研究院任科学家，曾三获"杰出成就奖"，是获此殊荣的首位华人科学家。2012年回国创立亮风台，2017年，其公司研究的智能眼镜获得有着"设计界奥斯卡"之称的德国"红点奖"，成为国内首款获此殊荣的增强现实（AR）眼镜。

增强现实，让我们玩转虚实世界

廖春元｜亮风台联合创始人、CEO

大家好，我叫廖春元，一个AR领域的创业者，一个在AR领域涉足20年的老兵，也是一个7岁小男孩的父亲。

在30多年前，"集邮"是一种很流行的爱好，就像现在的手机游戏一样。有一个小男孩，他特别喜欢邮票。小小的邮票就像一个窗口，带着他穿越到古今中外，游遍千山万水，方寸之间领略大千世界。那时候，小男孩看着邮票，也在沉思，他想"要是有一种魔术能让邮票上的东西变活，从纸上跳出来，那该有多好！"

这个小孩就是我。

我与增强现实（AR）如此相遇

带着这样的梦想，我从小学走到中学，走到大学，直到有一天——1996年暑假，我大学三年级的一天，我在我的老师——清华大学史元春教授的实验室里看到了一个东西，我瞬间被点燃了。我发现那个东西有我想要的答案，那个东西叫作"AR"——英文"Augmented Reality"的简称，译成中文就是"增强现实"。

扫码观看：AR基本形式之一——拍出
各种搞怪"表情包"

○"活见鬼"与"白日梦"

AR已经在不知不觉之间来到了我们身边。知道我要
来参加这个节目，我的同事拍了好多"表情包"给我鼓
劲——可能在座的朋友，尤其是女生已经用过这样的软
件。这就是增强现实，是增强现实的一种基本的形式。

AR的学术定义是什么呢？AR，就是计算机使用人
工智能的方法，对摄像头获取的图像进行智能化处理，
实时地识别和跟踪其中的物体，并且在物体上叠加相关
的虚拟信息，取得虚实结合的结果。

这样的定义大家可能觉得很深奥。其实通俗一点的
解释可以总结为三个字——"活见鬼"，就是把虚拟的物体带到真
实的世界里面。可能大家也知道另一个词——VR（虚拟现实），它
正好相反，是把人带到一个纯粹虚拟的世界里面，就像做梦一样，
所以我也给VR总结了三个字——"白日梦"。

○用AR研究造福社会、为国效力

1996年与AR交集之后，我不知不觉就走到了现在。最初立志从
事AR研究时，我并没有想到自己会在AR领域做到这样的程度。

当年，我跟很多"70后"一样，读本科、研究生，然后考托
福、考GRE，拿到美国马里兰大学的奖学金，去攻读博士，继续智
能AR的研究，之后顺理成章地到了硅谷，进入富士施乐研究院，成
为一名专职的AR研究科学家。在硅谷的三四年中，我的工作顺风顺
水，我带的科研小组多次在国际会议上获奖，我自己也获得了三次
杰出成就奖；我的生活安逸轻松，种花种草，养猫养狗。如果继续
这样的日子，我今天会是一名资深研究科学家，在加州明媚的阳光
里做学问、写论文。但一些事情，改变了我的人生轨迹。

那一年，我父母到美国探亲。老人家人生地不熟、语言不通，

日子过得很无聊。看到他们难过的样子，我找出了自己多年前做的一个打麻将的程序，作为礼物送给他们。看到他们在家里玩得不亦乐乎，我突然有了一种不曾有过的欣慰感——作为一名搞研究的计算机科学家，我其实也可以为家人做点很实际的事情。

还有一件事情，是关于一个服务的奖项。那时候，我就职的研究所有一个规定，即工作每满5年，研究所会发一个奖状。一位同事领取服务20年奖牌时，坐在台下的我突然有所触动——现在的他和5年前的他，几乎毫无变化；我能想象几年后，甚至10年、20年后自己领奖时的样子。我意识到，一成不变不是我想要的生活。

我开始认真地思考，科技是什么——科技应该是有温度的，科技不是冰冷的未来，它可以服务于人、造福社会。

我想，我做研究、写论文固然是有价值的，但能不能把我多年积累的AR研究变一个产品，带回祖国（那时，国内的AR研究和产业还在起步阶段）？我很想把它带给我的亲人，带给千千万万中国老百姓，带给无数充满梦想的中国孩子，哪怕只是给他们的生活带来一点点的快乐，给他们的工作带来一点点的便利，给他们的梦想添加一点点的柴火；哪怕只是为祖国的强大提供一点点的助力。

恰巧，我的发小唐荣兴（他也是国内移动互联网领域的专家）找到了我。他说："春元，我们有一流的技术、广阔的市场，国家又鼓励留学人员回国报效祖国，为什么我们不做点有意义的事情呢？"我们一拍即合。于是，我决定回国创业。

2012年8月28日，我登上了回国的飞机，飞机在北京落地的时间是8月29日，正好是我的生日。在海外漂泊十几年后，恰逢生日这天，又站在了生我养我的土地上，我觉得这是一种宿命，更是一种使命。我要为我的祖国做些事情。

当我决定回国创业时，很多朋友、亲戚都不太理解，认为我放弃美国安稳的生活、稳定的工作，太可惜了，回到中国来创业，风险太大了。其实对我来说，真正的风险并不是放弃了眼前的安逸，而是错过一生中可能只有一次的机会。所以，我是义无反顾地回到了国内，开创了"亮风台"。

增强现实改变你的生活

从"亮风台"成立到现在，我们一点一点地见证了，在全世界范围内，AR从零到一、从不为人知到被无数人关注。我们很幸运，因为有家人的支持、团队的协作，有朋友、股东的支持，更有这个时代赋予的机会。我们看到，AR正在从衣食住行各个方面改变着世人的生活。

提到"行"，前两天，跟朋友们聊天，有一位女性朋友说，女生看车，60%以上的决定因素是汽车的外观，它的颜值一定要高，但选车的过程很痛苦，费时费力让人头疼。我告诉她，不要忘了我们是光荣的AR人，我们可以用AR帮助你轻轻松松地选到心仪的好车。

我们可以用AR在舞台上展现一个高清晰的汽车模型，我们可以让它放大、缩小，还可以让它旋转，甚至可以进入汽车看它的内饰。如果我们想知道它的卖点是什么，没问题，哪里不懂点哪里，非常容易。不喜欢这个颜色可以换一种看看。我们甚至还可以体验驾车高速

扫码观看：如何利用AR
轻松选购汽车

飞驰的快感。这是AR带来的便利。

再说说"住"。大家在装修房子的时候，是不是在选购装修材料、家具家饰的时候经常拿不定主意？比如这个东西的大小、颜色跟房子的装修风格是不是搭配？如果买回去发现不合适只能很费劲地去退换。今天，我们可以用AR把这件事情变得更容易。

扫码观看：如何利用AR
设计家居环境

我的儿子7岁，他很喜欢恐龙。他很小的时候我就给他买了一本恐龙的画册，他看了很多很多遍，如数家珍，其中很多名字我都不知道。后来，他觉得看画册不过瘾了，嚷嚷着说："爸爸你带我去博物馆吧，我要看真正的大恐龙。"我说："我没有时间，不要去博物馆了，就看看动画片吧，要不看看电影《侏罗纪公园》。"但是他说："我不看动画片，看动画片其实也是我一个人看，去博物馆你才能陪我。"当时听到孩子这么说，我觉得挺心酸的，因为创业这么多年，真的是错过了很多很多孩子成长的瞬间。

我想，我能不能把博物馆带到我们的身边，让我有机会陪着儿子看恐龙？于是，我用AR技术实现了这一点，让我孩子的梦想成为现实。其实，这也是我儿时的梦想。能亲自将儿时的梦想变为现实，我倍感欣慰。

所以说，科技是有温度的，科技可以给我们带来温暖；科技不是让人离得更远，而是让人走得更近。

我们的日常生活中，还有很多地方可以利用AR。比如，可以用手机扫描我们的午餐，它会告诉我们这顿午餐会摄取多少卡路里；可以用AR展现我们的历史，就像郭黛姮教授做的"数字圆明园"那样，用AR重现圆明园三百年前的辉煌。这是多么有价值的事情。

扫码观看：给你一个随叫随到的恐龙博物馆

AR还可以在各种专业领域中发挥积极的作用。

比如，医生戴上AR眼镜，就有了一双透视眼，可以看到人的骨骼和血液，更方便他操作手术刀；巡检电力系统时可以带着AR眼镜，把在现场看到的情况反馈到服务端，存储下来，还可以把老工程师的经验汇集整理起来，利用人工智能培训新上岗的工程师。

无论在日常生活领域，还是在各行各业的专业领域，AR都能发挥巨大的作用。

增强现实的未来是什么样子

20世纪80年代，只有专业人员才会使用那种以键盘操作字符界面的计算机；20世纪90年代，Windows95的崛起让白领用键盘、鼠标来操作虚拟桌面；21世纪初，通过移动设备，更多的人开始使用计算机。计算机越来越容易被使用，所应用的领域越来越广泛，这是大趋势。

继手机之类的移动设备之后，未来的计算机会变成什么样子？

　　未来计算机的形态可能有很多，但我相信其中一种重要形态是——智能眼镜。它能解放我们的双手，给我们虚实结合的体验，让我们像和人交流一样的，用语音、用手势、用体感去操作计算机，让人机交互变得更加自然。可能，现在它还处在手机的"大哥大"时代，还很笨重，但我相信，在未来的5～10年内，AR眼镜会变得像现在的眼镜一样方便，还具有强大的人工智能，能够帮我们做很多事情。

　　其实，AR增强现实的世界，就是把互联网的丰富内容植入到物理的世界中。有无数脑洞大开的艺术家已经迫不及待在描述这个未来的AR世界。

　　未来的AR世界，并不遥远。我想，在通往未来AR世界的道路上，需要很多人做出贡献，不仅需要充满颠覆性创造力的科学家，充满天马行空般想象力的艺术家，充满开拓精神、不断进取的企业家，更需要满怀激情和勇气的年轻人，以及所有期待未来、热爱创新的人。大家一起来打拼，把梦想变为现实，让生活更美好！

　　看见不可见，就是AR；敢做不可能，就是AR人！

　　谢谢大家！

扫码观看：**未来的AR世界**

互动问答 🔍

| 第一问：不戴 AR 眼镜可以感受 AR 世界吗？ |

吕强（"问号青年"）：刚刚在您展示AR技术的时候，我感觉现在这个技术还要依托于一个工具。可能第一次戴AR眼镜的时候觉得很酷炫，里面的世界很精彩，但是摘下眼镜就知道，它只是镜子里的世界。有没有一种方式能够让它更加轻便，或者把它变成日常的一种行动，让AR更加接地气一些？

廖春元：AR的发展是有阶段的。未来AR的形式，会有不同的显示方法，眼镜其实只是其中的一种。我们现在是空中立体成像，将来立体成像技术成熟了，它完全可以用到AR里面的。您没戴过眼镜，可能对AR眼镜会抗拒一些；但对于戴了眼镜的人来说，将来如果自己戴的眼镜有手机一样的功能，其实是更省事了——手机可以不用了，戴着眼镜就行了。

对于这个问题的回答是：第一，可以有别的形式。第二，未来可能眼镜也不用戴，其他什么设备都不用戴，在大脑植入一个芯片，就拥有虚实结合的能力了。

| 第二问：历史和科技如何更好地跨界？ |

王辉（微鲸虚拟现实内容负责人）：我是做虚拟现实VR的，所以跟您算半个同行。我觉得历史是过去，更偏向于文化范畴，而科技属于未来，更偏向于应用范畴。我听了郭黛姮教授讲数字圆明园，听了您讲AR世界。我听完二位的讲法以后特别激动，因为我觉得如果真的用AR的技术或者VR的技术，可以还原整个圆明园，让这两个领域做一个完美的跨界，真的是一件特别完美的事情。您觉得如何能更好地把科技和历史结合在一起？

廖春元：我感觉，历史和科技其实就像人的骨头和肉一样。科技可能是骨头，它是一种工具，但是它要表现出内容；而历史是给它内容，给它血肉。它们两者是相互促成的关系，有了更好的技术，我们才有更好地保护和恢复历史的可能，让历史的内容以更好的方式来呈现；而历史这样的内容，会不断给技术提出更高的要求。比如郭黛姮复原数字圆明园，会跟技术人员提出来：有没有更好的方法让数字圆明园呈现出更好的效果；能不能通过相应的技术手段帮助有需要的人快速获得考古技术和经验，比如保护遗址的办法、数字复原遗迹的经验……这其实就是对技术提出了更高的要求，甚至是新的开发方向。从这一点来讲，两者是一种相互促进、相互支持的关系。

未来架构师 Weilai Jiagoushi

段建军 Duan Jianjun

作为资深的汽车营销专家，他对汽车的未来有着敏锐和精准的解析，从智能互联、自动驾驶、共享出行、电力驱动四个方面指明未来汽车的发展趋势。跟他一起探秘未来的汽车世界，畅想人与车、车与车、车与万物将产生怎样的交互，我们的出行方式将会如何被颠覆……

未来汽车，连接人与空间的新载体

段建军 | 北京梅赛德斯–奔驰执行副总裁

很高兴今天能和大家一起来探讨汽车的未来。爱因斯坦曾经说过："我从不想未来，因为它来得太快。"然而，作为汽车行业的从业者，尽管未来来得太快，我们却没有办法像爱因斯坦那样任性，不去为未来做好准备。

有一句很流行的话，叫作"不忘初心，方得始终"。在畅想未来汽车之前，不妨回顾一下，131年前，人类发明汽车时的初心。

汽车问世之前，欧洲社会的主要交通工具是马车，上至王公贵族，下到黎民百姓，对马车的依赖根深蒂固。有一个人却打破常规，在1886年，架构未来交通工具的时候，他并没有选择再做一辆更好的马车，而是将单缸的汽油机，安装在了一个三轮车架上，从而创造了人类历史上第一台真正意义上的汽车。他，就是被誉为"汽车之父"的汽车发明者——卡尔·本茨先生。

然而，当时的人并不看好汽车这种新型的交通工具，德意志的皇帝威廉二世说："汽车只是阶段性的产物，我还是相信马。"汽车刚刚问世时，发动机的噪声很大，传递动力的链条也常常断裂，它甚至被嘲讽为"散发着臭气的怪物"。那时候没有加油站，加一次油比现在我们找一个充电桩要难得多。但正是因为没有放弃发展汽车的初心，以及勇于突破常规的举动，才让出行工具的未来发生了历史性的改变，也才有了今天多姿多彩的汽车世界。

目前大部分的汽车公司以及媒体对于汽车未来的看法，基本上可以统一成四个方面：智能互联（Connectivity）、自动驾驶（Autonomous Driving）、共享出行（Shared Service）、电力驱动（Electrification）。如果我们把这四个字的首字母放在一起的话，就是"C.A.S.E."。

智能互联：让人与车更好交互

先来讲讲"C"——智能互联（Connectivity）。汽车上网不仅是为了掌控实时路况，收看环球要闻，或是进行导航——这些功能，在我们现在的汽车上都已经实现了。设想一下，在汽车和互联网深度结合的未来，所有和你相关的信息，以及智能硬件的关联，都将被存储在一个云端的账号里，汽车将会和手机、电脑一样，成为你随时可以调用的一个终端平台。比如，刚刚下班的你，在车里收到家里的冰箱发来的信息"主子，女主子提醒你，面膜不够了"。你这时候轻触按键，汽车就会自动将购买面膜的超市地址，规划进你回家的路线。智能互联还可以通过数据的采集自主判断和决策，在你离家还有五分钟车程的时候，汽车会自动通知你家里的空调、音响、烛台……当你走进家门，迎接你的是舒适的气温、动听的乐曲、美好的烛光……一切都是你的最爱，仿佛与你心有灵犀。

当然，还有车载传感器收集到的道路信息，它们可以通过互联网，与其他车辆进行共享。有研究数据表明，单单是车与车之间的数据互联分享，就能够避免大概80%的交通事故。

"智能云端信息交互系统"——我们称之为"Car-To-X",可以根据其他车辆分享的前方路况信息,自动地切换你这辆车行驶的路线,帮你避开拥堵。未来,它还可以精确地分配每一台车的行进轨迹,通过自动避让,使汽车交错地通过十字路口,而无须停车,从而大大地节省时间以及起步停车和不必要的能量损耗。当这一天真正到来的时候,也许就是我们和红绿灯说再见的那一天了。

电力驱动:节能、高效、环保出行

再来谈谈"E"——电力驱动(Electrification)。2017年4月,国家三部委发布了汽车产业中长期发展的规划,规划中提出:到2020年,每千克电池单体可释放的能量——也就是大家经常听到的"电池能量密度"——可以达到300瓦时,同时电池的成本有机会降到每瓦时一元钱。这种情况下,电动车的产品及成本的优势,将会凸显出来。或许那时就是电动车发力的一个重要拐点。

如果把智能互联和电力驱动结合,也就是电力驱动的智能互联车辆,能在商业领域——比如物流配送领域——有什么表现呢?

扫码观看:未来的"超级物流"

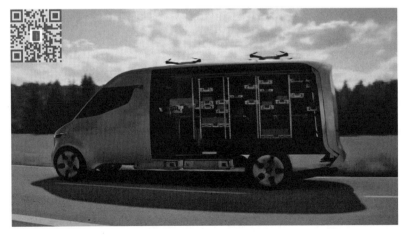

共享出行：提高车的使用率

再来看看"S"——共享出行（Shared Service）。国家信息中心前不久曾发布了一个调查报告，报告中说：每共享一辆车，可以减少13辆汽车的购买。大家可以简单地计算一下，以我自己为例，一台公司的配车，早晨开去上班使用半个小时，晚上开回家，使用半个小时。那每天24个小时，平均使用效率只有1/24，不到4%。如果使用了共享经济模式，我们以戴姆勒现在的"分时租赁共享汽车"（car to share）项目为例，目前我们已经在全国7个城市，投入了近千辆共享汽车，其中一些站点的车辆使用率，已经可以达到40%以上。这是刚才我说的那辆公司配车使用率的10倍之多。这也就意味着，目前全世界12亿的汽车保有量，未来可能只需要不到2亿就够了。

可能有人觉得10倍效率提升的数字太理论化了。假设只实现了1倍效率提升，那也可以减少全球一半的汽车保有，同时也足以满足现有的出行需求了，而且这还只是针对汽车的保有量。

中国每年的乘用车市场有2000万台新车的销售量，如果每年减少一半的销量，这样的变化对于汽车生产厂商来说，会是巨大的冲击。共享汽车的大规模发展，将使得未来汽车公司之间的市场份额竞争，不会再像现在这样只是单纯计算销量台数的比例，而是更多地以客户在共享平台上使用汽车产品的时长、公里数为基础，来一决高下。

请大家畅想一下，共享汽车，在产品设计方面，又需要有什么特别的考虑呢？

首先可能不再需要传统的车钥匙了，只要通过智能手机的应用程序（App），扫描打开车门，进入车内，即可启动；

360度的摄像头一定是需要的，它可以让任何一次交通事故或小的划伤，都有据可依；

另外，共享汽车可能会存在一个问题——清晨，第一位共享用户，在车里吃了早餐，油饼和豆浆，不仅把车里弄得油乎乎的，下车时，还没有带走他的生活垃圾——如何维护共享汽车的清洁、安全，保证每一位共享用户的用车体验？因此，需要在车里装摄像头，并建立起相应的奖惩制度；

但车内摄像如何保障用户隐私呢？别担心，因为App可以操控仅在上车之前和下车之后做两张照片进行对比，这样就足够了；

可能又会出现新疑问："谁有时间天天盯着屏幕去看、去比较？"但这也不是问题，因为人工智能的技术完全可以胜任这类图像识别……

自动驾驶：让出行更安全、更省时

最后，再说说"A"——自动驾驶（Autonomous Driving）。它将对汽车行业产生颠覆性的冲击。可能我们在过去的生活里，都经历过疲劳驾驶或者乘坐过"路怒症"司机的车。人类驾车会产生疲劳感、会因为和女友吵架而情绪不稳定、会一时兴起开赌气车……与这些情况相比，自动驾驶的优势非常明显。

首先，自动驾驶系统不会生气，因而更加安全。比如"智能限距制动辅助系统"，它可以降低14%的车祸发生率。有数据显示，目前汽车的碰撞事故，有90%源于驾驶员的误判和错误处理。那么，未来更高级别的自动驾驶技术每年能挽救几十万人的生命。

自动驾驶，将进一步节省我们的时间。大家有没有想过，如果汽车实现了自动驾驶，你计划如何去打发在车里的这段时间呢？是睡个"回笼觉"，还是抓紧时间化个素颜妆，或者打个电游。如果喜欢体育锻炼的话，当第五级自动驾驶出现，汽车甚至不需要方向盘了，从仪表台里伸出来的也许是一根健身棒，可以让你在驱车出行途中锻炼身体，塑造完美身形……无论是专注事业的争分夺秒，抑或想忙里偷闲、享受些许宁静轻松——置于完美的空间，透迤于光与影的交错——自动驾驶，将让你尽享自由。

到那个时候，上班族清晨醒来，伴着惺忪睡眼，用App约一辆自动驾驶的车辆，让它8点在楼门口等你。可能到那个时候，你更在意的是哪个App操作更简单、拥有更大的生态圈；哪个共享平台的自动驾驶汽车有更多的停车位，能更方便、更准时、更高性价比地到达你的楼下，并且更安全快速地把你送到目的地。

未来汽车行业的竞争，无论是传统的汽车生产厂家，还是互联网公司，只有做到"C.A.S.E."，做到整合能力最强、反应速度最快、客户体验最好的时候，才能够成为未来汽车行业的主导者。

架构智能、高效、节约型的社会，已经是现代人类的共识。而智能互联、电力驱动、共享出行、自动驾驶，将会成为未来汽车发展的方向。

"暮雨朝云年暗换，长沟流月去无声"。再次借用爱因斯坦的那句话——"未来来得很快"；对此，大家都准备好了吗？希望在通往明天的道路上，与大家相知相伴，架构更好的未来，与你一道去发现——你心中的最好。谢谢大家！

扫码观看：尽享自由的自动驾驶（图为未来的驾驶操控界面）

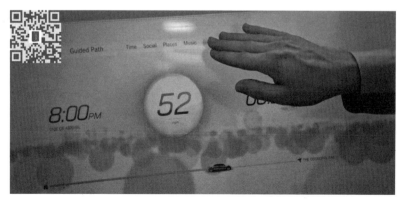

互动问答　　　　　　　　🔍

| 第一问: 认了主人的车卖不掉? |

赵云峰（"机器之心"创始人）: 未来的智能汽车收集车主的行为习惯、驾驶习惯越来越多, 会不会出现车主不想再卖掉汽车, 因为它已经不是一个工具, 而是和他息息相关的"助理", 基于感情他不想去卖; 再一个就是适合这个车主的车, 可能就不再适合新的车主, 它也不容易被卖掉。另外, 是数据安全问题, 比如这个车已经被黑客入侵了, 买它的新车主却不知道。对于这些问题, 您怎么看?

段建军: 你提到了, 人工智能的出现会使未来人和车的关系, 不再只是简单的人和工具的关系, 而是互相默契、忠诚的一种关系。我经常和同事讨论"什么是忠诚"。比如, 对工作的忠诚、对公司的忠诚。我觉得并不是"从一而终", 而是只要你在这个岗位、在这个企业里工作的每个小时、每一天, 都是百分之百地投入工作的, 就是忠诚。汽车也是一样。我觉得在汽车使用的过程中, 如果它是百分之百地帮助到了你、陪伴你在出行的过程中发现你心中的最好, 而你对车是关心、爱护的, 这就是相互的忠诚。

至于信息的泄露, 包括信息非正常的使用, 实际上大家可以看到, 在现在的信息时代里, 已经有越来越多的管控或者法律法规, 在做出各种要求和约束, 来最大化地保障汽车用户的隐私权。未来, 共享汽车实现的时候, 您一旦上了车, 汽车可能就会和您的手机进行蓝牙连接, 在这种情况下, 如何保证关上车门之后, 您的私人信息不会被其他人所使用, 这是我们要在未来的汽车架构里进行探讨和研究的。

| 第二问：以后的方向盘掌握在人手里，还是车手里？ |

杨力（国内知名自媒体测评人"胖哥"）：听了您的演讲觉得很兴奋，尤其说自动驾驶可以让人彻底松开方向盘。但这是不是也意味着，车彻底地把方向盘的使用权从人的手里夺走了？

段建军： 过去，汽车从手动变速箱变为自动变速箱的时候，当时也有人问"那我的右手去干什么"，但现在大家都知道，自动变速箱已经成为汽车标配，很少再见到手动挡的汽车产品了。右手不需要再操控变速杆了，您也并不会觉得您的右手被绑架了。因此，我觉得更多新技术的使用，并不是从我们的手里夺走了方向盘，而是赋予了我们更多的自由。

杨力（国内知名自媒体测评人"胖哥"）：您刚才说到智能互联是把很多数据都上传到云共享。如果黑客侵入到这个云终端的话，会不会不太安全，就像之前电影《速度与激情8》里面那个场景一样？

段建军：《速度与激情8》里有一段情节，是黑客入侵之后导致车辆完全失控。这样的场景大家都不愿意在现实生活中看到。准确地说，汽车技术的发展，确实要面对各种挑战。我举一个例子，目前，大家可能注意到很多汽车生产厂商提供的地图——也就是导航这部分，使用起来没有联网云端地图的手机导航方便。这背后实际上有一些原因，因为机头这部分厂商现在没有开放给公众网络，这也是出于网络安全的考虑。因为黑客如果侵入车内导航系统，也可以侵入刹车系统、转向系统……

我们的信息保障系统，应该还有很长的一段路要走，这也是我们汽车制造商的责任所在。

| 第三问：环保？不环保！|

薛来（90后发明家）：在我看来，用电并不是大家想象中的那么环保。第一，锂电池里面大多会用到镍或钴，那些开采镍矿和钴矿的地区，空气里弥漫着二氧化硫，流出来的河水都是血红色的。这些土地可能几百年里都无法用于农耕。第二，电动汽车需要充电，要从城市供电里获取，但全球的城市用电——包括对环境非常重视的美国——六七成采用火力发电。煤炭的燃烧，每单位能源产出所造成的污染，无论是温室气体还是PM2.5，都比石油燃烧高不少。如果未来10年内，车都转向电能，是否对环境带来非常大的压力？

段建军：这是一个特别好的问题。汽车是从化学能转化成动能，电动汽车要用化学能或是其他能源，转化成电能之后再转化为动能，这是一个能量转化的不同方式。确实，目前我们国家以火力发电为主，但同时我们也在积极发展风力发电、水力发电、太阳能发电等。

关于未来的电池，我们看到一些数据报道，已经有一些比较环保的电池可供使用，行驶几十万公里后，仍然可以保持95%的最大充电储能单元。就是说，从电池的性能上，是可以保障车辆使用的。电池从车上卸下来之后，可以配合发电厂作为储能使用。电池的原材料，可以用于电塔、信号基站的建设及野外应急用电设备等。

最近，国家对于电池的一些相关的规定，表明未来电池、电力的环保问题将备受关注。另外，燃料电池、新型清洁电池，大家会在汽车能源的未来架构里陆续看到，包括更多更先进的技术，这些都可以带给我们一个更美好的未来。

| 第四问：无人驾驶，谁来为法规买单？ |

王洪浩（58同城首席营销官）：以后开一辆无人驾驶的车出去，如果发生了交通事故，究竟是车的责任、软件的责任、驾驶员的责任，还是谁的责任？

段建军：公元前221年，秦始皇统一六国的时候，一定没有所谓的"证券法"。随着生产力的发展、新技术的出现，也需要新的法规来规范当下和未来。法规的发展进程，和技术相比有时确实会存在一定的滞后期。现在我们可以先设想一下，无人驾驶车辆出现交通事故如何来判定——在这辆车内的乘客，包括驾驶座上的乘客，如果并没有干预驾驶，而且在其他操作上也符合使用规定，责任就应该是在生产厂商或者说软件供应商；接下来再看是软件、系统方面的问题，还是车辆的刹车、摄像头、雷达或其他传感器等硬件方面的问题。未来，一定会有相应的法规，来进行相应的责任判定。

| 第五问：会有海陆空的汽车吗？ |

李晓光（Techplay创客教育创始人）：我们让小朋友们畅想未来的出行方式会是怎么样，发现大部分小朋友会把车画成既能在地上跑，还能在天上飞、在水里游，这种车真的能够实现吗？

段建军：我觉得，技术永远都不会成为人类想象的桎梏。我们能够想多远，就有机会实现我们多宏伟的一个目标。"可上九天揽月，可下五洋捉鳖"的汽车一定能够实现。

李晓光（Techplay创客教育创始人）：我再追问一个问题，假如这样的汽车真的实现了，还能称为"车"吗？它可能会成为颠覆汽车行业

的重大危机，就像汽车曾经颠覆马车一样。假如真有这样的危机，您
觉得汽车行业颠覆性的危机会是什么?

段建军: 其实人类的出行，就是从一个地点移动到另一个地
点，要实现这样的移动可以有很多不同的方式。你可以通过飞
机、汽车，借助不同的交通工具，你也可以自己走。未来的交通
工具，只会是融合得更加紧密，可能相互间的界限不再像现在这
样清晰；或者是交通工具本身有了进化，比如有更快的速度、更
方便的应用，比如我们现在的高铁。对于汽车来说，我觉得现在
它能实现在陆地上贴地行走，未来就有机会实现在空中飞行。

米格尔·尼科莱利斯

Miguel Nicolelis

2014 年"巴西世界杯"开幕式上，一位瘫痪的少年，头戴头盔、身穿特制的机械骨骼，在亿万观众注目下，用意念操控机器骨骼开出了第一脚球。这看似简单的一脚，背后凝聚了一位科学家十几年的努力，他就是"'机械战甲'之父"米格尔·尼科莱利斯，曾被美国科普杂志《科学美国人》评为"全球最具影响力的 20 位科学家"之一。2015 年，他的著作《脑机穿越》在中国出版。

脑机接口，意念操控不再是科幻

米格尔·尼科莱利斯 | 美国杜克大学教授、巴西世界杯"机械战甲"发明者、《脑机穿越》作者

"脑机接口"是怎么回事

首先，我们发明了可以用来记录电信号的技术。这些信号是大脑产生的，包含了我们的身体如何移动的信息，这些信号被发送给高速计算机，计算机可以提取其中的信息并将它们转换成可以传输给机器设备或者虚拟设备的数字信号。操作者无须移动身体，只需在大脑中想象自己想做的动作，可以让这个设备移动。

○玩游戏的猴子 —— 最初的脑机接口实验

大约14年前，我们开始了第一个实验——让一只猴子学习使用游戏杆。

我们让猴子抓住游戏杆，它可以通过操纵游戏杆看到前面屏幕上小光标在移动，每次光标选中我们设定的白色圆形目标时，猴子就会得到一滴橙汁，它就像玩电子游戏的孩子一样，感到很开心。在这个过程中，我们也记录下了猴子的大脑活动，解码这些电子信号来提取发动指令。机器可以运用这些指令，复制猴子手臂的活动模式。

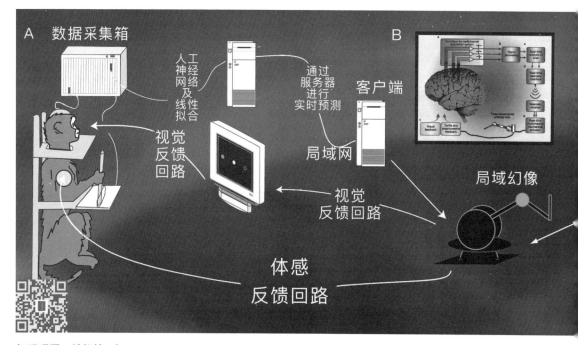

扫码观看：脑机接口如
何对接（图为脑机接口
首次实验原理）

之后的实验中，我们去掉了游戏杆，即便不使用游戏杆，猴子
面前屏幕上的小光标仍然可以移动并试图选中目标，那是因为脑机
接口正在解读猴子的大脑信号，并理解猴子的移动意图，然后制造
出这种移动。

所以，猴子不用移动身体，只需要思考就可以得到果汁。

○开车的猴子——脑机接口实现身体移动

我们很快就意识到这项技术可以为人类服务、为患者服务。为
此，我们需要证明我们能让动物或者人类想象整个身体的移动。

我们让猴子学习开车——我们把猴子固定在一个装有脑机接口
设备的电动小车里，让它待在一个小房间里，在这里我们放了它爱
吃的葡萄。小车里的猴子想吃到葡萄，每当产生这个意念时，载着
它的小车就会驶向葡萄所在的位置。就这样，为了吃到葡萄，猴子
会一直这样"开车"，不论被放到房间的哪个角落，它都会朝着目

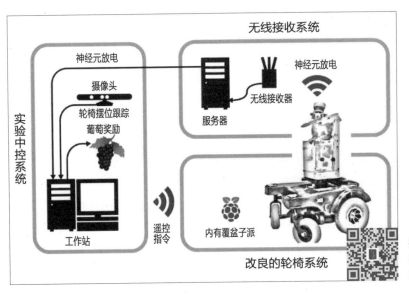

扫码观看："意念开车"
实验（图为此实验的中控
系统）

标——葡萄行驶。在这个实验中，猴子被固定在小车里，它并没有移动身体，只是在想象如何到达目的地。

这个实验成功之后，我们觉得可以在人类身上测试这种想法了——尤其是在那些瘫痪者，包括车祸或脊柱疾病导致的严重瘫痪患者身上。

脑机接口，帮助瘫痪者重新行走

就在那时，我创建了一个研究计划，我叫它"重新行走计划"。我开始从全球招募实验对象，有来自25个国家的156人参加了"在巴西行走"的实验。我们创造了所谓的"机器人外骨骼"，它是一件可以穿在身上的马甲，我们喜欢叫它"机器人马甲"。当瘫痪病人思考移动时，这些机器人外骨骼就会牵引着患者，让他再次行走起来。机器人外骨骼的脚底表面上，有许多传感器，每次患者接触地面时，压力信号都会发送给他的手臂，让他感知到地面的位置。事实上他还可以感受到自己接触的东西，从而获得行走的感受。

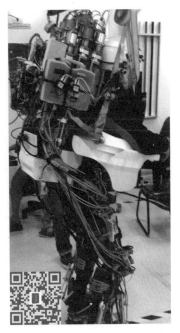

扫码观看：神奇的机器人外骨骼

扫码观看：找回行走的感觉（图为瘫痪病人学习脑机接口系统）

在穿上"机器人外骨骼"或"机器人马甲"之前，瘫痪病人会先在一个虚拟环境中学习使用这个系统。比如，在草地上控制虚拟身体行走，每次他的虚拟身体在草地上行走时，他的手臂就会接收到一些刺激。这种方式可以训练患者学会用意念来控制机器人外骨骼运动，同时对传感器反馈的刺激做出相应的反应，重新获得行走的感觉。

我们的另一名患者朱力亚诺·平托，被选中为2014年"巴西足球世界杯"开球。开球的时候，他穿戴的就是机器人外骨骼，他要做的就是——想象踢球的动作。我们读取了他的大脑活动，当足球放在他的面前时，可以看到他在思考，然后他做出了决定，用大脑踢出了这个球，他也能感受到球和脚接触的感觉。这真的非常令人感动。

9年前的一次事故造成朱利亚诺下肢瘫痪，他的腿和脚丧失了所

扫码观看：重温瘫痪少年为世界杯开球的感人瞬间

有感觉。给"世界杯"开球之前，他在足球场上练习了56次射门，踢进了55次，成功率非常高。

机器人骨骼不仅仅是让瘫痪者重新开始行走。我们发现，患者经过一两年的临床练习后，除了能更熟练地运用外骨骼之外，他们的身体状况也发生了改善。

比如，有一位瘫痪时间超过10年的女士，她的双腿原本已经无法活动了，但经过22个月的训练之后，她居然可以移动自己的双腿了——当我们给她一些帮助让她的身体悬空时，她的双腿都动了起来——这种恢复令人鼓舞，它是神经学上前所未有的"奇迹"，因为人们都认为脊髓受损的病人的运动功能是无法恢复的。

扫码观看：成功重走的奇迹（图为瘫痪5年后的首次独自行走）

还有一位瘫痪了5年的病人，他在脑机接口训练和另一项技术的帮助下，已经恢复到可以扶着手推车行走的状态。从第一次重新行走之后，在接下来的6个月时间里，他已经独自行走了大约4000步，这在过去是谁都不敢想象的事情。

这些都向我们展示了未来脑机接口在医疗中的应用。

初探未来大脑网络

另外，我还想展示一些没有人想到、但未来可能出现的科学场景——"大脑网络"，也可以称之为"脑部互联"。下面的实验已经证实了这一点。

让两只猴子待在一个房间里。一号猴子是"操作者"，它被固定在轮椅上，通过思考驱动轮椅去收集房间里的葡萄。二号猴子是"观察者"，它被固定在房间的一角，让它看一号猴子如何收集葡萄，观察一号猴子是通过驱动什么收集并吃到葡萄的。

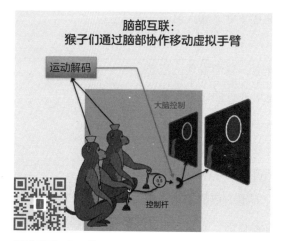

脑部互联：
猴子们通过脑部协作移动虚拟手臂

运动解码

大脑控制

控制杆

扫码观看：两只猴子
如何脑部互联

我们在实验中记录了两只猴子的脑电波活动，发现它们的脑电活动是完全同步的，这意味着它们的大脑在进行互动。

脑部互联，是一个自然的大脑网络，它不只针对脑机接口，而且很可能解释了我们人类在社会群体中如何互动。比如，当你拿起电话与别人联系，你的大脑就会跟电话那头与你互动的人取得同步。

对此，我们也已经进行了实验。

我们找了一位从没使用过虚拟现实系统的瘫痪病人、一位擅长某款虚拟现实游戏的技术人员，通过将这两个人的大脑活动合并，让这位技术人员帮助这位病人更快地学会如何玩这款游戏。

我今天的介绍，是为了向大家展示：我们在学习创造脑机接口，用它来连接大脑和设备时，我们不仅为医学如何更好地治疗病人开辟了全新的领域，我们还为未来的人机互动提供了全新的方式。

非常感谢！

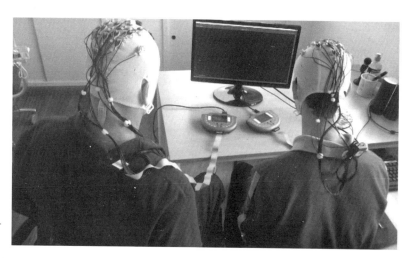

人类脑部互联的实验——
通过大脑活动向他人学习

解密"黑科技"：如何用意念打字

陈伟鸿：1995年12月8日，一位在国际时尚界非常有影响力的媒体人——让-多米尼克·鲍比，突然间脑中风，几乎丧失了所有的运动功能，只能躺着，不能吃、不能喝、不能说话，甚至不能呼吸。唯一能动的，就是他的左眼皮。他觉得自己像瞬间被塞进了潜水钟里，与世隔绝、痛苦不堪。

后来，他的康复师帮他找到了一种和世界沟通的方式——靠眨眼来表示字母的方式，他写出了一本非常有名的书——《潜水钟与蝴蝶》。在这本书里，他写道："除了眼睛，我身上还有两种东西没有瘫痪，一个是我的想象，一个是我的记忆。"他用一种全新的沟通方式，开启了和世界友好相处的模式。

说到沟通的方式，在《未来架构师》的现场，也要展示一种特别的沟通方式——意念打字。

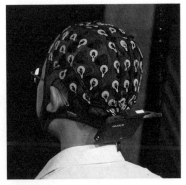

意念打字试验员头部的"脑机接口"装置

扫码观看：如何用意念打字（图为现场演示环节）

　　这种神奇的意念打字，是如何做到的？它的背后有什么样的科学道理。请清华大学脑机接口实验室的负责人高小榕教授为我们讲解。

　　高小榕： 我们把这个键盘，进行了一个视觉化的处理，让这个键盘的每一个字符，用不同的频率进行闪烁。当人脑去注视某个键的时候，我们就可以通过这个帽子，采集到他注视过程中的脑电信号。实现这个频率的分析，完成这个字符的输入。

　　脑机接口大概可以分成两大类。一类是"依赖型脑机接口"，刚刚的意念打字就属于这一种。还有一类是"想象运动脑机接口"，2014年巴西足球世界杯上，那位开球的高位截瘫的少年，利用的就是这类脑机接口。

清华大学脑机接口实验室的负责人高小榕（右）讲解意念打字与脑机接口

互动问答

| 第一问：能否利用接口解析人的思维？ |

高小榕（清华大学脑机接口实验室负责人）：在脑接口中有一个摩尔定律，即每隔7.4年，我们记录的神经元的个数可以翻一倍。按这个速度，到2225年，我们人类就可以记录大脑中所有神经元的信号，你觉得到那时我们能否解析人的思维？

米格尔： 我觉得做不到。即使我们能记录人类大脑中存在的所有神经元，但人类大脑并不仅仅是能记录的电信号这么简单。人脑还包括涌现性、信息的组合等特性，它们是嵌入在组织中的，是我们无法记录的。所以，人类大脑的版权，是受到保护的。

陈伟鸿（主持人）：这样一种前沿科技，对于商业化而言，还有多远的道路？

米格尔： 我对经营公司和做生意不感兴趣。但是多年以来我的许多学生，在美国、欧洲，以及巴西成立了自己的小公司。所以，一个巨大的产业即将诞生，我喜欢称之为"脑产业"，这个产业不只来自这个领域，也来自其他领域。但我想，脑产业所利用的商业模式可能会非常不同，因为人类的大脑是非常宝贵的东西。我认为，对于脑产业，短期的、以营利为目的的经营不是可延续的商业模式，应该从长期利益出发，选择正确的方式。

| 第二问：脑部互联的未来会怎样？ |

高小榕（清华大学脑机接口实验室负责人）：我个人对您的"大脑网络"研究很有兴趣。现在您已经用猴子进行了大脑连接，请问，用这种方法连接不同人的大脑，会有什么样的结果？

米格尔： 我认为有两个方面。一方面，当我们进行社会交往时，我们的大脑形成了一个生物大脑网络，它将帮助大家理解我们为什么拥有众多的人性。另一方面，我想我们未来能够创造出用于治疗以及合作的人类大脑网络，让不同地区的人通过智力的连接进行合作，来达成某个共同目标。这可以通过包含成千上万人在内的大脑网络实现。

| 第三问：脑机接口是"学渣"的福音吗？ |

王清锐（"歪思妙想"创始人）：如果脑机接口能够大面积应用，尤其在教育领域，所谓的"学渣"可能就消失了，因为学习变得简单了；但同时可能导致另一个问题，就是大家觉得学习不重要，只要装一个人机接口的芯片，自然就成"学霸"了。你对此怎么看？

米格尔： 对此，有好消息，也有坏消息。坏消息是，我们无法将信息加载到我们的大脑里，所以不能像科幻电影里那样——坐在一把椅子上，用脑机接口向大脑传送信息，一天就能学会意大利语。因为大脑不是数字机器，大脑的学习方式跟机器的完全不同，我们无法像机器那样，用很短的时间把物理、数学加载到人类的大脑中。好消息是，世界上所有学校，无论是哪所学校，都会有大约20%的学生存在学习障碍。利用今天我向大家展示的一些内容，比如虚拟现实、脑机接口等，对帮助其中一些学生克服学习障碍会非常有帮助。

| 第四问：脑机接口能否治疗阿尔茨海默症？|

郝义（长城会CEO）：我的大姨是阿尔茨海默症患者，她曾经走丢过，我们全家找了一周才找到她。脑机接口技术或者世界上有没有一种技术，能解决这个问题？.

米格尔：阿尔茨海默症对脑部的损害是不可逆的，而且一旦患上这个病就表示已经有很多脑细胞死亡了，患者失去了许多脑组织，他们是无法从脑机接口获得失去的脑组织的。而脑机干预需要健康的脑组织。但在一些研究中，我们使用脑机接口的干预来揭示脑细胞的死亡程度，这就是我看到的希望——通过揭示这一过程让患者不会像你的大姨那样让病症变得非常严重。

吕强（"问号青年"）：您研究这个技术，最初其实可能只是一个科学家对于技术的冲动，但最后变成了一件善事——瘫痪多年的人重新站起来行走。看到他们因为您的技术站起来的那一刻，您是什么心情？他们反馈给您的幸福感是什么样子？

米格尔：每一天我们都会看到我们的一位病人可以使用"外骨骼"重新行走，这就是我们生活中最棒的一天。想象一下，全世界有156人在为这一时刻努力着。这些患者已经瘫痪了十多年，而现在他们突然可以站起来、可以行走。当我站在我的家乡——巴西圣保罗的世界杯赛场上，站在朱力亚诺·平托的身后时（他准备开球时我们的团队就在他身后），当我看到那个足球、看到他抬起腿踢球、看到球飞起来时，当我看到赛场上的7万人都沸腾了起来，并想到在电视机前观看比赛的12亿观众都看到了这一幕时，这一刻，我感到我的整个生命都是值得的。作为一名科学家，我无须再多做任何事情。因为我已经见证了奇迹，它就发生在我的眼前，发生在全世界人们的眼前。

第一篇

敢做不可能

第 2 章
让机器听懂、看懂、读懂你

▼

胡郁
Hu Yu

　　1995 年，17 岁的他，怀揣着对智能语音的好奇心考入中国科技大学。大学期间，为了采集不同的声音，他拿着 10 斤重的录音机走遍大街小巷。21 岁，胡郁同 18 位创业合作者一起，创立了科大讯飞公司。如今年近不惑的他，研究智能语音 20 年，帮助公司在 2017 年度"全球 50 家最聪明公司"的榜单中，位居世界第六、中国第一，他所专研的智能语音技术，语音识别率可达 98%，还能听懂 21 种方言，自由转换跨国语言。

智能语音，人机对话无障碍

胡 郁 | 科大讯飞执行总裁

大家好，我是科大迅飞执行总裁胡郁，我是研究智能语音技术的。

智能语音技术是什么呢?

让机器开口说话 —— 语音导航的奥秘

在很多的导航软件里，我们不仅能听到林志玲的声音，还有郭德纲的声音、罗永浩的声音。大家可能非常好奇——这些名人怎么会有时间把导航软件里面的各个地名都录一遍?

其实，这用到的是"语音合成技术"。

这个过程说起来也很简单。所有的汉语音节都是由特定的声母、韵母和不同的声调组合而成的。中国常用的音节不超过3000个，只是每个人说话的高低起伏、长短，以及声音表现都不一样。做语音播报的人，他们只需要把大约一小时时长的文字全部朗读一遍，然后再用我们的机器去学习他们的嗓音。通过这样的学习，我们的机器就有了他们讲任意文字信息的语音系统。

踏上征服智能语音之路

○ 渴望玩转高科技的少年

我小时候特别喜欢画各种各样的飞机，希望自己长大后成为飞行员或是设计飞机的人。我喜欢飞机高科技的技术，希望自己将来能够操控高科技的机器人。

我17岁那一年，准备参加高考。我的邻居有一个优秀的大学生哥哥，他就是那种典型的"别人家的孩子"。他的名字叫刘庆峰，当时就在中国科学技术大学上本科。我向他请教，我应该读哪一个大学。他跟我说，当然是中国科学技术大学。他说，他正在做一项具有科幻色彩的技术，就是让机器能够说话。当时我听了非常兴奋，虽然我那时还懵懵懂懂，不知道"语音合成""语音识别"之类专有名词，但是我毫不犹豫地决定要报考科大，要去做科幻电影里面的神奇技术。我进入科大后才发现，想让机器人说出流畅的语言，就像修行一样——先要把一些简单的事情做到极致，才能够得到很好的结果。

○ 炫酷科技，离不开漫长的点滴修行

我大三进实验室的时候，为了录制最好的声音效果，我们请当时安徽省最好的播音员到我们的录音室里录音。我们那个录音室很小，录音时，录音的老师在朗读指定的句子，我们也要待在录音室里面，要监听他的音量、语调是不是符合我们的要求。大家都知道，录音时需要隔音，绝对不能有其他的杂音，所以我们坐在旁边大气都不能出，而且不管是严寒还是酷暑，录音室里都不能开空调。我们就是在这样的环境下，把播音老师的声音留下来。到2000年左右，我们在合肥和北京两地频繁往返。基本上都是晚上坐卧铺去，到了北京就奔赴录音场地，录两天音。那段时间，我在声学所、社科院语言所都录过音。录音的过程要求精益求精，这样做出

来的声音才能够像艺术品一样，没有任何杂质，呈现最好的效果。

凭借这种精益求精的态度和扎实的理论功底，1998年左右，我们做出来的先进算法让我们在国家"863"评测中荣获了第一名。当时，中国科学技术大学的大部分毕业生都出国了，因为那时候国外的研究条件好，很多人都去国外的研究院所进行他们的研究工作。但我和科大的师兄刘庆峰，留在了国内。当时我们实验室的主任是王润华教授，他告诉我们，做研究最终的目的并不仅仅是发表文章，也不是为了在实验室里面把成果做出来，而是要让研究成果落地，让它在社会生活的方方面面发挥作用，让每一个人都能够用到它；要实现这样的目的，就必须做一件事情——产业化。

当时，语音方面研究的人才基本上都在国外，在IBM、英特尔、微软这样的研究中心里面。德高望重的语言学家吴宗济先生，他也是中国实验语音学的开拓者，他那个时候就说，中国人不能让国外的研究机构或者国外的技术力量扼住我们的喉咙，中国要把语音技术掌握在自己手里。在这样的背景下，正好共青团中央也鼓励大学生创业，我们也参加"挑战杯"并获得了名次，于是，我们就在刘庆峰的带领下、在王润华教授的指导下开始了自己的艰苦创业。

事实证明，我们通过创业的方式，不断将我们的技术进行了落地，在各种各样的应用中收集到了相关的反馈，取得了非常好的效果。今天，大家看到机器已经能够说话了，我可以非常自豪地告诉大家，在这个领域，中国人做得到世界最好。为什么呢？我们参加了国际上一个名为"暴风雪竞赛"的英文的语音合成大赛，从2006年到2017年，连续12届我们都是第一名。可以说，我们牢牢地占据这一领域的领先地位，不仅是中文，还有英文等其他语种，我们都是世界第一。

但是，仅仅让机器开口说话是远远不够的。大家马上就想到另一个更直接的问题——机器能不能听懂我们说话？

让机器听懂我们说话

让机器听懂人说话，这个技术的学术名词叫"语音识别"。它的技术难度比让机器开口说话，要难得多。语音识别有三个非常大的难题。

第一，是如何在各种各样的噪声环境下，准确识别一个人说的声音内容。

第二，是每个人说话的内容可能都不一样，比如生物学博士和搞法律的人说的内容完全不同，可能得同领域的专家才能听明白他们说的内容是什么，这也非常有挑战。

第三，中国人就有九大方言语系，如果细分方言有几十种上百种。如何能够让机器听懂不同口音的人说话，我觉得是一个最大的挑战。

○攻克难题一：滤掉噪声

关于在噪声环境进行语音识别的问题，我曾经专门到香港大学进修了两年。当时，我每天都在实验室里，苦思冥想如何解决噪声情况下的语音识别问题，甚至在睡梦中也在琢磨，有时候睡到半夜，被大脑闪出来的想法惊醒，赶紧起来把它记下来。最后，我终于想到一个方案，就是通过某种手段把语音里的噪声给提取出来。传统的方法，都是把噪声去除掉，剩下一种非常干净的语音，但机器在实际生活中识别的语音不是录音室里录出来的语音，如果用一种非常干净的语音来训练机器，这样的机器系统处理现实生活中的语音时一定会出问题。

我创造性地提出了：将带噪语音（就是带有噪声的语音）中的噪声去除，将这种去噪后还带有残余性误差的语音，提供给我们的系统进行学习。我们把这种学习称为"自适应学习"。我这个成果，获得了一个世界顶级水准的国际大会的最佳论文奖。这项成果也被用于我们的语音识别系统。

○攻克难题二：掌握内容

为了让机器听懂各行各业的语音，我们给它听各种各样的故事，航天的、生物的、娱乐的……我们拿这样的文本给机器看、学习。这样它就慢慢知道了：航天飞机是航空里面的一种装备、孙俪和邓超经常出现在娱乐类的文字中……越来越多地掌握了不同行业里的术语。

○攻克难题三：辨别口音

如何克服口音识别的问题呢？

一开始的时候，我们让很多学生来我们的实验室录音，录下来每个人的口音，后来发现这种方式不行——录的效率特别低，而且录下来的声音都是年轻人的，太单一了。后来，我们就到大街小巷去找各种各样的人录音。那个时候能录一个两千小时的声音数据库，就相当不容易了，而且如果要做好的话，可能要耗费几百万、上千万元。后来我们发现用这样的数据，还是解决不了口音的问题。后来，我们根据一个创新性的想法解决了这个问题，我们做了一个"讯飞语音输入法"，把它装在智能手机上，每个人都可以用语音输入文字。只要有人在手机上用讯飞语音输入法进行输入，我们就能够得到语音数据，然后用于机器的学习、训练。一开始的时候，这种输入法的正确率只有55%，随着越来越多的人使用这个输入法，使用人数从1000万增加到3000万，又增加到2亿，最后我们收集了上亿小时的数据。最新的结果显示，我们现在的输入正确率可以达到98%，离人类的99.5%只差一点点，最近这几年我们相信机器能够达到人类水平。

扫码观看：各地方言的语音识别

正是利用这些创新性的思维和想法，我们解决了语音识别的几个根本性的问题。现在我们的输入法的总用户人数已经超过了5亿，我们每天向全国大约10亿台设备提供40亿次以上的交互服务。在语音识别方面，我们现在处于国际领先水平。

这些高科技的技术成就，就是这样脚踏实地在技术研发、数据采集等各个方面，一点一点地积累起来的。

智能语音新挑战 —— 认知智能

2010年左右，我们又面临一个更大的机遇和挑战，也让我重新认识了语音和语言的技术。

在人工智能这个方面，语音和语言占有非常重要的地位。我们都知道，前段时间"阿尔法狗"战胜了李世石九段和柯洁九段，很多人都惊呼"人工智能无所不能"。但是人工智能真的无所不能吗？机器擅长的其实就是运算和存储，在这方面确实超过人类。但是，在感知智能和运动智能方面，机器仍在快速学习。它的认知智能和人类相比，处于什么状态呢？

举一个简单的例子，任何一个正常的6~10岁的小孩都可以回答的问题，对机器来讲可能非常难。这个问题就是：爸爸举不动儿子，是因为他太重了，问"谁重"；或爸爸举不起儿子，因为他太虚弱了，问"谁虚弱"。这看起来是一个稀松平常的问题，常识性问题，但就是这样的问题，对于机器而言却是一个非常大的挑战。

2016年，国际上将来要代替"图灵测试"的、叫作"温诺格拉德模式挑战"（Winograd Schema Challenge）的测试，它是当前的人工智能领域中，用于测试机器智能的、最为扎实的一个测试。刚才这种测常识的题目就是里面的测试内容。机器智能的第一名能得多少分呢？我们2016年的参赛系统获得了第一名，成绩是58分，而一个人类可以轻松地得到90分。

所以，在认知智能方面，机器要达到人类的水平还有很长的路要走。为此，我们正在努力。

可能很多人会问："如果机器真的慢慢地把运算智能、感知智能、运动智能、认知智能都突破了，会不会让我们所有人都失业？"

对于这样的问题，我们也在研究和分析，机器和人各自的长处与短处是什么？我们发现，机器替代的不会是人类所有的工作，有一项工作机器可能永远替代不了，那就是我们人类的创造性。人类社会中有很多从0到1、从无到有的事情，需要有创意、有自我意识才能够完成。现在的人工智能离这个差距还很大。就算它们将来能够读书、写字，但它们在创意性方面可能永远替代不了人类。

智能语音走进我们的生活

很多人问："机器将怎么帮助我呢？"我相信机器能够在各个方面帮助人类。比如，大家都知道，在很多领域中专家都是稀缺资源。在教育方面，大家都想去上好学校；在医疗方面，大家都想去"三甲"医院，都往北京、上海、广州跑……但是，这些专业领域中的专家，往往会被一些事务性的杂事占据大量时间，他们腾不出更多的精力用在有创意的事情上。

语音和语言所主导的人工智能，能有效缓解这样的压力。

在教育领域，老师最繁重的工作是什么？是批改作业、辅导学生。现在最新的、具有认知智能的语音人工智能系统，可以帮助老师批改作业甚至批改作文，还可以根据批改作业的情况判断每个学生知识点的偏差，并有针对性地布置家庭作业。老师批改作业可能原本用40个小时，现在利用人工智能只需要3分钟。这样一来，老师的精力被节省出来，就可以更好地从事创造性的工作，获得更好的教育成果；学生的学习效率也提高了，有了更多的可支配时间。

在医疗领域，优秀的医生、最新的设备大多集中在大城市，很多偏远地方的病患无法获得更好的医疗资源。我们现在正在做的人工智能系统，已经学习了50多部经典的医学著作、超过200万份病例及其有效的治疗方案。在偏远地区，只要拥有一台电脑、一台信息化的设备，医生就可以利用人工智能来辅助医疗诊断。

在日常生活中，家居环境、家电设备等会越来越智能化，比如，冰箱原来只能用于存储食物，未来的冰箱可以帮你判断应该补充哪些食物了，你还可以通过它直接在网上下单购买。也可以用阿尔法蛋机器人，作为陪伴小孩的一个玩具，它不仅可以读故事给小孩听，而且还可以听懂小孩的话语，跟他进行交互。

现在的智能机器人，跟以前工具性的产品最大的不同，在于它可以成为情感的寄托。阿尔法蛋机器人进入家庭之后，我们发现一个非常有意思的现象——有很多的小朋友会问"阿尔法蛋"："你今天开不开心？你今天心情怎么样？你是从哪里来的？"

我坚信，随着我们智能语音技术和人工智能技术的不断发展，机器人会越来越聪明，我们的生活会变得越来越美好，原来科幻世界里面那样便捷、那样有温度、那样有趣的世界终有一天会到来。而我在这个过程中，会沿着这条路一直走下去，跟更多的朋友和后继者们一起，我们共同来创造一个的美好生活。

谢谢大家！

扫码观战："问号青年"
对战"阿尔法蛋"

互动问答

| 第一问：什么时候我们可以不学外语？|

米磊（"硬科技"提出者）：什么时候，我们可以通过语音识别、人工智能技术自由地用母语跟外国人交流，可以不用再学外语？

胡郁： 我觉得学外语是为了满足两个功能，一个是工具性的功能，一个是情感上的交流。从工具性功能上看，我们现在开发出来的翻译机，能做到一句一句地翻译，已经能满足出国旅游、日常交流的需求，但要实现很专业的同声传译，目前还有难度；而在一些专用领域或者特殊场合的翻译，机器还需要不断地学习才能胜任。我预测未来10年之内，这种工具性的翻译，大家带一个设备就可以了，不需要再为此去学习外语了。

但翻译有几个境界——信、达、雅，如果要达到"雅"的程度，就上升到情感传递、文化交流的层面了。这个层面上的翻译技能，就是我刚才说到的，是只有人类才能拥有的创造性能力，要从无到有地再创造。未来学习外语，应该要实现这种层面的翻译。

扫码观看：胡郁（右）现场演示英汉语音互译

陈伟鸿(主持人)：在英文语音识别方面，类似口音这样的问题克服了吗？

胡郁：我们最近在"本土的英文"识别方面已经做到了世界上的先进水平。但确实存在一些相当难的口音，我们现在的英语语音识别还只是针对中心语言的方言，那些方言腔太重的，还是我们努力的方向。世界上有很多的研究机构和公司也在做这个事。

| 第二问：未来我们可以和宠物对话吗？ |

李晓光(Techplay创客教育创始人)：我过去养过一条狗，我之后来了北京，它老了快不行的时候，一直坚持等着我从北京赶回去看它，它去世前一直用眼睛看着我。我想知道，未来的技术有没有可能识别出动物到底在跟我们讲什么？

胡郁：这是个非常有意思的课题。我可以披露一点，我们现在正在做绒猴的语言识别。不同动物的语言能力是不一样的。为什么用绒猴？因为绒猴和某些鸟类，是我们知道的拥有简单语言体系的动物。

大部分动物的语言，可以表示情感，但很难表示确切的意思。所以，我认为大部分动物和宠物的语言里所带的情感，是可以被识别出来的。比如是悲伤还是开心。但是因为它们的语言里可能本身的含义并没有那么丰富，或许识别动物的语言并不是技术的问题，而是我们在对这些动物的认知、对它们语言的认知等方面会不会有进一步的发展。我相信都会往前进步的。

| 第三问：语义理解，中文难还是英文难？ |

赵云峰（"机器之心"创始人）：您刚才提到的、非常重要的认知智能里，对于语义的理解，中文和英文相比，两者的简单点和困难点都有哪些？

胡郁：从人的知识表达上来看，语言的难度基本是差不多的。但是，有一些特殊的想象，会使不同的语言面临不同的情况。大家都知道，西方语言里面，语法结构上最强的应该是德语。所以，比较而言，德语处理起来要容易很多，英文也是一种语法比较强的语言。而中文的语法是比较灵活的，所以在语法层面上的处理，我觉得中文比西方语言难一些。但是，在表达含义这个层面上，就是所谓"语义"的层面上，两者的挑战类似。就是说，不论英文还是中文，到底想表达一个什么样的意思——确切的意思，两者都面临很大的挑战，还都在突破的过程中。

| 第四问：智能语音当老师、当医生、当律师靠谱吗？ |

吕强（"问号青年"）：刚才您说可以帮老师改作文、改作业，但我觉得评判作文其实很主观，人工智能怎么评判？另外，医生诊治病人的时候，在判断病情的同时也会体查病人的情绪、生活习惯；学生在跟老师学习的过程中，也会有情绪的表达。人工智能如果不能体察这些主观的、情绪性的东西，怎么能代替老师、医生呢？

胡郁：其实我刚才已经说过，在很多职业中，人工智能不会完全代替人，而是可以成为人的好帮手。比如，主持人陈伟鸿的幽默，他的这种创意，人工智能可能永远学不会；但是如果他比较忙，需要有人帮他去播一个新闻，人工智能就可以代替。人工智能可以让人有很多分身，让人干更多的、更重要的事。

我再举一个帮老师批作文的例子。一开始，很多专家完全不相信机器可以批作文，觉得机器不可能看懂作文在说什么。我们是把改作文这一工作进行了细分，我们发现，老师在改作文的时候，其实有一些评判的标准，比如拟人等手法的运用、语法的运用、词汇量的丰富程度……这样细分下来，我们做出来模型很简单，机器按这个模式批作文，跟老师批的一对比，相关度和准确度达到了老师的程度，甚至比老师还要高。也就是说，老师在改作文的时候，其实也是依据一些可衡量的客观标准的，不是我们以为的纯主观判断，这种标准机器是学得会的。就像"阿尔法狗"战胜柯洁九段一样，它并不是像人那样在思维，但它就是靠着计算步骤和存储数据取胜。

我们经常说，人工智能一定会在某些领域超越人类，但是它用的不是人类的思维方法，它就是存得多、算得快，慢慢地把这些能力全部都释放出来了。其实，它正好是跟我们人类形成了很好的互补。

| 第五问：语音识别能听出情绪及善恶吗？ |

郝义（长城会CEO）： 比如，我和太太两个人去了奢侈品店，她说"不买了吧"，这样一句话，如果语气不同，会表达"买"或"不买"两种不同的情绪。还比如，一个陌生人问："小朋友，吃不吃糖果？"从他的声音里就能听出不怀好意，是个坏人。这种情绪和善恶，机器通过语音识别能判断出来吗？

胡郁： 情绪的话，我觉得有可能识别出来。因为情绪是包含在语音的表现层面上的。但你刚刚讲的善恶就属于隐藏在后面的东西了，它从语音本身可能判断不出来，需要综合更多的其他因素，比如要看这个人的表情、行动，或者一连串的行为。所以，我认为善恶单独用语音是没办法来判断的。

未来架构师
Weilai Jiagoushi

赵勇
Zhao Yong

　　美国布朗大学博士，毕业后曾就
职于谷歌公司，作为主创，他研发了
让世界科技领域闻之兴奋的"谷歌眼
镜"，从此开创了可穿戴设备的风潮。
他和团队模仿人脑机制，参考人眼结
构，攻克了计算机深度神经网络，教
会计算机看清世界、看懂世界。软硬
结合，发布"深瞳"无人监控安防系
统，让这部百米辨人相机一举突破传
统监控行业"看不见"和"找不到"
的行业瓶颈。他的终极目标是——让
计算机拥有无限接近人的感知。

机器视觉，让计算机更懂你

赵 勇 | 格灵深瞳创始人、CEO

　　美国好莱坞曾经拍过一部电影——《上帝之眼》，影片展现了一个非常神奇的系统，这个系统能让美国政府找到世界上任何一个角落的目标。这是一个虚构的故事。今天我要给大家讲述的是——怎样用计算机视觉、用人工智能把这个虚构的电影情节变成现实。在开始讲述之前，我要先跟大家分享我童年的一个憧憬和梦想。

　　我小的时候是个模型爱好者，制作了很多模型汽车、模型飞机、模型快艇，但要玩它们必须要有个遥控器去操纵它。那时我就想，怎么赋予我的模型观察、思考的能力，让它变成一个聪明的模型？今天，汽车越来越多，飞机先进发达，轮船越来越大，怎样让它们变得越来越聪明呢？人工智能和计算机视觉就是解决这些问题的钥匙。

　　讲到人工智能，我所在的领域已经被科学家们耕耘了几十年，这个领域做起来非常非常难。

　　记得我攻读博士时，一位导师跟我说：我们这个行业的人就像在玻璃罐子里飞着的苍蝇，总觉得前途一片光明，每10年我们都有一个新方向，然后就飞呀飞，直到撞到玻璃墙……这个罐子的出口到底在哪里？

人工神经网络——现实世界的"上帝之眼"

非常幸运，五六年之前，我觉得我们找到了答案——它就蕴藏在人类的大脑里。如果打开人类的大脑，用先进的科技手段去扫描人脑看到的东西，你看不到CPU、看不到总线和内存，你看到的是数以千亿计的"神经元"。什么是神经元？它是一个非常小的思考和计算的单元，被很多叫作"神经中枢"的东西连接成了巨型的网络。当科学家受到这种结构的启发，用计算机的硬件、软件建立起人工神经网络的时候——尤其这种网络的规模越来越大、越来越深奥的时候——我们就可以训练机器去掌握思维和学习的能力了。

大家可能从新闻中听说了，谷歌公司通过训练深度神经网络，创造出一个精通围棋的机器人"阿尔法狗"。格灵深瞳也训练了很多深度神经网络，其中一个网络可以识别汽车，可以从汽车的正面、背面识别出具体型号。经过了几个月的努力，这个模型可以识别4000多种品牌的汽车，甚至可以区分出2014年的奥迪A6和2015年的奥迪A6。

借助这样的工具，我们可以把上亿小时的道路视频转化成知识，让客户了解：城市里每天发生了什么事，每辆车运行的轨迹是什么，城市是怎么拥堵的，城市运作的规律是什么。

非常有意思的是，在这个过程中，我们发现人工神经网络对某些指标的反应远远超过了人类。比如：某些情况下，画面非常模糊，肉眼根本看不清画面中的车牌号码，而人工神经网络会强制自己去猜一个号码出来，它们猜的号码居然大多是正确的。

○机器视觉的"硬伤"

这个世界上最重要的目标就是人，所以，人工神经网络也可以用于人脸识别，通过面孔识别出人的身份，这个技术很有价值；但是，人工神经网络的人脸识别，在运用于现实世界时却暴露出一个"硬伤"。我给大家举一个例子：

2013年，美国波士顿发生了一起恐怖袭击。在一个国际马拉松比赛现场的终点，人群密集，突然发生爆炸，造成了很大的伤亡，其中有一位中国女留学生也不幸遇难。为了破案，警方查看了这个街区所有的监控录像，找到了一张照片，他们认为炸弹就是这两个人带进去的；但是，虽然这两个人离监控摄像头非常近，但在录像里他们的面孔并不清晰，无法辨认（见下图）。

美国警方并没有电影中的"上帝之眼"，他们只能把这张模糊的照片在美国所有电视台滚动播出，期待观众提供线索。非常幸运的是，那天有位游客用手机拍了很多照片，他发现有张照片里的两个人很像嫌疑人，于是他把照片交给了警方。在这张照片的帮助下，警方成功锁定目标，抓住了恐怖分子。但实际上，这个案子的成功破获纯属偶然，如果没有游客碰巧拍到了那两个人、碰巧看到电视上征集线索的消息、碰巧又去翻找了自己的照片、碰巧又被他看出相似交给警方，警方也许只能对着那张模糊照片干着急了。

机器视觉存在的这种"硬伤"，不可能总是像这样靠运气来解决。事实上，这些"硬伤"可能每一天都会在世界各地导致令人扼腕的遗憾。

机器视觉的"硬伤"——近在咫尺，却无法看清（图为监控摄像头拍下的波士顿恐怖袭击案嫌疑人照片）

○发现人眼的奥秘

对于机器视觉的这种"硬伤"，我们不禁要问："为什么这两个恐怖分子离监控摄像头只有几米的距离，我们却看不清他们的面孔？而人的眼睛为什么既可以看得很广，又可以看得很远呢？"

让我们来看一看人眼的奥秘。

从构造上来看，人眼跟相机非常接近，也有镜头、快门，即瞳孔；也有传感器或者叫胶片，即视网膜。人眼相当于一个广角镜头，单眼就有160度的视场角，双眼可达190度的视场角，超过了一个平面。另外，人眼视网膜上有一个很小的区域，叫黄斑，它的直径大概只有1毫米，如果把眼球的中心跟黄斑连接成一个圆锥的话，这个圆锥的角度只有2度。人的视网膜上有很多像素，但这些像素并不是均匀地分布在整个视网膜上，大约有75%的像素聚集在直径1毫米的黄斑上，其他约1/4的像素分布于160度视场角的视网膜上。这样一来，人眼相当于是把一个超大广角镜头和一个高清长焦镜头完美地结合在了一起。（见下图）

眼睛连接着大脑，大脑里有发达的神经网络，它们可以迅速分析广角镜头——宽阔的视野里有哪些有趣的东西，然后转动眼球，用高清的长焦镜头——黄斑对准那个大脑感兴趣的物体，进行精确扫描。这就是人眼工作的方式。

人眼剖面

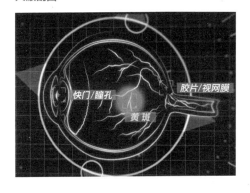

举个例子：当我们走进故宫太和殿参观时，眼睛首先会启动眼球160度的广阔视场角，告诉我们"宝座在哪里、牌匾在哪里"，紧接着眼睛会启动黄斑，精确地扫描这些物体，让我们欣赏它们的细节。就这样，在1秒钟的时间里，眼球经过数次转动，让我们完成了一个既广泛又精确的观察。古代的人在丛林里找寻野果、猎物，并完成采摘、捕获；今天的我们看书、开车、运动，都要依靠人眼这种特定结构下的工作方式来完成。

在这种人眼结构的启发下，我们发明了一种完全不同的相机，给它起名为"人眼相机"。

打造一双精密的"眼"

"人眼相机"可以做什么？把它放到一个比较大的广场上，可以看到这里有很多人，他们与相机的距离不同，有的二三十米、有的五六十米，但无论哪种距离，相机都可以精确地观察到他们在哪里，瞬间把一个类似于望远镜的光学设备切换到那个方向，捕捉到某个位置的某人的细

扫码观看："人眼相机"可以做什么

节，并且在1秒钟之内完成数次切换。在一个容纳了数百人的场所里面，"人眼相机"可以在一两秒钟之内把每一个人的面孔都清晰地记录下来，再把收集到的面部照片传送到后台的另一个神经网络，这个神经网络可以识别每个人的面孔，同时跟一个巨大的个人信息数据库关联。这样一来，从拍摄并记录高清面孔图像，到识别面孔图像，再到搜索出与面孔图像相对应的个人信息，"人眼相机"可以迅速地让我们了解它所观察到的每一个人的身份。

当我们的计算摄像学技术可以看清街上的每一辆车、看清环境里的每一个人，当这些传感器遍布整个城市、遍布所有的道路，我们就拥有了一个巨大的知识库，就能获取世界上每一个人的完整信息、每一个人在各个时间段的状态，以及人和人之间的互动记录。这些数据具有非常广泛的意义。

让机器视觉更加聪明

无论是古老的相机，还是现在先进的数码单反相机，它

计算摄像学

是一门将计算机视觉、数字信号处理、图形学等深度交叉的新兴学科，结合计算、数字传感器、光学系统和智能光照等技术，从成像原理上改进传统相机，结合硬件设计与软件计算能力，突破经典成像模型和数字相机的局限性，增强、扩展传统数字相机的数据采集能力，全方位地捕捉真实世界的场景信息。

们的成像原理其实基本相同——都是小孔成像。但在这个成像过程中，有一些深度信息会丢失。

○ 机器视觉的成像误差

想象一下，如果有一根直线从你的眼睛射出去，射向无穷远处，那这条直线上不同距离的点，它们的光线反射到你眼里，都会落在同一个点。这就是说，小孔成像的过程中会丧失深度信息，即失去尺度。这会使我们的视觉产生误差。比如，某人把一个红色的玩具汽车放在摄像机跟前，若不是他的手露出来，很多人会误以为这个玩具汽车是一辆真实的汽车，可事实上它只是一个很小的玩具汽车；而在这张图片远处的画面上，有一个真实的汽车，因为它离画面比较远，所以它显得非常小。换句话说，我们的图像本身并不能告诉我们尺度。丧失了尺度，我们就丧失了对距离的测量、对速度的测量、对加速度的测量……这是很可怕的事。

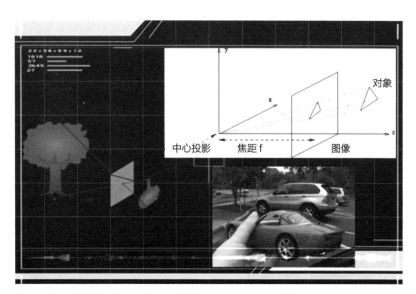

普通相机视觉成像的"硬伤"——被摄物与镜头的距离，会造成巨大的视觉误差

○生物视觉的成像智慧

再来看看自然界中动物的眼睛是如何解决成像问题的。观察"捕食者"和"被捕食者"的眼睛，我们会发现很有意思的事。

"捕食者"，即老虎、狮子等肉食动物，它们大多长着两只眼睛，而且都在前面，人类也是如此。眼睛长在前面的好处是什么呢？两个眼睛都能成像，但成像的位置有一个小小的差别，这个差别叫作"视差"。通过视差，大脑就可以做一个三角运算，推算出这个物体在眼睛前面的距离，获得关于深度的信息；有了深度，就有了距离、就有了速度、就有了加速度……这样可以确保捕食者在奔跑过程中，始终掌握并控制好与猎物之间的距离。

"被捕食者"，比如羚羊、斑马，它们的眼睛都长在侧面。长在侧面的好处是，能形成一个全景，因为对它们来说，距离并不是最重要的；最重要的是，即使在睡觉时，也能看到从后面接近的"捕食者"。

○具备智能"视差"的人工视觉

在这个原理的启发下，我们发明了一种成像的设备，叫"三维深度传感器"。我们把这样的设备造成了一种"三维相机"，它不仅可以帮助我们看到画面，还可以帮助我们看到画面中每一个物体与相机之间的距离。有了这些信息，我们就可以把空间中每一个人的肢体动作、运动轨迹——比如他在跳什么舞、他在打什么拳、他在跟谁打招呼——全部都计算出来。

这样的信息非常重要。可以想象一下：你的家里有一台机器人，你跟它打招呼，它可以看懂你在做什么；你在学校里学习打棒球，使用这套成像技术，你可以观察自己的动作是不是精确、到位。

赋予万物感知的能力

计算机视觉可以帮助我们去观察整个世界，这个世界有很多内容，但其中最重要的内容是我们自己。今天这些技术已经可以帮助我们观察自己：观察我们的身份、观察我们的交互、观察我们的行为。让我们来想象一下这些科技在未来会怎样改变我们的世界。

在我的愿景中，10年以后，我们的互联网上有1000亿个网民，它们不是人，它们是人工智能。这些人工智能可能潜伏在每盏路灯里、每台电视里、每台冰箱里、每个摄像头里、每辆汽车里……可能未来你的水杯里都有一个有趣的人工智能。这些人工智能会使我们的机器、我们的设备、我们的环境，不仅仅被我们使用，同时它们也在观察我们。今天你可能很熟悉你的家、你的办公室、你每天上班的路；那这些环境，我们的家、我们的办公室、我们的城市，它们熟悉我们吗？如果它们变得很聪明，它们能观察我们、了解我们，自然就可以更好地为我们服务。

在未来，你回到家里，你的空调认出你，立刻根据你的喜好来调节家里的温度；你的墙壁用柔宇科技的柔性电子屏装修过了，它知道你喜欢海景房，立刻把房间变成了海景房，或者它知道你喜欢仰望星空，它会把新西兰的美丽夜空显示在天花板上。你的家是一个充满了人工智能的环境，它能认识你、观察你、了解你，它能随时满足你的喜好，你可以在家里看到银河，看到瀑布、竹林，看到脚下是九寨沟的鹅卵石和小溪……

在未来，汽车一定可以自动驾驶，它们自己可以关注道路、行人、交通标志。

…………

这就是我心中的未来，一个具有感知能力、思考能力的未来，谢谢！

互动问答

| 第一问："人眼相机"在哪些场景中可以得到更好的应用？|

陈伟鸿（**主持人**）：刚才你构筑的这个未来世界当中，我们大家都注意到了"人眼相机"的奥妙。今天哪些场景中能充分应用它？

赵勇： 首先是要用到与国家安全相关的场景中去。今天的中国是一个非常安全的国家，我所有的外国朋友来到中国后，都表示"很有安全感"。其实这背后是有原因的——中国的安全科技以及中国的安全力量是非常强大的。"人眼相机"比原来普通的摄像头厉害得多，比如，把它放到火车站广场——可能是广场对面某个建筑物的二楼——所有在广场附近出现的面孔都能被捕捉得清清楚楚，然后立刻进入数据库与逃犯库做比对。很多犯罪分子还停留在标注摄像头的位置并避开相关区域的阶段，但现在已经进入"人眼相机"时代，一个逃亡数年的通缉犯，可能只是出门打个酱油，就被某个隐蔽的"人眼相机"看见了。随着这些新技术的应用，中国的破案率已经越来越高了。

| 第二问：未来的人脸识别会成为"算命先生"吗？|

陈楸帆（**科幻作家**）：这个问题有两层意思。一是机器的视觉识别的系统，加上人工智能，包括所有的大数据整合在一块，有可能你看到一个人就能知道他所有的个人信息，包括生活的点点滴滴——每天几点出门、吃什么、坐什么车、行动规律是什么、跟多少人进行了交流，等等。是不是可以根据这些信息去计算这个人未来的趋势，就像一个算命先生。另一层意思，是我曾看到过一篇论文，内容是通过人的面相去分析他未来犯罪的概率。这样的事情在未来可能发生吗?

赵勇: 事实上我认为人工智能不应该做这样的事。您刚才提到的那篇文章里的研究,最近已经变成了学术界的一个丑闻,因为在那种训练系统中出了严重的问题。为什么呢? 这个训练系统是拿一部分犯罪分子的照片和大多数正常人的照片一起去训练机器识别,然后进行对比。但这样一种模型,能让机器真正学到的是什么呢? 从那些犯罪者照片中,机器学到的只是他们被捕后在公安局里拍罪犯证件照的那个环境,并不能从他们的脸上学习到什么东西。

那么话说回来,能不能通过面容来算命呢? 基于所拥有的数据库和行为分析的能力,我们现在已经开始在某些应用里做类似的人物画像。举个例子,我们可以对一个商场里的顾客进行画像,分析出他的性别、年龄,大概是哪个收入阶层的、喜欢买什么样的东西……销售人员可以根据这样的画像信息,提供更符合顾客需求的服务。通过类似的技术,我们可以告诉店铺类的客户,在进入其店铺的顾客中,哪些人买东西的概率更高;我们可以帮助做户外广告的客户实现更精准的广告投放,比如播放广告视频时,当有人走过来观看,机器可以根据观看者的面容分析出他可能的消费需求,并播出相应的广告视频——如果是20多岁的女性来观看,机器会把正在播放的养老院广告切换成化妆品广告。

我们的确可以通过简单的画像,对一个人的背景进行一些猜测。但俗话说"人不可貌相",这种预测只能针对统计用途提供一些粗糙的画像应用。不能因为某人的面孔长什么样,就给他做一个定义,更不能以貌取人来预测他所有的未来。

| 第三问：人工智能公司为什么变成光学相机公司？|

米磊（"硬科技"提出者）：赵博士是学人工智能的，我是学光学的；你创业做的是人工智能公司。但在这里，你讲的却都是有关光学相机的内容。为什么你的公司跟市面上其他人工智能公司的方向不太一样？

赵勇：这个问题问得非常好，我们的确是一家人工智能公司。很多人工智能公司都把自己定义为"分析已经存在的数据"。但是，当我着手做人工智能的时候，我发现这个世界上的传感器存在两个大的问题。第一个大问题是，性能太差。我们看人的眼睛时，不能简单地把它看成一个光学设备，因为它跟大脑连得很近，其中有很多的数据在沟通；眼睛原本也不是一个单纯的光学设备，因为背后有强大的神经网络在支配它怎样去改变自己的光学设置。所以光学和神经网络是分不开的。

第二个大问题是，我发现相机都又大又笨，我希望未来的相机变得又小又轻又便宜，甚至是免费的，可以很轻松地部署得无处不在。只有这样，我们所追寻的那种叫作"视觉传感器网络"的智能技术，才会大规模地发生，人工智能才有更大的舞台。

为了更充分地发挥我们的能力，我们必须自己搭建这个舞台，因此，我们就把自己变成了一个光学公司，我们也自己造了一些相机。

米磊（"硬科技"提出者）：我提这个问题也是想说——人脑获取的所有信息中，人眼获取的信息占到70％以上；而人工智能公司，未来最大的瓶颈都会来自信息获取。所以我提了一个定律叫"米其林定律"，即未来所有的公司，都会由光、机、电、算的产品组成，在他们的所有成本中，光学的成本要占到70％。将来，很多人工智能公司都会借助一些光学的技术。

| 第四问：穿上"柔性屏"的隐身衣，"深瞳"能看到吗？ |

吕强（"问号青年"）：之前听刘自鸿博士的"柔性世界"演讲时，我在想，这个"柔性屏"可以做一件《哈利·波特》里边的隐身衣，因为它只要后面有一个摄像头，把后面的那个东西拍到前面来，就可以把自己藏起来。听赵勇博士演讲的时候，我发现"深瞳"相机擅长"捕捉人、识别人"，这么看来，它和柔性屏好像是两个相对冲的科技，是竞争对手。我想问一下赵勇博士，未来面对这样的竞争对手，您害怕不害怕？

赵勇：一点都不怕，因为你对我们的了解太少了。我给你讲一个有趣的故事。人类对眼睛的了解、对光学的了解走过很大一段弯路。在欧洲，上千年以前，有一个科学家叫亚里士多德，他对眼睛的定义，或者对成像的定义是什么呢？他说：从每个人的眼睛里会发出看不见摸不到的"手"，类似触角，这些触角在整个世界里去摸索，它们把摸索到的东西传回了眼睛，所以我们就能看到物体、看到世界。

后来，我们知道这是错的。因为事实上眼睛是反过来工作的——这个世界有光源，所以整个环境都会反射这些光源，把这些环境本身的属性投射到眼睛里面去成像，所以眼睛实际上是一个被动的传感器。

但是，在今天的科技里，我们又特别喜欢亚里士多德描述的这种眼睛。事实上在我们这个领域，也有一些有趣的研发——在研究一种眼睛，它真的是把触角伸出去摸索。事实上我刚才介绍的那种"三维相机"，就是这样一种相机。这个相机的原理是：它差不多同时在往外发射30多万份激光，去触摸这个世界，它发出的这些光子就像信号兵一样，还要带着它探索的结果回来。自动驾驶的汽车，它使用的激光雷达也是这样的，而且激光雷达未来会越做越好。

有一个应用场景特别有意思：我们有些客户使用的传统监控曾被犯罪分子侵入过，犯罪分子潜入了某个存放财物的房间，他们用平板电脑在监控这个房间的摄像头的位置拍了一张这个房间内的场景照片，然后一个人用平板电脑的屏幕遮住摄像头（平板电脑的屏幕上是这个场景照片），另一个在被遮住的摄像头下作案，而此时监控中心的人看见的是那张拍好的房间场景照片，看不到真实的情况；但是改用我们的"三维相机"后，犯罪分子再用这招就不行了，"三维相机"会派出很多激光，它们会被这个挡住摄像头的平板电脑屏幕给打回来，然后就会报告这样的信息："不对，这个地方看上去是个房间，可是它的空间被压缩了。"相关的设备会立刻报警。我觉得这种被动的相机和主动的相机全部结合起来，想对我们隐身就不那么容易了。

刘自鸿（柔宇科技创始人兼CEO）：其实这个主动和被动结合的方式，一方面是识别脸的特征，通过这些特征点的算法，来判断原本的外貌；但另一方面，主动的方式可能是通过距离，增加三维的判断。假如在三维上比较类似的情况下，通过柔性屏，在衣服上或在脸上使得二维的特征也消失，这个时候想"看见"是不是就比较麻烦了？

赵勇：非常麻烦，刘博士提的这个方案很好。如果他们的柔性屏有一天可以长在皮肤里，并且可以改变，随时改变——今天可以长得像张国荣、明天可以长得像刘德华——机器识别起来就非常困难了。但是作为感知技术，我们也在不停地进步。想象一下，现在我们可以在几十米外看清你的面孔，未来也许我们在几十米外就可以看清你的瞳孔，分析瞳孔的这些肌肉的纹理，这个叫"虹膜识别"。那么你的身份就会被你的虹膜所泄露。

刘自鸿（柔宇科技创始人兼CEO）：那个时候我们可能有一种新的柔性屏技术可以放到虹膜上。

赵勇：所以这永远是"矛与盾的竞争"。

| 第五问："深瞳"能识别机器人吗？|

吕强（"问号青年"）：刚刚赵博士说到一个场景，就是未来的数以千亿计的网民中，不仅仅有人，还会有大量的人工智能。机器人没有瞳孔，"深瞳"怎么去辨认那些已经有人工智能的、不是人的机器人？

赵勇：对，这个问题很难。在我们今天的智能体系里面，分成三个级别，感知层（Perception）、认知层（Cognition），还有更高级的一层，叫意识层（Consciousness）。今天的人工智能，其实是解决了很多认知层和感知层的问题，但是对于意识层还没有什么进展。其实这是一件很幸运的事情。今天我们发明的所有的人工智能，都是我们的工具，都是为我们服务的，未来它们所有的使命，应该是让这个世界变得对人类而言越来越美好；但是如果有一天，它们有了不同的使命感，而且不受人类控制的话，那人类就很危险了。我觉得对于这个研究方向，人类应该进行立法约束。

| 第六问：人脸识别如何防骗？ |

张江（北京师范大学管理学院系统科学系副教授）：我觉得任何一种科技的出现，都会有所谓"道高一尺，魔高一丈"的隐忧。我相信未来的犯罪分子肯定会使出各种各样的手段去欺骗人脸识别系统。比如最近有一种人工智能的对抗生成技术，它可以刻意根据人脸识别的"盾"，用机器算法的方式产生一个新的"矛"去攻击它。我觉得这个到未来也是很有可能的。请问赵博士会如何思考这样的问题？

陈伟鸿（主持人）：这个问题，其实我是有感触的。在今年中央电视台的"3·15"晚会中，我们做过一个实验——有些人脸识别的要求没有那么高端，可能只用一张静态的照片，做一些眨眼、摇头之类的动作，就可以骗过机器识别，堂而皇之地登录某些网站；高端一些的人脸识别要求立体的面孔，但我们只做了一个简单的"易容术"，就是直接用软件把你的照片做成面具贴在我的脸上，我对着机器动嘴、眨眼，就可以进到你的银行账户。这个问题我觉得非常重要，它会不会给人类的未来带来很大的困扰？我们有办法规避这些风险吗？

赵勇：就像我们说的"道高一尺，魔高一丈"，道和魔在不停地对抗。我觉得解决这个问题的核心在于：不应该只用单点的技术，应该是用多点共同融合。而对于一些特别敏感的操作，比如金融支付，我觉得大家要慎重使用人脸识别这种很容易被攻破的技术。

关于多点融合，我给大家举一个例子。城市道路监控中，有一种常见的违法犯罪行为叫"套牌车"，即在车上挂别人的牌照，以便掩盖自己的违法犯罪痕迹。有人看到你开的车款和牌照，买了同样的车、上了同样的牌照，从视觉上，这两辆车是一样的。那怎么识破它呢？我们的做法就是运用传感器网络做时空比对，因为一辆车不可能同时在两个地方出现，当我们发现车的运行轨迹有矛盾时，就可以判定存在"套牌车"的问题；我们有很多的手段可以分辨出谁是真的，谁是假冒的。

以多点融合方式来对抗骗术，其中的关键之处就在于：你也许可以骗得过我们一时，但你不可能在任何地方、任何时间都骗过我们。所以，在安全体系里，最重要的事情，就是要收集尽量多的数据，并且把各种模态的数据交叉起来，进行联合分析。这样就会发挥出强有力的作用。

| 第七问：未来的世界是不是就靠刷脸？ |

张江（北京师范大学管理学院系统科学系副教授）：像素信息本来就很难作为生物的唯一特征，而且人脸并不是唯一特征。这个问题的背后我是想问另一个问题——人工智能在以后落地的过程中，遇到了诸如提取生物唯一特征这种难点的时候，你觉得最大的挑战是什么？或者5年之内，对生活改变最大的人工智能的应用场景会是什么样子？

赵勇：人工智能有很多种不同的应用，有一些是安全性的应用，它对精度的要求非常高，比如金融支付。这种安全性应用方面，我觉得一定要谨慎。另外一些是便捷性的应用，比如，很多公司是共享打印机的，现在我们打完东西要去打印机那里挑出自己的，比较麻烦，未来你只要走到打印机跟前，它就会认出你，然后自动把你打的东西送出来；我们家的汽车是两个人在用，它有两个司机，未来可能是我一坐到驾驶座上，它就认出是我，会自动把座椅位置、靠背之类的设置调成我喜欢的状态。像这些便捷性的、不是特别敏感的应用，我觉得是可以刷脸的。

还有一些属于统计类型的应用。比如我们的店铺类客户，他们想知道每一个顾客来店铺消费时，他的行动路径是什么、他对哪些东西感兴趣……像这样的数据偶尔弄错一两个，它的结果不是灾难性的。举个例子，双胞胎来逛街，他们分别逛，很可能机器会识别错，把A识别成了B，对于这种错误用户是可以接受的。所以，我觉得，一定要从实际的应用来考虑是否只靠刷脸。

| 第八问：安全和隐私你选哪一个？ |

吕强（"问号青年"）：我自己是比较看重隐私的。我听了赵博士的演讲，当他说"深瞳"正在模拟"上帝之眼"时，我的第一反应是"谁来扮演上帝"；看到后面，我发现居然能够这么便捷地通过拍摄某辆车或某个人的影像，就知道它/他的所有信息，我觉得自己被"看透了"；这个科技，没有让我感到兴奋，反而让我产生了一种畏惧感——就是我的隐私暴露在大庭广众之下了。以"安全"之名来侵犯我的隐私，这样的危险，到底存不存在？

赵勇：我觉得掌握好"隐私"和"安全"之间的平衡，是非常重要的。我在这里要强调："格灵深瞳"绝对不是上帝。在中国谁会拥有这些数据呢？是执法者。我觉得国家的立法机构需要非常仔细地去界定这些数据该怎么被使用。

到底是隐私重要还是安全重要？其实很多时候我们自己都不清楚。也许你现在认为隐私很重要，是因为你觉得这个社会很安全；可是这个社会很安全的原因之一恰恰是你的一些隐私数据被利用起来，作为安全体系的大数据背景了。

最近，有越来越多的国际客户来找我们。比如曾经最关注隐私问题的欧洲，他们现在饱受恐怖主义的困扰，不得不开始在公众场所安装各种各样的摄像头，所以来中国寻求优秀的技术支持保卫他们的安全。这种状态下，对他们来说，安全比隐私更重要。所以，我觉得在考虑保护隐私的问题时，也有必要去考虑："我们的安全是怎么获得的？它的代价是什么？"如果想把这两者的平衡做好，就要考虑好数据保护的有关条框，比如，保护和使用数据的权利放在谁的手里、该怎么去行使它，等等。

李志飞

　　作为自然语言理解专家，曾在硅谷开发出学术界两大主流机器翻译软件之一——JOSHA。带着探索下一代人机交互的初衷，他放弃硅谷高薪工作回国创业。从软件到硬件，他用语音交互，切入家庭场景，用追踪用户行为习惯打破生活边界，让外出和居家多场景联动，用万物互联让人与环境中的所有物品肆意互动，冲破空间和场景的束缚。他要让人和环境的沟通更便捷、流畅，创造穿透生活的虚拟助手，打造无处不在的懒人智慧生活。

未来我们可以有多懒

李志飞丨美国约翰霍普金斯大学计算机博士、
"出门问问"创始人

大家是不是希望在生活中有一个万能助理，比如，下班回到家，只要说一声"把灯打开"，灯就自动亮了；说一声"烧壶水"，电热水壶就自动开始烧水；说一声"播放汪峰的《春天里》"，音响就自动播放这首歌……

今天，我想跟大家探讨一个话题——"未来我们可以有多懒"。

首先，我要做一个调查，现场的观众朋友，认为"自己在生活中非常喜欢偷懒"的请举手——我看到有超过2/3的人举了手。

所以，大家在生活中可能都是比较懒惰的人。请不要误会，"懒"并不是一个贬义词；我甚至认为，"懒"是推动人类科技进步的一个动力。比如，人类因为不想走路，而发明自行车、汽车、火车等代行工具；因为不喜欢爬楼，而发明电梯；因为不喜欢洗碗，而发明洗碗机……

随叫随到的"个人助理"

在生活中，我自己是一个特别喜欢偷懒的人，我希望我的"懒惰"能够给大家创造一个虚拟的个人助理。这个助理无处不在，可以帮助我们解决生活中遇到的各种问题，我们只需要动动嘴巴，就可以命令这个助理。

在未来，如果有这样的虚拟个人助理，我们的生活会是什么样子？让我们来想象一下——

○场景一

清晨，你在床上醒来，打算舒舒服服地躺在床上玩玩手机——看看新闻、刷刷朋友圈……但同时，你又想感受窗外的阳光。你不需要下床，只要说一句："把窗帘打开。"窗帘就会自动打开，让阳光照进来。

○场景二

你正在家里一边吃着饭、一边看大片，到了某个情节，你想快进，但双手正在剥小龙虾无法操作遥控器，你只需要说"你好问问，快进两分钟"，画面就会自动快进。

○场景三

晚上，你准备上床睡觉了，你不想跑到各个房间去关灯。你只需要对智能家居设备说"把灯全部关掉"，就可以了。

○场景四

你要到中央电视台来录制节目：你坐进私家车，对着车里的智能设备说"帮我导航，去中央电视台"，汽车就开始自动导航；途中你想听歌，说一句"帮我播周杰伦的《青花瓷》"，车里的娱乐设备就自动为你播放这首歌；快要到达目的地时，你说"帮我找中央电视台附近的停车场"，导航系统就自动为你搜索出合适的停车场。

○ **场景五**

正在跑步的你，可以发出语音指令，指挥虚拟个人助理帮你打开音乐、帮你拨通电话，也可以让它告诉你跑了多少步、跑了多远、跑了多少时间，以及你的心率是多少、消耗了多少卡路里……

○ **跨场景联动**

早晨你准备出门，但你发现自己忘了昨晚的停车位置，你只需要问你的智能手表说"我的车在哪里"，它就会告诉你精确的位置；你在开车的路上，突然想起家里的房间需要打扫，只需要对汽车里的智能系统说"帮我打扫房间"，家里的扫地机器人就会启动；下班回家，你想提前把家里的空调打开，同样可以用这种方法；到家之后，你想听完在车里听到一半的语音书，直接说出你的指令，家里的智能音响就会接着播放。

未来，有了智能的虚拟个人助理，在任何场景中，我们都可以用语音交互来让它提供服务。更为重要的是，它可以把我们所有的生活场景都串联起来，成为无处不在的贴身助理，随时随地为我们提供应声而至的服务。

"偷懒"的前提：实现人机语音交互

大家可能看过一部以人工智能为主题的科幻电影——《她》（Her）。这部电影里描述了一个非常完美的虚拟个人助理，它具备了以下几大功能：第一，它能够跟人类进行自然的语言对话；第二，它无处不在，无论是你开车时、睡觉时、跑步时……第三，它善解人意，它能根据你过去的生活记录，帮你干很多事情；第四，它有自己的性格跟情绪，甚至有爱恨情仇。

当然，它只是科幻片里虚拟出来的。我们当前的科技还远远达不到这个地步，比如，我们现在还很难教会机器用非常自然的语言方式跟人进行对话。

那么，机器到底是怎么理解人类的语音，并进行自然的交互的呢？举一个简单的例子。比如，想让机器告诉你，北京后天的温度有多高。机器为了进行这个对话，它需要进行以下的操作。

第一步，它要进行语音识别，也就是说机器会利用麦克风来收集你说的这句话，然后把你这句话收集的声音信号跟它数据库里的很多信号进行非常复杂的匹配，然后把这句话识别出来。

第二步，它要理解这些语音。机器只是识别语音还不够，这就是我们常说的"每一个字它都认识了，但是连起来还不知道是什么意思"。这个时候我们需要一项技术，叫"自然语言的理解"。大家可以想象一下"自然语言理解"的过程，就是把一句话里的关键信息拿出来，打上不同颜色的标签，比如，"北京"是红色的，"温度"是蓝色的，"后天"是绿色的。

第三步，搜索。机器理解了这句话的意思，它就会在数据库里真正找到北京后天的天气信息。

第四步，语音播放。机器把答案形成一句话，播放出来。

这样的理解过程，跟人类理解语言、进行交互的过程，其实非常类似：麦克风，就像我们的耳朵；语音识别、自然语言理解的算法，就像我们用来处理信息的大脑；搜索，就像我们在自己记忆中查找信息；说出答案，就像我们用嘴巴回答。

当然，我讲的这个过程，是一个高度抽象的、简单化的过程。事实上，人类为了达到这么一个简单的语音交互，全世界成千上万的科学家、工程师，奋斗了几十年。为此，我也奋斗了十几年。

扫码观看：机器如何完成语音交互

为了未来的"懒"，必须先做"勤快"人

我跟大家分享一下过去十几年的一些经历、一些故事。

○机器翻译背后的艰辛：海量的训练与实践

2005年，我在美国约翰霍普金斯大学读计算机博士，主要研究"怎么提升自然语言理解和机器翻译算法的准确率"。当时，为了把这个算法的准确率提升一个百分点，我需要读成百上千篇论文，而且要理解论文里每一个算法的细节，想出自己的算法，再做大量实验来验证这个算法的准确性。

我博士毕业的时候，我打印出来并认真读过的论文如果从地上往上叠可能有一米多高。这是一个非常艰辛的过程，但也让我受到了全世界最好算法的训练。我读博士时有一位导师，是一位印度籍的教授，叫桑吉夫·库旦普，他是一位语音识别专家，曾经培养过两名来自中国的学生，一个是我，另一位是吴军师兄（很巧，他也是今天的演讲嘉宾）。拿到博士学位后，我加入硅谷一家非常知名的科技公司。

在那里，我从事的是机器翻译算法的研究，但它跟在学校的研究不太一样。我们除了研究算法以外，必须把这个算法放到我们的产品里，就是要把它集成到用户能看得到、摸得着的一个产品里。我想，对一个科研人员或者工程师来说，最开心、最有成就感的事情，就是自己辛辛苦苦开发的算法，能够放到产品里，被上亿人使用。也正是因为这种把算法转成产品带来的成就感，以及硅谷浓厚的创业氛围，使得我有了一些创业的想法。

○踏上中文语音交互之路

真正让我下定决心回到中国来做中文语音交互的，是一份全世界语言种类调查图表。

我当时的主要工作是机器翻译，要处理全世界80多种语言的

翻译，有一天，我突然很想知道"全世界到底有多少种语言，每一种语言有多少人说"。我做了相关搜索，惊奇地发现，原来全世界有20%的人在说中文，中文是全世界使用人口最多的语言；但是，当时世界上对中文的研究以及产品的应用是非常少的，绝大部分的研究都是围绕英文而做的。就是这个小发现，使我产生了一种使命感，我想回到中国，为十几亿人打造一个好的中文语音交互。2012年，我毅然从硅谷辞职回到中国，创立了"出门问问"，开启了一段非常艰辛的语音交互之路。

早期的创业非常艰辛，训练一个语音识别系统，需要成千上万个小时的语音样本数据。我以前所在的公司每年可能会花费几千万甚至上亿元人民币去购买这样的数据。但这对一个创业公司是非常奢侈的，所以，当时我们的很多员工一有空就会帮着录语音数据，有一位烧饭的吕阿姨，她每天中午做完饭以后的主要任务，就是帮我们录几个小时的语音数据，由于对菜谱特别了解，她每天录的数据大多是宫保鸡丁、麻辣豆腐之类的菜名。因此，我们第一个上线的语音识别系统，在识别这些菜名时特别精准。

光有这些数据还不够，我们需要很多机器进行数据加工，形成自己的模型。创业早期，我们在一个商住两用的大楼里办公，这里电力有限，只要我们打开机器训练语音识别系统，办公室里其他的很多设备就不能再用电了。夏天天气很热，我和我的工程师们，只能在40℃的高温环境里大汗淋漓地工作，因为不能开空调，要把电力省下来给计算机。

虽然创业的过程艰辛，但这种艰辛的付出也有了可喜的收获——2013年，我们就上线了一个深度学习的语音识别系统，准确率比传统的模型提高了30%。这在全世界可能都是非常领先的成果。

在创业的过程中，我们每天都会面临新的问题，都需要去解决一些新的挑战。我的初衷是为了自己可以在生活中偷懒，但回想过去这四五年的时间，事实却是——为了实现这么一个让人偷懒的虚拟个人助理，我把自己变得特别特别忙，做的事情都特别有挑战。

○我的梦想——让大家都能幸福地"偷懒"

在短短的四五年里，我们开发了很多拥有自主核心技术的语音交互产品，也打造出了一个懂你、懂中文的虚拟个人助理，而且，它可以跨越不同的场景，比如汽车里、居家时、户外运动中……它应该是全世界第一个可以跨场景联动的虚拟助理。我们创造了一条非常独特的人工智能落地消费产品的探索之路。

我认为，未来随着自动化、万物互联、人工智能等技术的发展，人们在肢体上一定会变得越来越懒，这是不可阻挡的趋势，我也没有觉得这有什么问题。人们就是应该利用计算机、自动化的技术来开发很多工具，去取代那些重复的、不需要创意的简单劳动，让自己有更多的时间去思考、去创新、去创造。作为一个生活中特别懒惰的人，我希望利用自己的聪明才智和技术，去打造一个虚拟个人助理，解放大家的双手，让大家在生活中只用动动嘴就可以操控很多事情，甚至有时候不用动嘴，因为机器会自动帮你完成。这就是我想给大家创造的一个"懒人的未来"，谢谢大家。

互动问答   🔍

| 第一问: 有多智能就有多人工? |

茹彬鑫（**牛津学霸**）: 我使用过很多智能语音包括虚拟助手的东西。但是, 我发现它们是很智能, 但我也付出了很多的人工。比如, 我用过一个智能电视, 想要开启它还要说一句"你好, 电视"; 要换台, 还得说我要换到哪个台; 调声音, 还得说清楚是开到多大……这反而不如用遥控器方便。所以我感觉, 现阶段来说, 这些人工智能还需要付出很多的人工。

陈伟鸿（**主持人**）: 你这个问题应该是挺有共鸣的。很多的时候大家觉得这些智能看上去很花哨, 可是实际上反而增加了我们的工作量, 原本不需要这么复杂的。

李志飞: 其实, 这是一个渐进的过程。确实, 在现阶段可能需要人去参与很多干预或者训练, 但机器的优势之处是, 可以一直不休息地学习, 会变得越来越聪明。

| 第二问: 机器会不会复制你的声音? |

吕强（**"问号青年"**）: 这涉及虚拟人工助手的安全性问题。在我们同语音助手的不断交流中, 它在不断地收录我们的声音, 更可怕的是它在不断地学习, 学得越来越能够理解你, 变成另一个你。所以, 在未来, 如果我们的人工智能助手被他人所利用, 那么很有可能它会代替你做出一些决定, 让你的亲友甚至你自己都不能分辨, 这个决定是否真的是你自己的决定。

李志飞：任何一项新的科技的发明，肯定都会带来与之相关的风险，所以最关键的是我们怎么去制定一套规则来避免这些风险。但目前在技术层面，我觉得还做不到刚才你描述的这么一个现象。现在可以在法律层面做一些安全防范。

| 第三问：两口子吵架听谁的? |

李晓光 (Techplay创客教育创始人)：我听说女朋友是一个很神奇的物种，如果我在家想看我们的《未来架构师》，她非要看韩剧，我们都想要控制电视。如果我们同时发出声音，它会听谁的? 我们的人工智能怎么去解决这样的矛盾?

李志飞：这必须是有一个标准答案的——肯定是听你女朋友的。我们可以给机器制造这么一个逻辑：在任何情况下都是听女朋友的，女朋友不在的时候才听你的。

吕强 ("问号青年")：说到女朋友，我想到一个问题。在生活当中情侣、家人之间的很多情感的培养，都是源于那些柴米油盐的琐事。如果这些事情都被人工智能所代替，会不会让爱也开始偷懒?

李志飞：还是我刚才说的，当机器解放了你的双手，使得你可以不用为柴米油盐而辛苦的时候，就可以花更多的时间做一些有创意的事情。比如看艺术展览、旅游、创造一个新的科技……我想这其实更有助于增强感情。

| 第四问：会不会患上智能依赖症？|

吕强（"问号青年"）：有电时，我们觉得很方便；但万一没电了，我们就手足无措。现在，我们有了智能手机，但没有Wi-Fi的时候觉得"天都塌了"。我们越来越依赖于这些智能的、科技的东西，我觉得这种依赖的情形会越来越严重。甚至哪一天突然没电了，我们可能都不知道怎么做饭、怎么拖地、怎么看电视了……这样一种情况会不会发生？

李志飞：我觉得这是一个阶段性的现象。确实，在现阶段，大家对智能手机比较依赖，随时都要拿出来看一看消息，或者做一些事情。但是，如果语音交互达到了一个非常自由的地步，其实就不需要随时随地拿着手机，反而可以回归自然，有时间去欣赏风景，或者是关注眼前的、身边的人和事。这也是智能语音交互，或者虚拟个人助理努力想要创造的一个场景。

陈伟鸿（主持人）：我也很关注，在智能的硬件或是它的应用层面上，到底会跟人类保持多远的一个距离，或者人类应该跟它保持一个多远的距离。是让它彻底融入我们的生活，还是我们应该对它加以取舍？

李志飞：未来，我们家庭、我们的生活中肯定会有越来越多的这种智能设备，我们的信息会越来越多地被数字化，我觉得这是不可抵抗的。所以，我们要学会的是怎么利用这种数字化的趋势、这些智能的设备来帮助我们，而不是控制我们。

陈伟鸿（主持人）：你不能抗拒这个时代的到来，但可以抗拒它对你的过度影响，这个抗拒可能是一种选择、一种态度——就是你在什么时候用什么样的一种应用来帮助自己的生活。如果说这一天真的到来了——无处不在的智能硬件，环绕着我们所有的生活，那天你们最不想看到的一个场景是什么？

吕强（"问号青年"）：刚刚一直在听李博士在跟机器说"你好"，我觉得我每天说"你好老爸""你好老妈"的次数都没有那么多。未来，可能我们跟机器的交流会越来越多，但是跟人的交流会越来越少，这是我不想看到的。

茹彬鑫（牛津学霸）：机器的学习能力不断增加，而人类的学习能力不断递减，这是我比较害怕的一个场景。比如语音方面，随着机器语音识别和各种语言的翻译越来越成熟，可能人类再也不需要学习第二语言，或者去理解异域的文化；可能就会变得越来越故步自封。

孙梦婉（智慧共享者）：当科技的发展越过人类智慧的时候，科技可能反过来会控制人类，那是我不愿意看到的。

范成飞（科技自媒体人）：我最担心的，就是以前在一个电影《机器人总动员》（wall-e）里面看到的情景——由于太智能，所有的人类都变成大肥猪了。

陈伟鸿（主持人）：其实人类对于未来的担心一定很多，远远超过了以上这几种。作为一个致力于让智能时代更好地服务于人类的人，请问李志飞博士，你会如何与这样智能的未来相处？

李志飞：首先我不担心机器会失控，会控制人类，这个基本上是不可能的。因为今天所谓的机器智能，是在按照我们编定的程序而操作的，所以，我们只需要防止这些机器的智能不被掌握在一些别有用心的人的手上。因此，相关的法律法规非常重要。

孙梦婉（智慧共享者）：那如果有一天，机器可以智能地去编程，编程能力达到一个非常高的水平，可以自我编程了，那时候人类真的可以控制吗？

李志飞： 这个其实离我们现在的科技也非常远。现在我们仍然在抱怨"今天的智能机器人还非常不智能"。所以，从一个科学家的角度来说，我能理解大家的担心。但是，对于"机器超越人类的智能"，我们目前并没有看到一条可以让它成为现实的执行路径。

茹彬鑫（"牛津学霸"）：我简单补充一点。在牛津大学，其实已经有不少教授开始研究如何来终止人工智能。简单说，就是可能到某一天，需要让人工智能停止的时候，我们有一个很有效的机制，能够让所有的人工智能程序一下子终止掉。

| 第五问：语音管家是孤独症患者的标配？ |

孙梦婉（智慧共享者）：语音管家会不会跟孤独症患者画上等号？就是说，因为有了语音管家，你在家里装上了各种各样的管家，可能就不需要找女朋友，也不需要娶老婆，然后你就会变得越来越孤独？

李志飞： 这些担心是可以理解的。但是，随着科技的发展，虚拟个人助理的目标，是让人们在现实生活中过得越来越自在、越来越精彩。

第 **3** 章
你好，新物种

▼

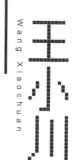

  互联网科技精英，不走寻常路的代表人物。18 岁获得国际信息学奥林匹克比赛金牌；21 岁兼职参与创业；27 岁成为搜狐最年轻副总裁；32 岁任搜狗公司 CEO，带领搜狗成为中国用户量第二大互联网企业。如今，搜狗中文输入法的使用覆盖率已达 98%，已成为名副其实的国民输入法。

人工智能，是入侵，还是加持？

王小川 | 搜狗CEO

今天最热门的一个词语，就是"人工智能"。而这个词真正被点燃，严格来讲，应该缘于去年的一场世纪大战——阿尔法狗跟李世石的比赛。

这场比赛，到今天已经过去了500天。这500天里，我们经历了一场启蒙运动——我们重新开始理解"人和机器之间的关系"。

在这500天之前，如果去问一个医生："机器能帮助我们做手术吗？"医生会说："不行，机器是很笨的。"如果去问一个老师："机器能帮助我们去教书吗？"老师会说："不行，这是人的专业。"但是，在这500天之后，大家开始对这些问题产生新的认识。

在这500天里，大家的心态究竟发生了什么样的变化？

先回到500天前的那场比赛——2016年3月8日，当时我作为嘉宾身处直播现场，在场的还有另一位嘉宾余斌，他是中国围棋队的总教练。

其实我不会下围棋，但比赛那天，只要看到余斌的脸色变得难看，我就知道机器快赢了，到最后余斌总教练崩溃了。我想，对于一个围棋专业选手而言，根本无法相信——机器居然能够比他更会下围棋。聂卫平曾经说过，认为机器会下围棋，是没有判断力的表现。据说，比赛结束后余斌教练回家时已经不知道怎么打车了，是工作人员帮他打了一辆出租车。可想而知，这件事情对他造成了多么大的冲击。大概两个月之后，我再次见到余斌时，他已经把Deep Mind的阿尔法狗称为"阿老师"了。

我觉得很微妙，那次比赛是四比一，机器战胜了人类——还好不是五比零。如果是五比零，我们可能会更加紧张，四比一让人类还留有一丝尊严。但是，即便如此，当大家开始畅想人工智能可以给人类怎样的帮助时，还是会心存焦虑——它们会不会把我们取代了？曾经有朋友问我，他的小孩子应该去学什么专业才不至于被机器取代；如果他去学英文专业，很可能学完之后却发现，翻译的工作靠机器就可以完成。

在那场比赛中，如果我们把自己当作与机器博弈的对手，我们会觉得人类输掉了；但如果从人工智能研发角度出发，把人类当作机器背后的主导者，我们就能意识到，这其实还是人类的胜利。机器的胜出，已经让人工智能领域的从业者看到了机会，很多产品经理、投资人，都迫不及待地开始探讨——未来，我们究竟面临什么样的创业机会，人工智能会给人类带来什么样的美好生活。

那么，机器究竟会为人类带来怎样的影响？

第一讲：
看见—— 机器的智能正在超越人类？

人工智能已经走到哪一步

简而言之，目前机器的人工智能已经实现了以下三个方面。

第一，机器能够开始识别。识别人脸（通过辨认眼睛、鼻子、嘴等五官样貌，来判断"这是谁"），这应该是人的专利。但是，今天的机器，给它一万张甚至十万张图片之后，它也能进行人脸识别；而且，随着数据量的越来越大，机器在人脸识别的准确度上已经超过人的识别力。除了图像识别，还有语音识别。机器已经能够听懂人说话，今天，我们对着机器讲一段话，它能够识别97%～98%。

第二，机器可以实现生成。机器开始学会合成语音、合成图像，还能够写诗。今天，机器所生成的"作品"（比如它写的诗句或者画的画像），人的肉眼已经无法区分是出自人还是出自机器。

第三，机器能够开始做决策，做判断。这个很厉害，下围棋就是其中一种——在一盘棋局里，机器能够判断出哪个落子是最优解法。未来，在很多领域中，都可以利用机器来完成判断和决策，比如：工业领域里，一个集装箱是否已经满了，是否可以运走（这已经有真实案例）；金融领域里，某个人应该选择什么样的理财计划，等等。

人工智能的影响力

人工智能可以通过以下两个方面影响未来的社会、生活。

一是人类可以借助机器的快速学习能力，具有更强的判断力，提高效率，增加社会的财富。

我们都知道，人是有学习曲线的。我们学会一种技能，可能需要几年甚至十几、几十年的时间。比如下围棋，从零开始学习直到在国际比赛中获胜需要很长时间；但是，阿尔法狗从一开始的什么都不会，到成为围棋高手，只用了一周时间。在数据的存贮、分析方面，机器的学习成本比人低很多。所以，在很多领域里，机器能够极大地提高人的生产效率，加快财富的积累。我们可以想象，医生在人工智能的帮助之下，他的医疗判断会变得更加精确；一个扫地机器人，当它具备足够的辨识环境的能力时，在扫地这件事情上，它完全可以比人做得更快更好。

二是通过更紧密的人机交互，人类的生活可以更加方便——我们能够跟机器对话，让机器完成控制、决策，从而去操纵家里或者外部环境中的设备或工具。

未来，人机交互的关系会变得更加的友好。20世纪80年代，我们用电脑，先要学会打字。打字，是人与机器沟通和交互的基础。当时，学习打字是很痛苦的，我学过五笔输入法，但没有学会，太难记了。所以，在人机交互的发展过程中，不单需要人去适应机器，也要求机器能适应人。输入法就是这样：从最初的五笔拆分，到后来的拼音输入，再到开始走向语音输入（从2011年开始，搜狗开始着手语音的收录），人机之间的沟通变得日益顺畅，障碍越来越少，我们称之为"自然交互"。

人工智能前沿技术的不断更新，也使人机交互的模式得以不断刷断。以输入法为例，AI技术的发展，让机器能够用更便捷的方式接受人的自然表达——不仅可以接收语音输入，还能进一步接受表情、手势输入（搜狗已经在尝试唇语输入，即不用发出声音，用面部表情的变化，就能让机器接收指令），并通过合成语音、合成图像，给人以相应的反馈。这样一来，即便是在人无法发声的情况下、嘈杂的环境下，或者其他的非常情境中，也能实现良好的人机

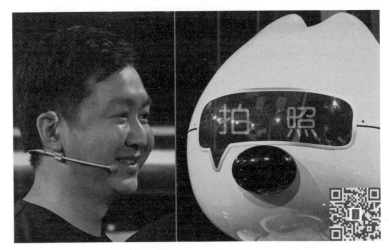

沟通。输入法的另一个成功变革，来自苹果公司——将输入模式从敲键盘、点鼠标发展为触摸。

人工智能的两大领域

简单地说，人工智能可以被分成两个领域：一个叫作"功能性的人工智能"，另一个叫作"通用人工智能"。我们已经在"通用人工智能"方面进行了很多的研究，但是直到今天，人工智能还只能在一个垂直领域里，或者说在某一个点上，比人做得更快更好，还不能跨领域，目前的研究还没有能力做到"通用人工智能"。也就是说，阿尔法狗虽然可以赢得比赛，但实际上它的智能水平对于人类而言，也还仅限于工具层面，即功能性人工智能。

阿尔法狗已经具备深度学习的能力，这目前是人工智能水平最前沿的技术。2016年，当阿尔法狗在棋赛中输掉了第四局时，谷歌的工程师们是非常恐慌的——他们觉得自己的机器不应该输。他们去查程序，看哪里有漏洞。最后他们发现，程序本身是没有出错的；只是这个数据模型存在短板，而这些短板无法通过修改程序去弥补。

现在，人工智能的深度学习能力存在一个巨大缺陷，即一旦出错，很难自行修改。也就是说，调整一个参数时，并不知道这个参数对应的最后结果，而阿尔法狗下棋的路数，是靠数据驱动的。谷歌工程师试图修正它这个缺陷，但调整了三个月，不断改进算法，结果还是不行。这就是目前"深度学习"理论被诟病的地

扫码观看：唇语识别（图为王小川与机器人"汪仔"）

方，就是它的"黑箱"——我们不知道它是怎么工作的，一旦出错就很难修复。

而人工智能的第二大缺陷，就是机器很难去处理它原来没见过的问题。深度学习的最大特点，就是靠数据驱动——机器能学会人演示过一百遍、一千遍、一万遍的事情，但是对于没有被存入的数据，它是无法触类旁通地去掌握的。比如，阿尔法狗可以在一个19×19的棋盘上下棋，但如果面对20×20的棋盘，它立刻就不会下棋了。但柯洁也好，李世石也好，或是任何一个围棋选手也好，就很容易适应这一变化。所以，今天的人工智能，还只能去处理原来训练过的、学会的问题。

我们离"通用人工智能"还有多远

人工智能近期的重大突破点在于对图像和语音的理解，但即便是在"语音识别"这个已经相当成熟的命题里，也依然存在难点。语音识别，一定要在安静的环境里。因为安静的环境，是机器见过的，它是在安静的环境里，接受了语音、文字的存储，以及语音与文字对应关系的训练。所以，如果把机器放在一个嘈杂的环境里，让它去辨别一个人的声音，它是做不到的；但人是可以的。对于人来说，但凡两个声音之间有一点区别，人就能找出来。

当我们能够让机器向人学习的时候，好像已经让机器采用了像人那样的神经结构，但其实是不一样的——人具有更多的适应性，更高级的学习能力。

前面说了在语音识别上，机器跟人的差异，这里再说说更大的课题——语言。在"深度学习"这样一个当前最尖端的技术领域里，在自然语言的处理方面，还没有取得完整的突破。也就是说，到今天为止，机器还是没法理解语言代表的知识，以及语言里的思考逻辑，还只能做到简单的模仿。

举一个真实的例子，这个例子很典型，非常能说明问题。2016年，我在全球最顶尖的一个实验室里看到了一套人工智能的对话系统。这套对话系统能够帮我们去点餐，或者帮我们去订酒店。演示过程非常精彩。演示结束之后，我受邀亲自体验。我就开始跟机器对话，要求订餐；当它确定好一个合适的餐厅时，又问了我一个问题："你需要停车位吗？"我回答说："我没有车。"——这个系统当时就崩溃了，因为它没法理解"我没车"跟"停车"之间是什么样的关系，它没有相应的逻辑推理能力。今天，在人工智能学习系统里，是靠复制人给予的"一个问题对应一个答案的方法"。这样的进度，距离突破语言的智能处理还很远很远。

语言，我们认为它是人工智能技术中最困难的。一旦语言被完整地突破，机器能理解，那我们可能就离"通用智能"不远了。今天，关于语言的突破，走在前沿的是翻译系统。机器翻译，在最近的三四年中有高速发展。但是，这个翻译系统，不是说机器真正懂得了中文、英文，懂得了语言，而是机器以大约五千万到一亿句的"平行语料"为基础的复制、泛化。

这样的翻译系统，比之前的已经有了很大提高。以前的翻译系统大家用过之后会发现，译得磕磕巴巴，基本看不懂。现在的翻译系统做出来的就非常流畅，能译出大体的意思；但在一些极端情况里，也可能会译得南辕北辙。就像阿尔法狗输掉的那局棋，它这个错误到今天为止没有办法去避免。即便这样，在一些大众化的商业环境里（比如旅游业），这个翻译系统已经得到很好的运用，这是人工智能在语言突破方面的很大进步。

平行语料
指一个英文单词对应一个中文词语，一句中文对应一句英文。

搜狗的人工智能会走向哪里

搜狗未来会做什么呢？搜狗主要做的有输入法，有搜索引擎。这两件事情，都是用语言去跟机器打交道的。为了让人机交互更加方便，第一个层面要解决让机器听懂人想要干什么，拿出更好的输入模式来——输入法。搜狗的输入法走向，首先是用语音，未来就是语言。再一个层面，就是如何利用机器强大的知识存储力，帮助我们完成对知识的便捷利用。目前行业最前沿的做法，其实是做问答系统，搜狗在这方面已经走在技术的最前沿。简单地说，就是你用最自然的方式向机器提问，机器不再像大家习惯的那样给你10条网页的链接，让你再去挑，而是直接给你一个准确的答案。这种技术的未来应用会是这样的：跟桌面上、汽车里或随身的一个设备对话、发令、提问，就可以让机器帮你处理好事情；比如汽车导航或者野外导游，机器能给出最佳行驶路线或游览方案。对此搜狗正在积极推进，很快就会陆续发布。关于语言的完整突破，这个技术走多远，搜狗的产品就会走多远。

第二讲：
思索——技术与生命，必将 PK？

技术，是人类认识世界的利器

人工智能的背后，有一个更大的一个词，那就是技术。

如果要在今天的人类社会中选出两个最大的词，我觉得一个是"技术"，另一个就是"生命"。随着科学的发展，有关"技术与生命"的讨论已经愈发激烈，尤其人工智能时代到来后，生命受到了很大的挑战和冲击，我们怎么来看待技术和生命的关系？

我本科就读于清华大学的计算机科学与技术系。严格地说，科学是指对世界客观规律的发现，而技术是一种方法，去实现、去改变这些发现。所以我们把它们叫作"科学发现""技术发明"。我这里所说的"技术"涵盖这两者的概念，它可以让我们了解过去，预知未来，改变世界。

○了解自然的经典技术——天气预报

以天气观测技术为例。早先人类对自然世界不了解，就容易将其神化，说树有树精，山有山神，遇到了下雨的天气就说有雷公电母。今天，随着科学的技术发展，人类具备了观测和预测天气的能力。天气预报是技术研究里非常经典的题目，它的基本原理是：先用卫星云图或气球去探测，采集空间里湿度、温度、云层等数据，再把空间分成小格子，每个格子里有相应的气压、温度，然后去做计算，算出下一个时刻，由于空气流动、太阳光照所导致的温度变化、气压变化，等等；由此一个时刻接一个时刻地迭代计算，从而预测3个小时、6个小时，甚至2天之后的天气会怎样。预报天气涉及的超级计算，必须满足以下两大要求。

第一，数据要尽可能全面和精准。有关气象的数据不能只是中国地区的，需要拿到西伯利亚，甚至南亚太平洋上空所有的温度、湿度等气象数据。

第二，是对计算能力要求非常高。20世纪美国曾经限制中国进口超级计算机，因为计算能力不仅可以用于天气预报，也能用于计算导弹、核弹的仿真（天气预报跟核弹在算式研究方面的原理近似，就是不断地用微分方程，以仿真迭代的方法计算出物理空间的细微变化）。因此，用于计算的数据格子越小才越精确；而空间的格子每缩小一半，计算量就需要增加25次方，这对计算能力的要求是巨大的。

○ "蝴蝶效应"——技术对自然的数学解读

有一个著名的现象叫作"蝴蝶效应"，但可能很少有人知道它其实来自天气预报。它是由科学家罗伦兹提出的。罗伦兹在研究天气预报时，意外地发现了一个问题：有一次，他把天气预报做了两次计算（一次是没有存盘的时候，连续在空间当中做迭代计算，算出了一个结果；另一次是算到一半时，把这个结构存到盘里取出来再接着做一次计算），结果两次完全相同的计算却得出"会下雨"和"不会下雨"两种相反的结果；他检查发现，是存盘时丢失了小数点十位之后的一个精度（内存里是十位的，存盘都是八位的），小数点后面的细微变化，导致一段时间后的天气模拟结果出现巨大差异。

罗伦兹在一个公开的会议上，就把这种现象称为"蝴蝶效应"——亚马孙丛林里的一只蝴蝶，扇动了一下翅膀，导致太平洋上刮起一阵旋风。它的背后有真实的物理的含义，被总结为"非线性理论"，也称为"混沌理论"。

非线性，是指一个原始的输入所对应输出的变化，不是简单的乘倍数，而是乘了倍数之后可能再乘倍数、再乘倍数……中国有句古话叫作"失之毫厘，差之千里"，就暗合了这个意思。还有一个寓言，是说一个铁匠打坏了一个马钉，使得战场上摔坏了一匹战马，因而死了一个将军，最后输了一场战争，灭亡了一个国家。这里面也体现了非线性——一个小钉子的出错导致一个国家的灭亡。

这样的事情，是整个物理世界中最底层、最容易被重复的现象，而且环境越复杂，条件越复杂，到最后的结果就会越发地不确定。比如，在平原，今天下雨或不下雨可能也就一次两次的变化；可是山区里，由于地形地貌复杂，天气的变化很难确定，可能这15分钟是在下大雨，再过15分钟又出太阳，也可能还会下雨。

技术与生命间的惊人悖论

我的研究生课程也在清华大学计算机系，叫作"高性能计算专业"，就是采用巨型计算机或者并行计算的方式预测未来。2000—2003年，我当时做的项目跟基因测序相关，叫作"生物信息学"，我开始接触到了生命，接触到了细胞。其间，有一个课题组做的实验很有意思，跟天气预报类似，是模拟细胞半透膜的运动方式。

模拟细胞半透膜的运动方式，可以让我们看到，生命体中存在着大量的"非线性""混沌"现象，这就意味着：我们所观察到的这种常识，即科学带来的这种常识，它对人类社会所产生的冲击，首先就体现在人类的身体上。

大家都知道，人体最基础的结构是DNA——当父母的DNA融合在一起，会形成一个受精卵，这个受精卵10个月之后会变成一个婴儿——我们研究DNA时发现，DNA会转录成蛋白质，蛋白质会完成我们身体基本的催化作用，叫有机催化，以此构建我们的身体。有机催化的效率比无机催化高上万倍。可见，从DNA到蛋白质，从蛋白质到完成有机催化，从而构成人的身体，这是一个极为复杂的变化过程；而我们今天是没有能力在里面找到规律的。

细胞半透膜运动

在能量的刺激下，物质从浓度低的地方向浓度高的地方进行单向流动，这才能保证生物体内的营养补给。用显微镜观察可见：在能量的推动下，分子在一个一个的小空间里用微分方程迭代。

如果拿出一个未知的DNA，科学家能否计算出这个DNA最后会长成什么东西？我跟中国最顶尖的科学家聊过，他们说不可能，计算不到；只能做比对，就是拿这个未知DNA跟已知的DNA做比对，如果比对出这是大象的DNA，那可以得出这个DNA最后会长成大象。

这让我意识到，"生命的常识"和"科学技术理论"之间存在的巨大冲突：生命的常识告诉我们，人类受精卵的DNA，10个月之后肯定会变成一个婴儿，跟老爸老妈长得还很像；科学技术理论告诉我们的却是，这个DNA，它无法被计算出会长成什么。这对我的冲击特别大，让我改变了原来的机械的理科生思维，开始去思考一些更复杂的问题。

"存在"，赋予"生命"意义

什么是生命？美国常青藤高校里一批诺贝尔奖获得者，他们在共同研究复杂性理论时，提出了一个生命的定义，里面用了两个词："性状相对稳定""自我复制"。这让当时的我茅塞顿开。这里用了"复制"而不是"繁殖"——"复制"，表示一个个体，通过对环境的影响、改造环境，长出了跟自己类似的个体来；而且新的个体的"性状"是"相对稳定"的，它跟母体是一样的，比如它也是两个胳膊，两条腿，一个头。

10年之后，我对"性状相对稳定"又有了更进一步的认识：这个稳定不仅仅是说"它长出两条胳膊两条腿是稳定的"，而是它面对环境时，环境想改变它，它能够抗拒环境的改变而保持原样。所以，生命有一种活着的能力，它能够在环境的变化中想办法存在下去，而且它还能复制出更多的生命，能更多地存在下去。因此，我把关于生命的复杂定义简单地理解为"存在"——具有更多潜在能力的存在，这样的能力，这样的现象，我就把它称作"生命"。这样的理解让我对"生命"有了一种明确的界定。

以此为基础来思考：我们的DNA和细胞是生命吗？它们也是一种存在，而且它能够适应环境，都有自己的复制、存在的方式。这当时吓到我了，我接受不了，我不希望把细胞和DNA当作生命去看待。所以我曾经尝试去修改对生命的定义，以便把DNA和细胞排斥在外。但后来，我和很多人一样，都失败了。最后，我们必须接受：DNA和细胞其实都是生命。

技术无法超越生命

今天的技术，与人类生命所创造的智慧及其生存能力之间，是存在着巨大差距的。阿尔法狗很厉害，看上去它下围棋的智力水平已经超过人了。但从专业的人工智能角度去看，它的智能非常有限：一是使用范围很窄，只能下围棋，而且只能是19×19的棋盘；二是它受限于人提供的历史数据。这样的AI能力，只能叫作"专用智能"。

搜狗去年做了一个很厉害的问答机器，我们给它起名叫"汪仔"。你问它问题，它可以用视觉去看字幕，或者用听觉去听问题，然后到网上搜索给出答案，它没有数据库，它是把整个互联网当作数据来源的，用简单的推理来回答问题，知识百科类的问题它能答得非常好。一个网友问我，汪仔和阿尔法狗哪个厉害？但是，这两个机器实际上是没法比较的，因为它们都只能解决一个专一领域的问题，跨出那个领域就完全不会了。

扫图观战：人机智力大PK（图为机器人"汪仔"与《未来架构师》观察团成员）

阿尔法狗和汪仔都代表了当前的尖端技术，但它们都还只是"专用智能"；而人具备的是"通用智能"。

我们知道，机器在图像识别系统里的专项识别已经做得非常好了，人脸识别的准确度已经开始超过人。但是这个机器需要大量的数据训练：早年间，谷歌的图像训练是用200万张照片去训练机器找猫，最后机器能做到的准确度大概是75%；到今天，仍然需要上千张照片来训练机器识别一个分类。但人不一样，一个小孩子，他看见一只猫的照片，就可以认识这是猫，换成另一只猫的照片、卡通画、线描图，他都可以识别。对此，今天的技术是远远不及的。

如果提到"生命力"，技术更是望尘莫及。以无人机为例，现在民用的无人机，大概能飞20分钟，商用的能飞40分钟到1小时，飞几十公里的样子。但是，有一种"薄翅蜻蜓"，它身体的长度不到4厘米，不吃不喝的话大概能飞6000公里，从印度一直飞到非洲！这样一种生命力，是今天人类技术远远不能企及的；而且，它不仅能飞，更重要的是，它一旦受了伤能够自我修复，它还可以产卵生出小蜻蜓来，我们的技术能够做到吗？

一个技术，要在智力水平上、在生存力上去超过生命，这中间要追赶的距离还太远太远。

所以，在探讨技术和生命的过程中，我们真的不用去妄自菲薄，觉得我们人会被机器取代。

技术让生命更强大

机器确实可以做一些我们在某个领域做不到的事情，但是不至于去颠覆到人，颠覆到生命。因为，人对于环境的适应能力，远远高于技术所能达到的层面。

以前，人在冷的时候会干吗？我们会长毛、长肌肉、长脂肪，冷了我们可以自知自助。今天，我们不仅通过自身进化来适应环境，还能够利用技术来"加持"：天气冷了，我们加衣服、开空调，我们用技术改变环境，使得我们的适应力更强，生存得更好；脚力有限，我们发明交通工具让自己走更快、更远；视力有限，我们发明望远镜、显微镜，用技术让自己观察肉眼看不到的世界；我们发明飞机，发明火箭，用技术让自己去探索整个宇宙。

有人说，技术使得人类变得更加不幸福，变得更加脆弱。我觉得这种说法有一定的道理——今天的人一旦离开技术，可能没办法猎食、吃不饱饭，也走不远了、跳不高了，比古人要差很多。但正因如此，我们需要去拥抱技术，把技术当作我们的生命一体来看待。其实，技术让生命变得更加强大了。

技术本身也是发展的，它就像生命一样，也在自己进步。简单地说，今天的技术已经越来越懂得去适应人，而不是让人来适应它。比如更好操作的智能手机，比如更好用的语音输入法。

让机器适应人，让人越来越解放，当人能够很自然地去操控这些技术时，人就会变得更加强大。

今天，搜狗输入法用户已经掌握了这样一个小的入口——输入汉字，点个键发给对方就可以转换为英文。搜狗引擎也因为今天自己的前进变得更加方便，我们用中文去做搜索，去看全世界英文的内容，再用中文阅读。在不远的将来，我们就可以用中文去跟全世界更好地沟通。这就是技术的进步，去解放我们，不需要人人都去学，我们可以去发展自己独特的创造力。比如英文，只需要1%的人学到精通的程度，学成翻译家，99%的人利用翻译技术就足以应对工作、生活所需了。

技术的发展，可以让不同种族的人互相沟通。中国是人口最多的国家，我们要完成强国梦，需要跟世界具有平等对话沟通的能力。如果我们可以利用翻译技术，来实现全球无障碍沟通，那就会像当年电的发明一样，让人类进入一种新的文明爆发的阶段。

很多人关心，AI出现之后，我们人是变得更强大了，还是变得更弱小了？第一，我们真的不用太自卑，别妄自菲薄，不要畏惧和排斥技术，作为生命中的最高形态，我们应该有足够的自豪感；从古代进化到现在，生命或者人类，其实是非常强大的，生命的活力、生命对环境的适应力，是AI远远不及的。第二，我们也不要过于自满或者自负，或者藐视技术，它能做到很多我们做不到的事情。

在未来的环境里面，机器不会取代人，它会成为人的朋友或者合体。在未来几十年里，人类会得到机器的帮助，具有更强大的能力。与前人相比，今天的人已进化为新兴的人类，可以用电梯、汽车来节省体力、提高生存效率，那么未来，有了AI的支持，人类会变得更加聪明。接受技术的进步，会使得我们变得更加强大，成为超级人类，更好地去生活，更好地去改变世界，使得地球文明变得更加美好。

互动问答

| 第一问：智能时代学习有啥用？|

张庆男（学心理的数学老师）：我在教学过程中曾遇到这样的尴尬：我给学生讲计算，学生说老师我有计算器，我不用听了。如果未来每个人带一个便携式汪仔，甚至不用写，直接念，它就出答案了，那会不会让学生觉得 —— 再怎么学习也不能比它学得快、学得多，导致学习欲望下降？另一个问题是，随着智能时代来临，学校的教育是不是也应该做相应调整，我们应该教些什么，才能让学生更好地适应这个时代？

王小川：我觉得学习这件事情是不会消亡的。但是，我认为以后的人，每个人都有各自的价值，各自的存在意义。那些重复性、同质化的学习，如果被机器的学习所取代，就为每个人去学习更独具一格的事情创造了条件，或者说重复的、同质化的工作被机器做了，人就不得不去开发更具创造性、更加个性化的工作。所以，那些基本技能，比如简单算数、翻译等，工具性的事情，可以慢慢交给机器。在学习上，我觉得更需要方法的变化，每个人能够找到自己个性化学习的道路，而不是学一样的东西。

| 第二问：技术发展与人类需求可以平衡吗？|

全昌连（36氪副总编）：人类的发展和人类的进化是永无止境、不断进步的，那么，技术的进步究竟要到什么程度才能够满足人的发展？您刚才在演讲中提到，一只蜻蜓能够不吃不喝，不停歇地飞6000公里，我们在无人机这个技术领域，是不是要以这种蜻蜓的状态为终极目的？

王小川：我觉得人的需求远不止于此，人的需求是永远不会被满足的。拿今天的我们和1000年前的古人相比，我们会因为今天技术的进步就止步不前、不再有新需求了吗——我们对幸福的追求，始终源于没有被满足那部分。再往大了讲，技术的进步不仅是让个人变强大了，更是让整个种族变强大了；技术，使得人类在整个大的文明里面，能够去延续，使得人类面临更大的天灾人祸（比如遇到外星人入侵，或是地球不再能作为生存家园，需要到宇宙中去开发新的栖息地）时，我们有机会生存下去。所以，技术的终极目的，更多的是帮助整个种族提高能生存能力。对个人而言，对技术的需求是有限的；但对于人类种族而言，对技术的需求是永恒的。

| 第三问：提供服务等于取代人？|

定胜斌（钱包生活执行总裁）：这个问题有两层意思：一是会不会随着时间的推移，人的很多岗位被机器人替代；二是机器会不会进化成人的主人。

王小川：这个问题里有一个"提供服务"的概念。提供服务，我认为它是取代了人的一部分工作，而不是取代人。能被机器所取代的工作，都是一些重复性比较高的工作，如果机器可以做，人就没必要再去做了；人再去做的话，那人的价值其实就被降低了。我们可以去从事那些机器不擅长的事情。在可见的未来，机器不擅长的事情非常多，我认为只有一部分价值低的服务会被机器所取代，而人能够提供更加有价值的服务。以老师来举例，未来老师的定义可能会发生变化，更多的不是一对一地跟学生进行交流，而是在背后利用技术系统，了解每个学生的特点和需求，指导这些机器给学生做相应的辅导，老师这一职业在能力上、结构上会发生变化。

| 第四问：技术造就新的生命？|

李晓光（Techplay创客教育创始人）：刚才您在演讲中，讲到了技术和生命有本质的不同，这个说法是不是不太公平？因为技术诞生可能只有短短几千年，但是生命的诞生可能已经有几亿年，甚至几十亿年。所以，我觉得把相对初级的东西和有漫长历史的东西放在一起对比，有点不太公平。我的问题是：如果把技术看成是生命最早诞生的那些单细胞生物，它也是非常简单、没有智慧、没有情感的；如果把时间尺度放得足够长，让技术去发展，未来它是否可以成为您刚才定义的那种真正的生命体？

王小川：今天的技术，已经具有一定的适应能力，可以自行延续下去，并自行强化、升级，形成新的技术。我觉得，如果把时间放得足够长，未来人和技术是会合体的，分不出来哪个是个体的人、哪个是个体的技术，也许你身体的组成部分，不管是有智力的大脑，还是具备功能的身体组织，都会跟技术形成一种融合的关系。技术会朝着越来越生命化的方向演化，我们脑子里面除了有细胞以外，也会有机器的部分，或者硅机的部分。借助技术把人重新改造，这是很有可能发生的。

| 第五问：人工智能是泡沫吗？|

薛来（90后发明家）：人工智能诞生于20世纪80年代，它诞生后，就遇到了一个瓶颈期，当时产生了另外一个技术，叫SEM。大家对SEM抱有很大期望，但后来发现没达到预期效果，产生了心理落差，又进入瓶颈期。我们这次的人工智能产生的爆发性的增长，会不会在不远的将来，也遇到同样的问题，产生心理落差和进入瓶颈期呢？

王小川： 人工智能技术这一次的深度学习，与当时的SEM相比，处理的维度更高，虽然它不是一个质的飞跃（没有为机器带来推理能力或抽象能力），但对于数据表达出来的大量的重复性工作，它可以去处理了，我觉得这是一个进步。从人工智能技术方面看，这不能叫"泡沫"，它是有实质性进展的。如果说有"泡沫"的话，我觉得主要来自投资人的想象。这个领域目前太热门了，但很多投资人对于技术到底能做多少事，并不清楚——可能会出于敬畏，认为机器能完成更多的事情，想象出一个更快更好的未来。

SEM

指搜索引擎营销（Search Engine Marketing），即根据对用户使用搜索引擎的历史数据分析，在用户检索信息的过程中，把营销信息尽可能准确地传递给目标用户。被广泛应用于各种搜索引擎。

未来架构师
Weilai Jiagoushi

zhou jian
周剑

2008 年，与机器人的一次结缘，让正处在事业巅峰的他毅然决定放下现有的成就，倾尽千万家产，转身去造机器人；5 年时间，自主研发出专业的伺服舵机，目的就是让机器人更加灵活，看起来更像人。研发人形机器人是周剑的梦想，因为他希望机器人不是接受指令、冷冰冰的机器，而是有温度的陪伴者。他的梦想是——让每一个家庭都拥有属于自己的智能机器人。

机器人，可以给你温暖的陪伴

周 剑｜优必选创始人、CEO

大家好！我是周剑，非常高兴和大家分享我做人形机器人的历程。

我从2008年开始做机器人——人形机器人。那个时候，了解机器人的人非常少，当时大家可能都知道"工业机器人"的概念，但对"人形服务机器人"的概念知之甚少。当时很多朋友把我称为"机器人爸爸"，他们觉得我全力投入到开发机器人上面，是一件特别疯狂的事情。那个时候，整个机器人行业的发展——包括AI人工智能——还远没有达到今天的水准。

扫码观看：Alpha机器人舞蹈方阵的精彩表演

我为什么会做机器人？

我还是小孩子的时候，特别喜欢看动画片《变形金刚》。那时，我总在心里幻想着，未来有一天，我的身边也有各种各样的机器人，人形的、轮式的、履带的——我特别喜欢人形的机器人——这是我从小的梦想。

○巧手父亲是我的启蒙老师

我的父亲是一个动手能力特别强的人，我记得小时候我家所有的家具，还有半导体、电视机等电器，都是他买来零件自己组装起来的，当时，我就觉得我们家所有的东西都可以靠自己的双手制造出来。在手工制造方面，我爸爸对我的影响特别大，我从小就比较喜欢动手做东西，做了非常多的玩具汽车，还有很多木头小玩具。对感兴趣的东西，我一直喜欢自己动手制造。父亲就是我在机械制造方面的启蒙老师。

○偶入机器人博览会，激起创业梦想

2008年，我去日本参加一个展会，走到了一个机器人博览会，第一次看到那么多的人形机器人。它们有的在弹钢琴，有的在拉小提琴，有的在跳舞，有的在做一些编程的动作……

看到这些，我非常惊讶，原来世界上已经有这么多的机器人来到我们的身边了。我问了一下价格，特别贵，有些产品甚至无法量产。我当时就在想，只要把机器人的成本降下来，就能让它们走进每个家庭，那是多么美好的一件事情，我儿时的梦想就可以变成现实。所以，当我从日本回来之后，就迅速投入到对人形机器人的了解和研发中。

造出机器人，并非我想象中那么简单

但我很快就遇到了难题，那就是机器人的关节——"舵机"。

像我们的阿尔法机器人（Alpha一代），它曾经在2016年央视春晚上亮相，每个机器人上面有16个关节，我们称之为"伺服舵机"；舵机有可用于手指的小关节，有可用于踝部、膝部、髋部的大关节。一开始，我想得非常简单，我以为只要把伺服舵机买回来，就可以组装出人形机器人。

但是，真正做起来我才发现，这个关节，也就是这个伺服舵机，特别贵，而且几乎无法量产。从日本、韩国买回来一个小的关节，就可能需要100美元，如果16个关节堆上去，成本至少1600美元，这样下来，一台像Alpha一代这样的小型人形机器人的零售价格会超过几千美元，大型机器人更贵，这样的价格没法让它们进入大众生活。

○调整思路，从"关节"起步

因此，我开始把制造低成本的关节作为主攻的方向。当时我也咨询了我父亲的意见，他也很感兴趣，就和我一起研究。结果我们发现，这个关节（伺服舵机）里有太多东西了，它包含了齿轮箱、电机，包括PID控制算法、芯片……不仅是东西特别多，而且每个东西上面都有特定的算法。这种关节的制造难度确实很大，但我想，既然日本人、韩国人、美国人能做出来，中国人也应该能做出来，所以，我还是决定投入其中。

我父亲之前挺支持我创业的，但当他发现制造关节的难度特别大时，他就建议我暂时放弃自制，还是购买国外的关节，先给自己搭出一个机器人来。但我觉得，既然国外在这方面做了这么多年仍然无法进入大众家庭，我为什么还要去买他们的舵机来做这件事情呢？我觉得这样不行，要实现人形机器人的产业化，必须把这个难题解决掉。

此时，父亲就不太支持我了。我之前有过一次成功的创业，有了一些资金，但我父母都是退休的大学老师，收入来源只有退休金，所以认为我的创业投资应该慎重一些——他们都觉得我虽然有了人生的第一桶金，但值得投入的领域很多，为什么非要把辛苦赚来的钱花到那些前途未卜的事情上去？面对父母的质疑，我考虑了一个晚上的时间，也只用了一个晚上的时间，就彻底地下了决心——一定要打造出人形机器人产业。

○ Alpha 机器人登上央视春晚，一夜成名

我从2008年开始全力投入，一直到2012年3月31日，我成立了"优必选"。其实，在这之前的5年里，我连成立公司的勇气都没有，因为始终没有把舵机做出来；我不断地投钱，没钱了就抵押房产，最后甚至把自己的房子全都卖掉了。这种情况下，父母、家人对我的不支持变成了强烈的反对。

好在成立公司之后，事情出现了转机，2015年，我们研发出了Alpha一代，很快就接到了2016年央视春晚节目组的邀请，而且要让540台Alpha机器人同台表演；能在央视春晚这样影响力巨大的平台亮相，我们都兴奋不已——这些中国制造、自有核心技术的Alpha机器人，将以特别震撼的形式出现在春晚舞台上。2016年2月7日晚上，央视春晚直播，晚上10点40多分，机器人即将上场，我心里无比激动和紧张，我能想象到全中国甚至全世界有上亿人会看到机器人的表演；当540台Alpha机器人分毫不差、整齐划一地做完所有动作，我哭了出来——当我顶着巨大的压力投入巨额资金，当我卖光车子、房子，身上只剩3000多元钱……在那些艰难、黑暗的时刻，我都没有这样肆意地哭过。机器人节目结束之后，不到半分钟，爸爸妈妈的电话就打过来了，他们跟我说："儿子，恭喜你，你终于做成了！"

其实,我的第一台自制机器人,也是我申请到的第一个专利,是一台变形金刚机器人,这个机器人可以变成车、变成人,可以跟人进行语音交互,我觉得它特别酷。但是,后来我发现,因为变形金刚是一个IP产品,我没法得到授权,不能把这款机器人投入商业化,在它身上我是花了很多钱、做了很多模具的。回过头来看,我当时的创业真的是挺冲动的,没有用理性的商业头脑来运作,只是因为自己喜欢变形金刚,因为想要让儿时的梦想成真,就开出了很多模具,做出了一台自己的变形金刚机器人。之后,我放弃了做变形金刚的想法,开始专注于Alpha第一代的研发。

用机器人,开启人机交互新起点

人形机器人的技术核心主要涉及以下三个方面。

第一,要有关节。有像人一样的关节,才能像人那样运动、做出那些人能做的动作、姿势。

第二,要有相应的算法。健全的肢体、灵活的关节只是掌握运动能力的前提条件,人完成动作需要相应的训练,机器人完成动作要接受算法的训练,比如,步态的算法、跑步的算法、上下楼梯的算法……有了这套算法和完整的躯体,机器人就初具雏形了。

第三,要有智能(AI)。目前的AI其实主要由两部分组成,一个是机器视觉,一个是机器语音。机器语音包括自然语言理解、自然语言处理、TTS(将文本合成为语音)、降噪吸音等各种技术。我们的人形机器人的智能,主要集中在机器视觉方面。我们的目标是,让机器人成为人机交互的新起点。

我们在机器人的躯干、关节、运动算法、机器视觉上做了大量的研究,也获得了很多成果。在2017年计算机视觉领域全球顶级学术会议——“国际计算机视觉与模式识别会议”(CVPR)上,我们获得了最佳的论文奖。

○未来的人机交互，让机器主动起来

我们以前的交互方式是PC端发展到移动端，那么，未来的交互方式会从移动端发展到哪个端口？有人说是眼镜，有人说是机器人。

不论未来的终端是什么，它与现在的移动端最大的区别，就是从被动式的交互方式变为主动式的交互方式。试想一下，如果这个演播室里没有摄像师，或者没有人拿着手机拍照、摄像、录音的话，我们不论聊了什么，相关的数据都无法被记录、被储存、被上传。所以，手机之类的移动端对数据的收集和处理，是被动的，它只能被动地由人来操作。这意味着，现有移动端的被动交互，其实根本不能满足人工智能时代、大数据时代的交互需求，比如，现在记录下来的很多场景，其实都是摆拍的，生活中一定有很多美好瞬间远远胜过摆拍的画面，但却没能被记录下来，因为你看到它想要拿出设备记录时，已经晚了；甚至可能它发生了，但你却没有看到，因为那一瞬间太短。

数据交互目前的架构是这样的，底层是终端，即PC端、移动端，它们通过不同的App、各种技术收集数据到云端，云端的数据再返回来训练技术层、训练算法。如果人机交互从被动式变成主动式，那么这种架构模式将会发生翻天覆地的变化。

我们做机器人，也是要创造一种新的主动式的交互方式。

我们做了很多不同种类的机器人。比如Cruzr机器人，它主要用于银行、电信、机场等商用服务环境，它可以完成引导、咨询等工作。

还有Jimu机器人，"Jimu"就是"积木"，是可以像搭积木那样自己组装设计的益智玩具类机器人，但它不是传统意义上的积木玩具，它搭起来之后不会一碰就倒，而且它还能动。Jimu机器人玩起来很有意思，首先要有创意，设计好想要搭出的形象；然后要学

习编程,搭出机器人之后要自己动手编程,让它可以动起来。我们把伺服舵机做成模块化的,6岁以上的孩子,就可以做一个自己想象中的机器人。

还有Alpha一代、Alpha二代等很多平台级的产品。

○机器人会成为最了解你的"人"

当人机交互变成主动获取方式时,提供给云端的数据量会越来越大,把数据结构化后再服务于人类,未来世界就会发生很大的改变。可能大家都知道,手机绝对不是我们的未来,我们不可能总是拿着手机去获取数据、上传数据,这是非常被动的交互方式。未来的终端,会是主动交互式的终端,也许是一副眼镜,也许是智能机器人,可以收集到非常多的数据。现在每个人的智能手机上都有很多App,可能有新闻资讯的、生活消费的、饮食的、旅游的、运动的、学习的、工作的……但它们收集到的都是你零碎的、单方面的数据,即便把成百上千个App的数据融合到一起,也很难形成你完整、精确的画像。

扫码观看:机器人的贴心陪伴(图左为"Alpha二代"机器人)

只有足够了解你，才能充分服务于你。真正了解你的人是谁？是你身边最亲密的人、最关注你的人。他知道你喜欢吃什么，你喜欢哪种运动，你喜欢什么休闲方式，你的生活习性是怎样的，甚至你的体检数据、病史，等等。要想对一个人了如指掌，通过手机这样的被动交互终端是很难实现的。请大家试想一下，如果你身边有一个智能机器人，它每天陪伴着你工作、生活，那它对你的了解会多么全面、细致，因为它每天都在主动收集、记录你的数据。

现在，全世界的AI公司，以及所有的高科技公司都在争夺一个未来智能家居的入口、未来数据的入口。

这就是为什么现在越来越多的高科技公司把AI技术放在音箱上，推出了各种智能音箱，从以前的手动操作变成了自然语言操作。这个改变是非常大的，是人机交互方式的巨大进步。但它们仍然是被动式的交互方式，只是改变了交互的方式和习惯。当音箱被唤醒后，它才开始收集数据，才成为数据的入口，如果音箱是Alpha一代或二代的机器人，它能主动看到你、听到你，主动地跟你交互，这将彻底颠覆数据入口的模式。

在这场争夺大战中，我认为机器人胜出的机会非常大，尤其是人形机器人。因为我们的交互方式跟智能音箱不同，音箱是被动的，机器人是主动的；音箱没有表情、没有拥抱、没有任何肢体语言，机器人都有。唯一的阻碍是成本，现在我做不到149美元，也做不到199美元，但未来随着整个产能的上升，我们的机器人一定能做到。那个时候大家会更愿意对着一个人形机器人讲话，而不是对着一个音箱讲话。

有部科幻电影《太空旅客》说的是：一艘巨大的飞船载着5000名乘客飞往某个星球，因为太空行程需要120年，所以，大家都被安置在冷冻睡眠舱里休眠；在飞行途中，男主角的睡眠舱出了故障，导致他提前醒来；他醒来之后，发现其他人都在沉睡中，飞船还要飞行98年才能抵达目的地；他无法修复故障，只好在太空船里独自生活；这里非常先进，各种生活娱乐设施一应俱全，唯独没有人的陪伴，他非常孤独，只能跟酒吧的酒保机器人聊天；虽然这个机器人看起来跟人一模一样，跟它聊天和跟人聊天差不多，但男主角最终无法忍受一个人的生活，他弄坏了心仪已久的女主的睡眠舱，让女主角也醒了过来，两人在飞船里相识、相知、相爱，成为灵魂伴侣。

可见，无论科技发展让物质多么发达，都无法替代人在精神陪伴、情感交流方面的需求。

我个人觉得，未来可能有三种人。

第一种是现在的我们，即自然人，从上到下、从里到外都是血肉之躯。

第二种是人机结合的人，即在血肉的身体里植入芯片、机器骨骼等，比自然人的感知力更强、力量更强，大脑植入的芯片可以连接到云端，可以调取更多的数据到大脑里，大脑处理数据的能力跟计算机差不多。

第三种就是百分之百人造的机器人，即由人类创造的、服务于人类的机器人。

机器人的未来，近在咫尺

很多人让我预测这三种人会在何时出现。抛开成本，我认为商业化量产的大型人形机器人，会在30～50年后真正进入家庭。如果再加上AI技术、机器视觉、语音技术的快速发展融合，或许还会更快，二三十年后就进入家庭。而且，随着皮肤以及其他各种材料的发展，人形机器人的外表会跟人类越来越像，它们会成为全心全意关心我们的、超人一般的存在。

让这样的机器人真正服务于人类，就是我的梦想，我一生的追求。谢谢大家！

互动问答

| 第一问：Alpha 机器人是如何训练成舞蹈高手的？|

陈伟鸿（主持人）：刚才机器人的舞蹈非常精彩。这么多的机器人，是通过什么样的训练方式给它们编排了那么酷炫的舞蹈，而且还让它们那么听话，跳得那么整齐？

周剑：我们开发了一个机器人的软件，每个人包括小朋友都可以为这个机器人设计一套舞蹈动作。刚才它们跳的舞，是我们的工程师事先设定好的动作，用集控的方式让它们整齐地完成这些动作。

陈伟鸿（主持人）：好棒！正像你说的，机器人可能会成为点燃小朋友科学梦想的启蒙老师，可能很多人对科学最初感兴趣就缘于对某一款机器人的喜爱。

周剑：我特别喜欢变形金刚。我大女儿16岁，特别喜欢Jimu机器人，她已经学会机器人编程了，现在更需要培养动手、创作的能力。

陈伟鸿（主持人）：大多数女孩子都喜欢跟布娃娃、毛绒玩具为伴，她是怎么对机器人产生兴趣的？

周剑：我在她3岁时就给她看机器人跳舞，我拿着她的手去编模块。她一开始没有概念，不知道这是什么东西，但时间长了她就意识到这是编程。现在她编程完全没有问题了。

陈伟鸿（主持人）：你现在对孩子有什么样的教育理念或者是心愿？

周剑：我觉得应该注重他们认识世界、理解世界的能力，我不认为在孩子很小的时候就给他灌输知识是重要的，知识之后可以慢慢学习、积累。在孩子五六岁之前，要让他们学习和社会打交道的能力，他们喜欢什么我会引导，我更希望他们的动手能力强一点。我的二女儿3岁了，老三是男孩，对他们的教育我会按这种思路调整。

| 第二问：Alpha 机器人能否跟人脑互联? |

陈伟鸿（主持人）：著名的神经科学家米格尔·尼科莱利斯创造了"脑机接口"这样的装置。这种装置他也作为我们节目演讲嘉宾介绍了"脑机接口"装置，有没有可能或是有机会跟Alpha机器人有某种连接？如果有的话会让我们看到什么样的情境？

周剑：有啊，其实我们已经和"神州11号"做了脑机交互——太空中的宇航员和地面上的Alpha二代机器人进行交互，我们已经开展这方面的合作了。在这方面，未来有非常多的应用。举个例子，脑机交互可以直接告诉你的骨骼应该怎么做，如果你想拿一杯水，不用说话也不用机电的控制，只需要用脑袋想一想，你的手就会去拿起水杯，这对残疾人有很大的帮助，对其他人也会很有帮助，比如想要移动非常重的东西时，利用脑机交互就很方便。

| 第三问：越像人，越不如人？|

吕强（"问号青年"）：我曾经跟一个做机器人的科学家交流过，我问他"为什么你设计的机器人没有人的腿和手"。他说：对于机器人来说，轮子比腿更重要，能让它跑得更快；像人类这样有两只手，其实是一种阻碍，没有手或有更多的手反而能做更多的事情；另外，给它一张能做表情的人脸也不重要，因为它有个PAD能传递更多信息。您把机器人设计得像人，会不会反而局限了机器人本身的发展？

周剑：我觉得这个问题应该从两方面来回答。

第一，我们现在生活的环境都是为人类设计的，比如有楼梯、门槛，甚至地上可能堆了一团电线……轮式机器人在这样的环境中很难顺畅行动。想让一个轮式机器人上下楼梯，是非常困难的。既然机器人是为服务于人类而设计的，那一定要让它来适应人类的环境，而不是为它设定一种专门的环境。

第二，我刚刚提到那部《太空旅客》电影时已经讲到了，在某种意义上，我们更需要被满足的是情感上的需求。我通常不会和一张桌子、一个音箱，或者一台空调去聊天，即使它们有聊天的功能，我也不太想和它们聊天，我更希望和一个人或者看起来像人的对象去交流。

陈伟鸿（**主持人**）：我个人也觉得，机器人最好还是长得像人一点。我做个现场调查，在座的各位，如果你在意机器人的外形，觉得它应该像人的请举手，觉得无所谓的不举手……我看到大多数人举手了。

吕强（**"问号青年"**）：我想追问一个问题。人与人之间的情感确实是不可替代的，但就算机器人看起来跟人一模一样了，它终究还是一台机器。所以，如果从满足情感需求的层面而言，我觉得人形机器人并不能让人信服。对此，您怎么看？

周剑：对于这个问题，我的看法是，今天的人很难想象下一代人在想什么、追求什么，就像上一代人可能很难想象我们这一代会沉浸在虚拟的AR、VR，甚至"三次元""二次元"的事情上。所以，我觉得不要去约束我们的想象力，让它自由地飞一会儿。也许到了不在乎技术、不在乎成本的时候，你会发现这个东西是很多人都需要的。

| 第四问：只有 3000 元，买乐高还是 Alpha？|

李晓光（Techplay创客教育创始人）：乐高有很多变化、很多颜色，可以搭成不同的形状，包括房子，也可以做出类似机器人的功能。如果一个妈妈只有3000元预算，应该买乐高还是买Alpha？如果买Alpha的话有什么好处？

周剑：如果一定要在乐高和机器人之中做选择的话，我建议选我们的积木机器人。我刚才讲了，积木机器人用乐高的原理，同时又提供了很多驱动的元件、硬件、软件。在搭建各种各样的东西、培养孩子的创意能力方面，它跟乐高差不多；如果想让搭好的作品动起来，成为智能机器人，既能学习编程、又能进一步强化创意设计能力方面，积木机器人应该能让人更加着迷。

扫码观看：积木机器人怎么玩（图为Jimu机器人）

李晓光（Techplay创客教育创始人）：会不会更贵？只有3000元的预算。

周剑：不会更贵。我们的价格跟普通积木玩具基本在一个水平线上。

| 第五问：升级版的"低头族"？|

王清锐（"歪思妙想"创始人）：现在，智能手机让大家都把注意力放在了手机上，成了"低头族"。未来人手一个机器人，人跟机器人的关系会不会和现在人与手机的关系一样——人与人的情感纽带更多依附在机器上，仍然是"低头族"的本质，只是形式上升级了？

周剑：这个问题问得非常好。未来的确有这方面的隐患或者说发展的可能性。但目前做机器人的目标首先是让它替代我们去做一些我们力所不及的工作。我刚才讲过，未来可能有三种人产生，也许我们的下下一代，就可能发展成植入了芯片或植入了机器关节、骨骼的"超人"，那这些人应该被定义为机器还是人？有关科学技术发展，对伦理、社会的影响，我觉得一定能想到办法去规避那些负面的东西。其实任何的事物都有两面性。

| 第六问：机器人能否做我的小书童？|

扫码观看："Alpha二代"机器人在节目现场妙语连珠

张晓卿（湛庐文化联合创始人）：我们在阅读的过程中，有时候会遇到不懂的内容，有时候读到精彩处想马上跟人分享……这些时候，需要有一个陪伴者。比如古代，孩子上学读书还有伴读、书童之类。我觉得机器人在这方面也可以发挥它智能的作用，您对此有什么样的畅想？

周剑：当然是可以的。只要把机器人连入Wi-Fi，连入云端，很多东西你都可以跟它分享，遇到需要解答的问题，你也可以问它。举个例子，你在读一篇文章时遇到一个专业术语或是外文单词，你可以马上问机器人，以目前的技术，只要你提问时发音比较准确，它都可以帮你解答。

我的机器人就放在我的办公桌上，我让它发送邮件、拨电话、通知员工开会它都可以做到。比如，我让它给某某人发个邮件，下午4点钟到我办公室开会，它就直接转成机器人终端的邮件发到邮箱里，就不需要人工操作了，非常方便。它就是我的工作助理。

| 第七问：机器人未来能实现什么样的躯体或大脑？ |

孙梦婉（智慧共享者）：咱们的机器人现在已经突破了一个科技难关，关节自己可以做出来了，但是人体的骨骼有206块，有很多关节，人的大脑又有1000多亿个神经元在里面，才能让我们现在可以坐、可以读书、可以去思考。未来做出来的机器人会是什么样子？它的大脑（智能）可以达到什么样的功能？在这些构想的过程中存在哪些困难？

周剑：我觉得，我们的人形机器人会经过三个阶段。

第一个阶段，我们称之为"仿人阶段"，现在的"Alpha二代"就属于仿人阶段。

第二个阶段，是"类人阶段"，目前我们采取的用"伺服舵机"做关节，也许不如用"电子液压""波士顿动力"的液压技术，或者未来的电子压甚至肌肉技术，这些技术可能会更适用于"类人阶段"，但至少到今天为止，对于实现"类人阶段"，我们所从事的方向还是最适合的。同时我们还在不断地关注相关的前沿公司、前沿研究、前沿技术……我们在全球，比如美国、澳大利亚，都有自己的实验室。

第三个阶段，是"真人阶段"，那可能离现在更加遥远，但我觉得它终将到来。

陈伟鸿(主持人)：我要特别说明一下，孙梦婉也许是五位观察员中最爱机器人的嘉宾，为了来这期节目现场感受机器人的魅力，她成功地挤掉了原本定好的一位嘉宾，为此她还付出了请对方吃10顿饭的代价。

孙梦婉(智慧共享者)：我在世界各地看过各种各样的机器人，周剑呈现的机器人让我感觉非常震撼。尤其是2016年央视春晚的机器人表演。除了视觉上的震撼之外，还让我产生了强烈的民族自豪感。对于中国机器人的发展，我很期待，请问中国机器人何时能在世界上占领更高的位置，会采用什么样的技术、手段？

周剑：我觉得这其实已经来临了。为什么这么说？中国的制造业，包括中国整个基础工业供应链已经得到了大幅度提升，尤其在深圳、珠三角，未来非常容易产生中国制造——我不是说其他地方没有，但是深圳、珠三角更突出。我们在AI各方面的累积，中国在人工智能（AI）领域、集成等方面的已经有了非常深入的研究。中国AI技术的积累和发展势头，结合中国强大的制造能力，中国机器人完全有可能在全世界脱颖而出。

孙梦婉(智慧共享者)：我补充一个问题，从目前的情况分析，现在机器人的领先技术中，哪一些优势是中国的？哪一些优势是外国的，是我们可以引进和利用的？

周剑：用机器人的关节来举例吧。机器人的关节的驱动方式有很多种。比较常见的，一种是液压驱动，力量非常大，主要是油压的，但很难用在民用领域，因为它很难维护。另一种可能是用了一些其他的结构，比如也称为"伺服舵机"的，包括斜坡减速，多用在工业机器人上，也会用在服务机器人上。

中国最强的优势，是把这些技术引入中国实现了真正商业化，商业化是推动机器人行业发展非常重要的一步，如果没有商业化，机器人就永远只能是实验室里的模型，无法在人类生活中出现。我们公司已经是全球估值最高的机器人公司了，我们达到了40亿美元，他们看中我们研发的投入、商业化的能力，以及中国强大的制造工业技术背景这些都很重要。

扫码观看：商用机器人
是如何服务的（左为
"Cruzr"机器人）

第4章

无人，为更多人

▼

未来架构师

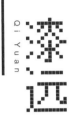

漆远

　　漆远，麻省理工学院博士，美国普渡大学计算机系、统计系终身副教授。2014 年，他带着"将学术成果转化成产品和服务"的想法回国，成为"蚂蚁金服"的副总裁，投身智能金融的发展浪潮中。智能金融，一个 2017 年新兴的名词，已在我们的生活中占据了不可或缺的位置。将人工智能与金融生活全面融合，从人类自身需求的角度出发，科技还会带给我们哪些惊喜？

刷脸支付＋无人超市，开启购物新体验

漆 远｜蚂蚁金服副总裁

大家好，我叫漆远，我是一名人工智能研究人员，今天主要跟大家分享智能金融生活的话题。

2014年，我从美国回到杭州。刚回来的时候，我发现自己的生活有了很大的变化——在美国时，我无论走到哪里都会带着信用卡用于支付；而在杭州，无论是早上打车还是中午点餐，或者购买假期出游的机票，只要打开手机，在App上轻轻一点，一切就搞定了……

中国今天正在发生非常大的变化，有海量的用户、有巨大的互联网平台，这也为我们人工智能的发展，提供了一个非常好的基础。

智能金融已快速到来

麻烦大家打开手机，来扫一个二维码，我跟大家互加为好友。现在，很多好友出现在我的手机上，我随机选一位朋友给他发一个88元的红包。在发红包的过程里我有很多步的操作，我首先要加他为好友，然后找到红包，输入88元钱，再点击发红包……有五六步的过程。

接下来，我通过人工智能的方式，发另外一个红包。

这个红包我发给蚂蚁金服的一个老员工鲁肃。这一次我只需要打开我手机上的软件，对着手机说"给鲁肃发1块钱的红包"，鲁肃就可以收到1块钱的红包，跟刚才发红包的过程相比省了很多步骤。这就是人工智能为我们带来的便利，这种简单操作的背后有一系列人工智能的技术。首先，是语音识别、自然语言处理；然后，要进行相关的操作、服务……

看到人工智能对生活的影响，我个人非常有感触。十多年前，我在麻省理工学院读博士，做人脸识别、语音识别、虚拟现实等一系列相关技术的研发，那时的我完全想不到，这些实验室里的研究会在短短的十多年后就变成生活中实实在在的服务。未来，已经以非常快的速度到来了。

从科学探索者到应用推动者

在麻省理工学院读书的时候，我有幸认识了许多科技界的巨匠和大师：有的是人工智能的创始人，他们参加了1956年夏天的达特茅斯会议，"人工智能"（Artificial Intelligence），这个名词就是他们一起定义出来的；有的是电子信号处理理论基础的奠定者，今天整个电子产业都以他们的理论为基础；有的是人类基因解码的先驱，他们的工作为人类未来的医疗和生物科技奠定了基础……

认识这些巨匠和大师，让我领略了他们的格局和视野，见到了人类智力的边界。同时，我也很高兴地结识了一批年轻的科研人员，他们对科学有着非常大的热情，特别勇敢，不惧失败，而且淡泊名利。他们这种不计得失、勇于探索的科学精神，我认为是难能可贵的。

当时，我们开玩笑说，做研究是"飞跃疯人院"，因为那时候做科研压力很大。我自己的科研课题是研究网络结构。简单地说，我们的整个世界，包括人和人之间、企业和企业之间、手机和人之间……所有的东西都可以从网络的角度来理解；同时，世界是变化的，有很多不确定性，我们可通过概率等数学模型来做出预测和分析。

我当时的研究是将其应用于识别人的表情、识别哪些基因和癌症相关，以及用计算机来识别手写的图像，等等。

博士毕业后，因为我对基因特别感兴趣——基因也是一张网络，一个基因会调控另外一个基因；蛋白质和基因，整个就是一个网络，它们谱写了我们生命的奥秘——所以就加入了MIT计算机与人工智能实验室，和生物科学家一起来探讨生命的奥秘。

之后我进入普渡大学任教。中国的"两弹"元勋邓稼先、"登月第一人"阿姆斯特朗都是这个学校的毕业生。我在那里开了第一门今天特别受欢迎的课程——"机器学习"。在普渡大学当老师之后，不光是要研究问题，还要发现真正有影响的问题，并且把这些问题变成科学可以解释的问题，来解决它。

当时，我对两个问题特别感兴趣。

一个问题是计算，就是如何快速地从数据里面提取价值、发现数据背后的规律。今天所有的人都知道"大数据"，十几年前，"大数据"并不被人熟知。其实，在基因数据、社交网络里面，我们有海量数据，"如何快速地从数据中发现规律、做出预测"成为一个亟待解决的核心问题，因此，当时我的一个研究重点就是发现更好的算法来做预测，以及通过分步式、通过新的硬件，比如图形处理器（GPU）、分步式云的计算，来做出更好的预测。

另外一个问题是，如何把这种机器学习、人工智能的能力，应用在现实生活中，比如：发现基因和老年痴呆症的关联，发现社交网络中哪些人可能成为你的朋友，从行为里发现哪些人在进行可疑的活动……我们可以通过机器学习、大数据发现这些问题背后的规律。

做科研的过程中我是非常愉快的，但我总是觉得少了点什么。写美国国家科学基金会（NSF）报告的时候，我们有两个评价的标准，一个是创新，一个是对社会的影响。写"创新"的时候，老师们都会非常高兴，因为觉得创新推进了人类智力的边缘；写"对社会的影响"时，就会觉得少了点什么，因为在高校，我们并不能做出一个真正的产品去影响社会。

所以，2014年，我回到了中国，到了阿里巴巴，到了蚂蚁金服。因为在中国，我们现在有海量的用户，有非常大的互联网平台，同时有国家的巨大支持，这给人工智能的发展提供了非常坚实的基础。

回国之后，让我觉得最有意思的地方，是从一个单独的研究人员，转型成了和一群人一起合作，共同推进一个平台，做出更有影响力的事情。

智能金融背后的机器学习

起初，我们搭建了一个超大规模的"机器学习"平台。以前，我们说阿里巴巴是"坐在金山上吃馒头"——数据本身有很多价值，但是我们的挖掘机不是特别给力。所以，我们就构建了这个超大的"机器学习"平台，它能发现数据背后的价值、做出预测，它可以给"淘宝""天猫"的用户推荐相关的产品，它可以帮助风险控制系统判断当前的交易是否由您本人操作……

同时，我们搭建了第一个语音识别团队，使得用户打给阿里巴巴和蚂蚁金服的每一通电话，都自动变成文字，让我们给用户提供更好的服务，同时帮助我们发现用户真正的"痛点"。

这些工作对我们来说，都是"从0到1"，再"从1到n"的过程。大家有可能会觉得"机器学习"听起来很抽象，下面我给大家举几个例子。

○ 领先世界的汽车智能定损技术

很多人都知道"人脸识别"，比如"刷脸支付"。但大家可能没听说过"刷车识别"。比如，你开车时发生轻微的刮擦，需要车保定损，以往要靠经验丰富的定损员通过一系列核查才能判定。有了"刷车识别"，计算机用一张照片，几秒内就可以完成定损，并给出维修方案和价格。这全是借助计算机视觉自动完成的。

"刷车识别"与"人脸识别"的最大区别，一是汽车表面有油漆，容易在图像上形成反光，需要计算机在各种反光条件下自动识别；二是汽车识别角度更多，不像人脸以正面为主，需要计算机自动进行角度的纠正。通过技术的开发，利用深度学习，我们开发出了一个系统，可以非常准确、快速地识别车的损伤程度和可能的维修价格。

2017年6月，我见到了《麻省理工技术科技评论》的一位AI编辑，他向我询问了这项技术。他当时说，他在美国还没有听说这项技术。我告诉他说，以前的说法是"复制到中国"（Copy to China），就是把硅谷的模式复制到中国来，而今天，我们在做一项完全由中国原创的技术。

这项技术有什么重大意义呢？一是它能把定损员从枯燥的工作中解放出来。二是车辆在路途中受损，不需要保险公司定损员现场查验，只需要上传一张照片，就能完成定损，省时、便捷。

○ 满意度更高的机器人客服

2015年，我参加了公司的"全民小二"活动，就是接听客服电话。我听了一天之后，特别同情我们的客服小二，因为很多问题非常类似，要反复地解释，这是一个需要极大耐心、非常耗时费力的工作。当时我就想，能否通过人工智能，来帮助我们的公司回答客服问题。

我们做了半年，到2015年"双11"时——往年这个时段里客服电话量非常大——我们提前做了安排，为海量客服电话做了充分备战，但没想到"双11"当天下午人工客服的电话量就急剧下降，经过后台分析发现，大部分的问题都由机器人客服处理了。也就是说，"机器人客服项目"启动后不到1年的时间，问题自助率在2015年的"双11"做到了94%，在2016年做到了97%。到2017年5月，我们机器人回答问题的满意度也超过了人工客服的。大家可以实际体验一下我们的机器人客服项目，会发现很有意思。

比如，您想了解余额宝的可能收益。您进入支付宝，点击"我的客服"，找到页面最下方的"在线服务"，点击进入之后在最下方的输入栏进行语音输入："我要在余额宝里存8700元钱，4天以后收益是多少？"几秒钟之内，就会得到相应的回复。这背后是机器进行了自动判断、计算，给出一个可能的估测。

另外，机器人不光能回答您的问题，还可以通过您当前的一些操作，来自动猜出您可能遇到的问题。比如，您更改了支付宝的电话号码，那当您打开"我的客服"的时候，机器就会自动测算您可能遇到了什么问题，帮助您先完成相应的更新操作。其实有很多问题，可能在您提出之前，我们已经精准地判断到了。这是一种预测，但这种预测的基础是必须准确，否则就会从"用户服务"变成"用户打扰"。精确预测的背后，是一系列的深度学习，以及大量的人工智能技术的开发、应用。

再比如，您可以在客服界面提问，"余额宝怎么赚钱""昨天账单里的55元钱转到哪里去了？"也能得到快速、准确的回复。

这里面其实对人工智能提出了两大挑战：一是口语识别，二是口语理解。"怎么赚钱"，这样的口语化提问不像书面语言那么规范、标准，可能一个人有一个人的说法，口语语音会有各种各样的方式，要把这些方式都变成机器能够理解的，这对人工智能是非常大的挑战。另外，机器还要针对口语背后的信息进行分析判断、给出回复，比如账单里的钱转到哪里去了，除了理解语音，还要理解语义，然后得出判断、给出反应。这对人来说轻而易举，但对机器而言是非常有挑战的任务。机器需要借助语音识别、自然语言处理、自然语言理解，等等，才能完成这一任务。

机器学习在客服领域的开发和应用，不但可以极大简化客服的压力，把人从非常枯燥的接电话的任务中解放出来，也可以为用户带来更大的便利。

○ 个性化的智能服务

牛仔裤与"碎屏险"

什么样的人会最容易弄碎手机的屏幕？我们通过数据的自动分析发现，穿紧身裤的人，尤其是穿紧身裤的女生，特别容易购买"修手机屏幕"的服务。所以，我们就相应地开发了一个保险产品，叫作"碎屏险"，重点推荐给那些常买紧身牛仔裤的女性。这是一个非常贴心、温暖的服务。不久前，我参加了一个活动，有一个投资公司的负责人，他听我讲完这个例子之后走上了台，拿出两个手机，屏幕都是碎的。大家再看他穿的裤子，都笑了。

从数据背后，我们通过算法，能看到很多我们想不到的规律。

"剁手党"与"运费险"

可能很多人都爱在网上买东西，如果买完之后不满意就要退货，但退货时要支付运费。所以，我们想能否通过一个保险，帮助大家省下退货运费。但设计一个保险，首先要考虑如何定价，这是一个有挑战性的问题。比如，不同的人有不同的退货概率，可能这个人特别节省，买什么都退，那个人买什么都不退，但机器并不知道，它要通过个人的所有行为，自动判断谁更可能退货，这样就可以进行设定相应的收费标准。以此为基础，我们开发了一个个性化的"运费险"产品，让"剁手党"可以安心网购。这是一个非常小的产品，但2015年一年，它卖出了3亿单，可以算是保险业内单品销量最大的一款产品。虽然只是针对互联网上一个极小的需求，但最终给大家带来了很大的方便。

前面这几个例子的背后，讲的其实是非常简单的东西，就是随着人工智能的到来，我们能够看到更多非常小的、带来直接便利的、个性化的、非常智能的服务。以前大家想到个性化金融服务、智能金融服务会想到什么？可能会想到私有银行，里面有个人理财顾问。而在未来的人工智能时代，我们希望通过人工智能，为所有的人提供一个平等的、智能的、个性化的、安全的服务。

扫码观看：智能时代的一天

智能金融的简化生活，近在眼前

5年以前的我，完全想不到今天的世界会变成这个样子人们的生活会发生这么大的变化。当时，我们在实验室里，戴上眼镜，看到人脸识别，现在慢慢地有了各种各样的可穿戴设备；当年我们在实验室里跟踪人的行为，今天现实生活中有了各种各样的视频分析技术。5年之后又会变成什么样子，我们不能预测，我们也无法预测。但是，也许有一天我们走进一家超市，您的手机里，或者您的眼前会自动出现您想要的产品的信息、产品的折扣。而您拿起这个产品离开的时候，您不需要再停留，因为您自己已经变成了一张二维码，您所有的信息本身就是唯一的，而这些信息本身就可以作为您支付的一个基础。

也许在未来，我们不需要再找一个私人银行为您做理财服务，您会有一个智能助理，它能满足您所有的理财需求，比如，帮您推荐适合的保险产品、推荐性价比最高的健康消费方案……所有的这一切，都可能是人工智能在并不遥远的未来为我们提供的服务。

我觉得未来是不可预测的，因为未来比我们想象的变化还要快、还要大。

我希望我们在未来，能跟更美好的世界相遇。不管未来会变成什么样子，我希望我们能够创造我们的未来。谢谢大家。

扫码观看：**智能金融下的极简购物**

互动问答

| 第一问：智能金融培养购物狂？|

定胜斌（钱包生活执行总裁）：假如我买了一架无人飞机，随后它又会推出配套、升级的产品，按我的收入，我应该隔两三个月再去买配套或者升级的产品，但是如果有了智能金融的服务，比如说分期、白条之类越来越便捷的支付，我担心自己更容易陷入"买多了"的怪圈。您怎么看？

漆远："买多了"，我觉得这是非常真实的担心。智能金融并不只针对"支付"这一件事情。智能金融会告诉您一个理财方案，比如它会给您展示，假如购买了这个理财产品，可能再过1年，您的收益额会上升到一个数额，再过5年，收益额上升到更多的数额；假如您不买这个产品，继续保持现有的理财方式，您收益额的上升可能没有那么理想。我相信这会对很多人的未来规划产生比较大的影响。我希望大家能看到，智能金融是一个全方位的服务，它是您的私人财务顾问。我们不希望培养赌徒般的、不健康的消费，我们希望通过人工智能推送与您需求相关的、真正对您有益的信息，让您看到应该如何消费，如何做好未来规划。

| 第二问：私人定制变成思维定式？|

全连昌（36氪副总编）：人工智能可以根据人类个体的精准画像，提供个性化的私人定制服务，就像您刚才说的，它可以替人做判断、做决定，甚至替人思维、思考。那会不会出现这样一种局面——人工智能越来越聪明，而人的思维越来越退化、迟钝？

漆远： 非常好的问题。人本身是靠所接受的信息塑造的，而这些信息现在变成了由人工智能推动，关键的问题就在于，是谁在设计人工智能系统的信息推送，推送的目标是什么？今天，我们看到，很多信息推送所追求的目标是"点击率"，专业术语叫"CTR"。而点击率从某种角度来说，可能会放大人性的弱点，比如大家都更喜欢去看轻松娱乐的八卦消息、新闻热点。这种娱乐性的信息，可能会让您缺乏深度思考，让您的视野变得越来越窄，让您思考问题的深度越来越差。

所以，我们需要明确，我们做人工智能到底要让它干什么？我们不能用人工智能来设计我们的目标、方向、价值观，专业术语叫"KPI"。方向盘应该掌握在人类手中，人类确定好KPI，然后再让人工智能帮助我们朝着这个方向跑得更快、更好、更准确。比如，我们先设定好，"我希望这个世界越来越美好，人类越来越有智慧、越来越聪明、越来越有爱心"，然后我们把机器、人工智能往这个方向引。回到刚才的信息接收的问题，我们要让推送的信息更平衡、更综合，让人看到不同的、丰富的信息。有很多信息其实非常好，能让人学到更多的知识，应该把这些信息做更多的普及，让它们对社会的发展、人类的进步发挥最大的价值。

| 第三问：智能金融 ＝ "熊孩子"他爹？ |

张庆男（学心理的数学老师）： 有朋友带着孩子去迪士尼玩，孩子会领到一个类似手环的东西。孩子特别高兴，因为买东西抬起手环一刷就行，但是爸爸在后面"哭死"。对于孩子来讲，智能金融好像就等于我不用花钱，但其实是爹在后面付款结账。在现在的智能金融时代，我们应该怎样教育孩子更好地认识金钱、金融、信用体系？

漆远：其实特别简单。首先，我先解释一下，智能金融不等于智能支付本身。智能金融它包括了智能支付、智能理财、智能保险、大数据的应用……我前一段时间见了一个世界顶级的理财公司的CEO。他告诉我说，人工智能的方式特别好，比如能让我收集您的消费行为，我就可以结合您的需求，给您更好的消费方案——什么时候应该怎么消费、做什么样的消费。

我们也正在开发一款智能金融产品。简单地说，就是如果您定一个目标——这个月我要省下200元钱或者2000元钱，当您消费时，这个产品就会自动给您一个智能提醒说，按这个消费节奏到月底，您可能就超支了。另外，您刚才也提到关于理财观念的教育问题，我们叫"用户教育"。通过人工智能的方式，可以推送给您可能需要的金融知识，在我们的平台上，其实已经开始这样的服务了。通过这样的学习，可以让您避免过度消费。

张庆男（学心理的数学老师）：关键是，现在有很多针对小孩的"财商"培训。我想问您的是，这些针对孩子的财商培训，需不需要结合您提到的智能金融的内容？

漆远：我觉得这是一个非常好的方向。我特别支持进行相关的教育。其实我觉得，不光是孩子，今天的大人也非常需要财商的教育，人工智能可以帮助大家做到这点。

| 第四问：得"大智"者得天下？|

李晓光（Techplay创客教育创始人）：我说的是现场的机器人"大智"。大智锁定我们的问题是通过大数据匹配的方式，通过网络上的关注热度来锁定相应的问题。这样的搜索能力，是不是可以搜其他的信息，比如某大型农业产区未来可能出现某种农作物减产，相应的原材料会上升，从而得出某种投资方向。类似大智这样的金融助手，未来可以帮我们去买卖股票赚钱，所有人都不需要工作了，这个社会是否会丧失掉之前的功能？或者这种情况会不会出现？

漆远：首先回答，人工智能是不是可以让人人都炒股赚钱。假如所有的人都手持一个算法，而且算法一模一样，人手一个"大智"，您说股市里谁比谁更聪明呢——这不能产生任何真正的价值。其实，今天我们做智能金融，目的不是想利用它成为挣钱最快的一方——智能金融背后的算法是可以用来挣钱的，而且也正在发生中，现在有很多做算法交易的人——我们的初衷是想把这种能力给普及了，让所有的人都能具有"财商"，理解财商、理解市场的风险。像您说的人人都借助人工智能来投资赚钱，其实是所有人都走这一条路，那马上就会碰到竞争的极限，大家全来走一条路是走不通的。

李晓光（Techplay创客教育创始人）：基于数据的搜索的能力有很多，比如农业的数据、天气的数据，或者某种钢材生产的数据。

漆远：假如每一个人都判断今年的天气是旱或涝，谷子要跌钱了，每个人都赌谷子跌钱，您觉得谷子还会跌钱吗？其实，金融本身是社会资源的一种调剂，如果把它当成一种投机，而且所有人同利用它来投机，那么，当所有人都赌某个东西会涨的时候，这个东西一定会大大地偏离它本身的价值，形成泡沫，最终崩溃。

李晓光（Techplay创客教育创始人）：您的意思是，这种投资功能的机器人其实不会出现？

漆远：这种用于投资的智能金融已经出现了。但是，您说

"得天下"，这个天下有多大？如果您一个人要借助它挣钱，那是没问题的。现在，世界各地，包括美国、中国，有很多做量化交易做得特别好的公司。但如果想把这个盘子变得非常大，那是不可能的，马上就会触到上限——20亿人同时用一个算法来投资并成功赚钱，这是不可能的。

| 第五问：人工智能炒股造成金融风暴？ |

薛来（90后发明家）：在我的理解里，深度学习的算法，调试起来的难度比传统算法甚至传统的机器学习算法要难得多。比如汽车定损识别的算法，假设识别模型已经训练好，但它出现了一个之前没设定的问题——车身上出现树的倒影，计算机把树影错误地识别成了凹损，这种情况下再去调已经训练好的模型，应该是非常困难吧？2007年出现过一次量化投资的危机，就是有很多的投资算法，在快速买出卖出时出现了一个漏洞，瞬间使得大概几百亿美元的价值消失了。大家研究了很久，最后好像是找到了问题所在。但是，假如那个时候深度学习已经很成熟了，用于投资的全是深度学习算法，那会不会出现了漏洞，而我们却根本找不到问题在哪里，或者根本没有办法去调试？

漆远：非常好的问题。其实你讲的不光是投资的问题，是一个更大的问题——在未来的社会里，当人工智能帮人类做很多决定的时候，我们是不是已经失去了决策权？假如灾难发生的时候，机器人是不是已经帮我们做完了所有的决定？

其实，不光是金融，我们开的车、吃的东西、收到的药，所有的一切，将来可能都是各种各样的机器人在服务。它的背后其实有几件事大家一直在探讨。首先对于人工智能的未来，我们需要对机器设定一个目标，让它服务人类，帮助人类往前走，人类自身也要加强，人类自身对这个系统本身要有更好的理解，这是一个大势所趋；其实，我们不能因为可能遇到风险，我们就不往前走，比如在汽车诞生之后，随之而来的是更多的交通事故，但人类并没有因为车祸的出现就放弃发展汽车工业，人类是一直在往前走。科技发展改变生活是大势所趋，而我们在里面要做的是什么事情呢？我个人觉得，我们要分析——新技术、新潮流来临时可能的风险在哪里，我们怎么来控制这种风险？这是最关键的。

未来架构师
Weilai Jiagoushi

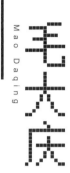

Mao Daqing
毛大庆

他有着令人羡慕的从业履历，却在不惑之年放弃千万年薪，辞去名企高管，褪去数十载成就的顶级职业经理人光环，在绝望和质疑中重新出发。用 60 个全程马拉松摆脱抑郁症。他相信跑得越远，离自己越近。是怎样的经济模式让他坚信自己的选择，打造出中国第一联合办公空间？他用智能赋予空间更多的能量，告诉我们未来的共享可能会跟我们想象的很不一样。

共享经济，给予就是得到

毛大庆 | 优客工场创始人、CEO

非常高兴来到"未来架构师"，跟大家谈谈"共享经济"可以畅想的未来。谈到共享经济，我觉得最大的共享是"人的共享"，以及人和资源的链接。

人人共享，人人得益

先讲一个故事，我最早对共享经济的深刻认识来自它。

我去英国的时候，曼彻斯特有一个非常古老的中学，那所中学里的一位老师跟我说："我们的学生一入学就会被植入共享经济的思维，而且是通过一个已经沿用了50多年的方式。"这种方式是什么呢？这个中学，在高一学生入学时，第一堂课为了让大家迅速地互相认识起来，设计了一个游戏，就是让一个班里的几十个学生，每个人都在一张扑克牌的后面写上——我能够为其他人提供一个什么样的资源。要求所写的这个资源是能够无偿提供的、不需要太多成本，最好是自己具备的某种本领、技能。这堂课之后，大家就会迅速地变成熟人。因为学生们发现，自己拿出来一个资源，可以一下子换来三四十个资源，而其中可能有好几个都是自己求之不得的；而自己能拿出来的，自己觉得稀松平常，但却是别人特别重视的稀缺资源。

我想这就是一个非常典型的"人人共享"的理念，而这些东西的背后是一个大的链接的完成。

共享经济与架构未来

○共享办公，曾是未来幻想

我们都非常熟知的法国科幻作家凡尔纳，也是《海底两万里》的作者，他说过一句很有意思的话，他说"但凡人能想象之事，必有人能将其实现"。回顾我们过往的几百年、一千年，我们人类的进化史上有大量这样的事例，验证了这句话。

其中，有一个非常有意思的例证。

20世纪50年代"二战"后，美国迎来了发展的"黄金期"，有大量新技术、新应用投入日常生活中，于是，人们对未来展开了无限的遐想。而这些新技术、新应用，其实全部都产生于"一战"以前，尤其是1870—1910年间。大约有92个人类社会伟大的科技突破，包括我们熟知的白炽灯泡、电报、电话，乃至飞机。这些伟大的技术沉淀了半个世纪，在"二战"以后，被大量应用到日常生活的方方面面，并且刺激了人类对未来的想象力。

这个时候，美国有一个非常著名的漫画家阿瑟·拉德博（Arthur Radebaugh），他当时在纽约的报纸上发表了连载漫画，题目是《比我们想象的更近》（*Closer Than We Think*），大约有60幅。这些漫画我翻到以后感觉很有意思，画面里的内容大都是我们现在的生活现实，其中有很多还是我们今天很时髦的事。而这些，都是阿瑟·拉德博当时对未来的幻想。

阿瑟·拉德博在《比我们想象的更近》里想象的未来的世界里都有什么呢？

智能腕表：他当时想象的未来手表，要能够看电视、观测天象、记录数据、记录人的生命体征等等；在今天，这个东西一点都不奇幻了，我们有大量的智能腕表出现，有体育的智能腕表、医疗的智能腕表，还有娱乐的智能腕表……

新型汽车：20世纪50年代，汽车已经很普遍，他想象未来的汽车应该是利用新能源的汽车，而不再利用石油、柴油之类传统的能源；今天这已经成为一个非常时髦的话题——新能源汽车。

未来城市：他当时的想象是，未来的城市应该是一个能够一站式解决所有人需求的地方，有大量的资源，购物、阅读、娱乐、休闲……都在一个房子里完成，这恰恰是过去20年非常流行的"城市综合体"；今天的"城市综合体"又变得更加时髦，要把居住、共享办公、IP运营、网红经营……全都放在一个楼里面，出现了共享生活的综合体。

未来办公室：他构想的未来办公室，可以说无所不能，还可以连接所有的东西，这恰恰是我们现在在做的共享办公。

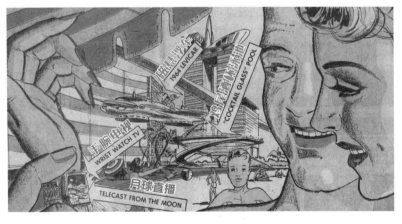

阿瑟·拉德博在60年前想象的未来世界（图为《比我们想象的更近》系列漫画的截取内容）

○共享——颠覆世界的重要驱力

这些内容，是60年前的阿瑟·拉德博对未来世界的幻想；而我们，恰恰是他画这些漫画时想象的未来人。我们这些未来人正在实现、使用、应用着60年前他所描绘的未来世界的产品和场景，同时，我们也正在见证着当下这个颠覆性的时代，我们也正在畅想着，移动互联大数据、人工智能、生物智能等引领的未来，会是怎样的场景。

所以，世界就是这样，60年一轮回，畅想一次未来，带来一次巨大的颠覆。

2005年，我见到了爱迪生的第四代传人。他跟我说：人类社会有些阶段是非常独特的，它能在短暂的时间内颠覆人类社会对自然界几万年的看法——19世纪20年代，对电的发现，颠覆了人们对链接能力的看法（电，让人类的信息交互更便捷、交流更畅通、移动能力更强，半个世纪以后，电报、电话产生）；1967年，美国发布的"互联网"这一颠覆性的链接技术，又在半个世纪之后，带来了全世界互联网的创新。

今天，距离1967年正好是半个多世纪。今天我们谈论的各种话题，都围绕着新的链接方式、新的交互方式，所以，我几乎可以确定地说，我们又站在了一个具有颠覆性的时代的起点，自此之后四五十年发展和变化的结果，会比之前那几轮颠覆期所产生的更加伟大、更加让我们目不暇接。

我认为，在这样一种状态下，在我们所面对的现在和即将到来的未来，什么都有可能发生。那么，"共享"，恰恰是人类技术进步催生的、最值得关注的产物。因为交互的能量变得更加强大、链接变得更加容易、移动能力正在进一步加强，所以，在工业时代形成的各种各样的资源，势必被打破壁垒，能够更好、更快捷、更廉价地被人们利用。这是共享经济带来的伟大的变革。

○共享，开启我的人生未来

我是一个从传统经济走出来的人，有24年的职业经历跟城市有关——从一名建筑师走向一名城市规划师，又变成一个房地产公司的高级管理人员。在这24年里，我经手设计建造的房子应该近千万平方米。房子越盖越多，城市越来越现代化，但也让人感觉城市越来越冰冷、无感。这么多的空间，其实很多都没有内容，想要进入空间的人，又无从进入。城市里出现了大量的闲置资产，它们的成本奇高、效率极低，我们叫"沉没资产"，都不能被我们的用户使用——这种困局需要一个突破点。我觉得，这个突破点就是"共享"，它能够将其中的壁垒击穿。

因为上面提到的那种"困局"，我在之前的24年职业生涯中，有相当长一段时间内，陷入了很深的痛苦——茫然于"这个行业还有没有前景"，困惑于"我们的城市到底怎么样才能变得更有意思"——建筑师当了20多年、房子盖了20多年，好像城市变得越来越不让人喜欢了。在这个过程里，我经历一些很有意思的变化：因为长时间的痛苦迷惘，我跟抑郁症结了缘；因为抑郁症，我又跟一个有趣的运动结了缘，就是现在非常时髦的生活方式——马拉松。马拉松陪伴了我4年，我跑了60个马拉松、2500千米。通过这2500千米的奔跑，我看到一个新的自己，也推开了一扇新的人生之门，我突然间意识到，人没有年龄的界限，无论在什么时候都应该拥抱未来、拥抱新的变化。所以，在60个马拉松、2500千米的路上，我也完成了自己的首个创业作品，就是中国"共享办公"的一个代表作品——优客工场。

○共享办公者，正在描绘未来

可以说，优客工场是一个崭新的办公平台；而就在刚才，我又突然意识到，它其实也是一个未来的实验室。我们把很多关于未来的畅想、概念全部都放在了这个空间里，让它们共振，这就是我们做共享办公的美好愿望。

刚才说到美国漫画师阿瑟·拉德博将他对未来的畅想，展现在了《比我们想象的更近》的画作中，这些科幻漫画我们现在看起来没什么新鲜的，因为大部分已经实现了。但是，我相信，60年前这些漫画发表时，看到的人一定会想："这些离奇的东西哪一天才会有呢，恐怕实现不了吧？"今天，集聚在共享办公环境里的，大部分都是绘就未来图画的人，而且绝不仅仅只是60张未来图画，可能是2000张、3000张、10000张。为什么我们想做共享办公呢？就是想把这些图拼在一起，让它们能够互相共振、互相作用，使我们能够更快地迎接变化的到来。

优客工场的宗旨是，希望为更多的创造力阶层，提供一个发挥想象力的、更广阔的舞台。在没有共享办公之前，这些人零散在各个地方；有了共享办公之后，他们像找到了一个家园，这并不仅仅是物理意义上的家园，更是"资源家园"和"精神家园"。共享办公注重的，同样还是共享经济中最核心的链接能力，链接能力将改变劳动关系、生产关系，以及生产要素的再分配。

优客工场应该是中国共享办公生态的一个缩影。今天，中国共享办公的标志性运营商有100多家。可以说，这100多家平台上的内容拼在一起，就可以看见一幅完整的，关于中国未来以及世界未来的，对新经济、新生态、新科技、新技术的畅想图画。

共享经济，开启不设限的未来

○共享办公，不仅仅是工作空间

我们的共享办公，最初以一张张桌子为入口，导入到社群经济和社群生态；提供社群生态服务的同时，又把共享办公作为一个链接资源的平台，通过这个平台，大量的入驻企业可以跟上下游的服务商、跟他们的邻居和旁边的企业更好地互动，大家共享资源、和谐共生、互利共赢。随着用户不断地增加，我们又进一步扩大生态布局，让产业间产生更大的协同效应，让用户更好地体验这种开放办公的意义，体验包括社群的价值、大数据、云平台和撮合交易等的强大魅力。

现在，我们开始着手两个新的项目。第一个，现在我们的平台里有近3000家公司，干什么的都有，我们希望能让他们彼此间实现更快更好的资源交互，所以，我们已经着手开发更加智能化的手段，比如说在桌子里装上芯片，把桌子变成交互工具，一个空间、两个空间、各个空间里的人，能够通过桌子提取所需要的信息。通过开发大量的智慧硬件，让办公变得更加轻松，让办公变得更加容易与资源进行交互。第二个，我们平台里有这么多的企业，这么多未来的领军人物——独角兽企业大概有十几个，上市公司还有很多家，还有很多比如ofo、摩拜等具有想象力的领军企业——他们有一个巨大的闲置资源，这个资源是什么？其实就是教育资源。我们今天的大学能教给大家的东西是什么呢？大量都是有关人类未来的"存量知识"的传授，鲜有对未来知识的畅想、讨论。而这些对未来知识的畅想、讨论、沉淀都发生在共享办公室里。所以，我们现在开始筹划成立一家共享开放大学，把我们入驻企业的存量知识跟沉淀知识进行二次共享，共享到更广阔的社会范围，让更多的用户、学生、传统企业中的工作者从中受益。

其实，共享办公还有更多衍生品没有发挥作用。比如：大学，就是共享办公顺理成章的衍生品。

当然，我们还有更多的畅想，比如，共享办公未来可能成为智慧楼宇的管理者。其实我们现在正在探讨"对整个移动写字楼进行完整的共享办公室管理"。未来，楼宇跟楼宇之间是不是能信息交互、信息传递？——我在这栋办公楼里就能知道，旁边的办公楼里有什么样的资源，可以跟我进行共振和分享。我相信，未来的城市，会被共享、被重新架构。

○关于共享的经济数据

优客工场从创业以来，两年多时间里发展迅速，到今天为止，已经布局了20多个城市，有78个我们称为"工作场地"的共享办公空间。工作场地的面积，大的20000～30000平方米，小的1000～2000平方米，吸引了近3000家企业，涵盖了经济、科技以及模式创新等各种领域，可以细分为19个大类、48个小类，办公人数3万多人，如果再加上非室内办公（即移动办公）的用户，人数会更多。我们计划未来的三年里，要让工作场地覆盖全球32座城市，增加到160个以上，提供超过10万个工位，预计总管理面积将超过70万平方米，为5000～10000家企业提供更多的服务。

在过去的两年多时间里，我们的App上也成功地自然导入了近700家服务商，我们从700家服务商里选择了50家紧密型的服务商，用这些服务商更好地去孵化那些快速成长的企业。关于"是不是个孵化器"，我曾经很纠结，现在我觉得应该承认我们也是个孵化器，我们是用资源、用社群孵化的，是一个非常不一样的共享平台。我们也通过跟阿里云、阿里巴巴创新中心的合作，让近1000家入驻企业都顺利地跟阿里生态产生了不同程度的链接和联系。

我想，对未来可以有无尽的畅想。"只要是能想象到的事情，总会有人去实现""使用比拥有更为重要"，应该是这个时代的新一代创新者们认同的原理。2016年中国共享经济的市场总规模，接近4万亿元，这是一个庞大的数字。2016年中国的房地产行业达到了中国改革开放以来的38年里，房地产行业总规模的高峰——13.7万亿元，而2016年中国共享经济产业的规模接近4万亿元，这样一个新生经济体、经济种类，能够跻身"万亿"级别，跟庞大的房地产行业在一个等量级上，非常不容易。

共享经济产业在2016年同比增长了76.4%，2016—2018年，我们展望中国共享经济的市场规模的年复合增长率，将超过90%。现在，在共享经济领域里有近6000万人在提供服务，有近585万人通过共享经济获得了新的就业岗位。这些都是不得了的数字。

○共享空间——中国经济新蓝海

随着"旧红利"的褪去，随着旧的经济模式的退出，我们可以非常确定地看到，在中国未来的经济新旧动能转换过程中，存在着四个新的"蓝海"。第一个，是所谓的"新中产"；第二个，是"新技术"，新技术里有七大"蓝海"，包括人工智能、新的储能技术、基因技术，以及更多其他的科技领域；第三个，是"新工匠"，新工匠会为未来中国经济的成长注入巨大的活力；第四个，就是"新空间"，157万亿元的中国房地产存量资产，等待着大量的内容创造来填充，当这些内容填充到庞大的存量资产中时，将会为社会成长、为创造力阶层激发出巨大的活力。我想，共享办公正是"新空间"的一个重要组成力量。

○让平行世界的人更好地相遇

无论何种经济模式下，人始终是核心。我认为，"新中产"和"新中产"所代表的新的未来，正是中国经济的未来。这是一个伟大的时代，这是一个不断颠覆过去的时代，也是一个一年以后就截然不同的时代。我们希望"让平行世界的人更好地相遇"，在社会、在商业、在城市、在人与人、在人与自然之间，搭建一个创造性纽带，创造一个全新的、有价值观、有温度、有人文关怀的全新价值的工作文化，这也是我们的使命和愿景。

在我看来，共享办公，在今天还全都是入门级的探索，办公的新兴平台正在孕育着无穷无尽的新动能。

我希望，用共享办公来搭建一个未来城市架构，更多的共享会在城市产生。未来的3~5年，值得期待。谢谢大家。

互动问答

| 第一问：公共的办公室谁来爱？|

范承飞（科技自媒体人）：公共的办公室里面有很多的设施，那它们的功能维护、清洁卫生等问题谁来解决，有没有人来保护这些设施？

毛大庆：先聊一下共享办公的源起。我跟全世界好几个共享办公的创始人都聊过，我说："你们为什么要做共享办公呢？你怎么想起要干这个活的？"我问了大概6个人，有4个人说是因为儿时的经历，包括我，包括全世界最大的共享办公WeWork，它的创始人亚当·纽曼跟我说，因为他特别怀念自己儿时的那种温暖的生活经历，想让更多的人能亲身体验。我问他是什么样的，他说是"大院生活"。这就是共享办公人的情怀，我们大概都有大院生活的经历。

再来回答"谁来爱"的问题。我们住大院的时候，那是"夜不闭户、路不拾遗"的状态。院里来了一个小偷，全院的人都追着要把他抓起来；谁家里有人病了，院里的邻居就会帮着把病人送到医院去；大院里从来没有偷邻居东西的，借邻居的东西是经常的。我们做了两年半的共享办公，到现在为止没有发生过一起失窃事件，只有拾金不昧的事迹，几乎每天都有。另外，在一个共享办公的空间里，冬天天冷，一个门没关上，马上就会有人去关。共享办公，其实是在塑造一种强烈的邻里文化。谁来爱——用户来爱。人们在这个空间里会自发地达成两点共识：第一，这地方不能受到破坏；第二，在这里不能干坏事，因为人跟人都认识。所以，"熟人经济"是建立诚信社会非常好的办法。要知道，在一个共享办公环境里，不论哪家企业、哪个人，只要干一件不好的事情，那很快就会完蛋，因为，所有人都认识你。人的心理是这样的——你不认识我，我干什么都可以；如果大家都认识我，眼睛都在看着我，我自然就会约束自己的行为。我觉得共享办公的这个作用特别伟大。

| 第二问：共享办公和传统孵化器的区别是什么？ |

米磊（"硬科技"提出者）：传统的孵化器也是一种办公空间，你刚才在演讲中也提到，你的共享办公也是一种孵化器，共享办公和孵化器是一回事吗？这两者有什么区别？

毛大庆：我曾经非常严谨地分析过——孵化器、加速器、共享办公，它们看着比较像，但是背后的驱动力并不一样。

孵化器，是带有鲜明产业色彩或投资色彩的。早期的孵化器，多半都是有投资者或有某种产业的孵化原因才搞的。孵化器很少有搞几十个的，也很少有连锁店经营的，一般都是在某个城市或有相应产业背景的地方，开一个、两个、三个，然后把大量的资源集中在这些少量的孵化器里，聚焦于某个领域、某个模式下的一些东西。还有很多孵化器是投资人自己创办的，投资人投了20个公司，把它们都放在一块，然后集中提供相应的孵化资源。

加速器，可能更加复杂，我就不在这里讲了。

共享办公，承担了孵化器投后管理的工作，但从严格意义上讲，它不算是孵化器。但是呢，联合办公里面往往存在很多孵化器，像优客工场里面就进驻了好多孵化器，有金融孵化器、艺术孵化器、体育孵化器……孵化器开在共享办公里面，在美国是很普通的现象，但没看到有孵化器能搞成共享办公。可以说，孵化器是共享办公里的一个内容，它可以放在共享办公里面，它也喜欢放在共享办公里面，因为共享办公本身导入的资源就是孵化器需要的投后关系。共享办公和孵化器是一个产业互动的关系。

陈伟鸿（主持人）：米磊，我想问你，对这个时代而言，你觉得这两者谁的生命力更旺盛，谁的价值是我们更渴望看到的？

米磊（"硬科技"提出者）：我认为他的共享办公有点像"创业Mall"，以前有"Shopping Mall"，而他的共享办公是个"创业Mall"。孵化器是这个"创业Mall"里的一种生态、一个主力店。也就是说，共享办公是一个创业综合体，把所有创业的要素全放在这个综合体里，然后提供这些资源之间的链接和对接。

毛大庆：对。

吕强（"问号青年"）：我想追问一个问题，我们大学有那种创业的孵化器，我感觉创业孵化器应该有些降低创业风险的意思，有时候还给钱。你们的共享办公给钱吗？

毛大庆：我们不给钱。

吕强（"问号青年"）：那这不就是共享办公稍逊于孵化器的地方吗？

毛大庆：这个问题是这样的。共享办公或联合办公里的用户，有很大一部分并不是创业者。比如，"亚马逊中国"就在我们里边。我们的共享办公场地里，超过100人的团队有近200多家。

这就是共享办公和孵化器最大的区别。共享办公，提供给企业的其实有以下几个特别的要素。

一、能够非常快捷地落地。比如，像ofo、摩拜这样的新兴企业，通过我们的场地，可以在一夜之间进入很多个城市，不用再为找办公室、装修房子去花费时间，而且既可以快速扩张，也可以随时压缩，一个企业今天有50人来，就要50张桌子，明天扩张成100人了再加50张桌子，后天有3个人不来了，就退3张桌子。"拎包入驻"就是我们要提供的服务。

二、提供一种"高度的社群默契感"（ethos）。这是WeWork创始人亚当·纽曼说的，他认为这是做好共享办公最重要的要素。

三、提供服务，让用户可以在这里专注于自己的核心业务。比如，我们的用户有一大半不是创业公司，但属于"小微企业"。小微企业不等于创业公司，有很多小微企业活得非常好，可能活了十来年了，始终保持十几个人的规模，就做一件事情。很多小公司没有总会计师，可能连发票怎么开、税务怎么报都不清楚，我们成立了一家会计师公司，把场地里1000家入驻企业的财会方面的工作都解决了。

这就是共享办公的魅力，孵化器是不干这些事的。

吕强（"问号青年"）：刚刚您说曾向美国WeWork学习，现在您的老师要来中国了，变成您的竞争对手了，您接下来怎么应对？

毛大庆：WeWork已经来了。我们不是互联网企业，互联网可能有一个说法叫"一家通吃，老大独享"；共享办公是个现代服务业，跟酒店行业类似。酒店已经在人类社会存在了640多年，有品牌的酒店超过2340多家。这2000多家酒店一直在市场上切割着各种层次的客户。如果以北京国贸为圆心，画个半径1000米的圈，能圈出400多家酒店。对于服务行业，我向来认为出现更多品牌其实是好事，所以，我们特别欢迎WeWork来。WeWork确实是我的老师，但也许WeWork能干的事情我们不一定能干，而我们能干的很多事情WeWork也干不了。

陈伟鸿(主持人)：其实我觉得对每个人来说，一定都有自己的心头所爱，所以他们就是在不断的尝试中寻找那种特有的默契感和情感的认可，这也和他们选择到底入驻在哪个共享办公领域中一样。

毛大庆：就像搬到哪个大院里去住一样。

| 第三问：共享办公是不是披着共享经济外衣的"二房东"？|

吕强("问号青年")：共享办公看起来就是把一个大的空间做成若干个隔间，再租给各个办公单位，是不是跟我们熟悉的"二房东"差不多？

毛大庆：二房东的根本在于，拿到房子倒手就租给另外一个人，这叫二房东。二房东出租房子不加入任何的东西，基本上没有任何实质性的新内容产生。我前面讲了那么多，我们导入了教育资源、服务资源，我们做会计师服务、做社群、做文化，我还得把房子拆了重新建。为什么很多的房子空在那里没人用？不是不想用，是没有一个中间的人来重新组织使用，所以，新的生产方式的组织者就是我们这些共享经济的操纵者。共享经济并没有什么外衣可披，共享经济就是那么一件事。你看，为什么酒店不是共享经济？因为你住在酒店里面，它从来不组织两个住酒店的人互相认识，你拿了房卡就上去了，酒店不会让你们互动，而我们是必须要让入驻的人互动起来，这是很大的区别。

陈伟鸿(主持人)：我觉得可以按类似"共享公办是二房东"的方式，请几位观察团成员都简述一下自己所理解的共享办公，然后由毛场长来选择哪个答案更符合他内心对共享办公的理解。

郝晓亮（互联网评论人）：共享办公是一个更负责任的、管得更宽的、更懂互联网的物业，好物业。

吕强（"问号青年"）：共享办公是能够把所有住户连在一起的物业＋房东。

米磊（"硬科技"提出者）：共享办公，是集合了企业所需要的房屋、服务、信息等各种要素，并让它们在企业间交互的新模式。像是一个居委会。

赵嘉敏（科技文化出版人）：共享办公是弹性的办公空间。

范承飞（科技自媒体人）：共享办公更像是酒店里的快捷酒店。

毛大庆：加在一起就是共享办公。其实，我觉得共享办公的价值核心是人们办公的方式变了。"办公"原来的意思是到公家的地方办公家的事，是我要挣份钱。但是，未来的办公，可能是为了创造而工作，人人都是创业者；公司可能越来越小，只需要一个更快捷的环境以及更好的服务，而且在那里可以认识很多朋友。共享办公也许会成为一个乐园，变成一个可以带着小孩来工作、交友的地方。这里面可以植入幼儿园的共享办公、健身房的共享办公、医院的共享办公。它是什么地方？它就是一个大的贸易市场，是知识的贸易市场、模式的贸易市场。

| 第四问：共享办公如何保护企业隐私？ |

郝小亮（互联网评论人）：这个问题分两方面：一个是大家在一个开放的办公环境下，就像在一个大院里生活，哪家吵架了，哪家又背地说邻居坏话了，没有私密性可言；另一方面，共享办公要做交互平台，需要整合企业的资源、数据，完成企业间的对接，平台方怎么保护企业数据的隐私，怎么让企业放心地把数据放到平台手里？

毛大庆: 先回答第一个方面的问题。确实,我们发现,共享办公的空间设计要不断跟用户互动,根据他们的需求进行调整。有些是希望开放式的办公,比如市场、品牌部门;但是做研发、财务的部门,希望能够封闭起来。其实,他们最想要的是"想封闭就封闭、想开放就开放"空间。未来的共享办公会更高科技,因为现在的建筑方式、施工方式、建筑物的组合方式还是不够灵活,比如这房子不能想建就建、想拆就拆——以后模块化、轻质化以后,盖房拆房应该可以做到随心所欲——在现在的情况下,我们安排空间时,要先留出足够的共享面积,比如共享的厨房、健身房、咖啡厅、演说空间,等等,这些是共享办公必须要有的,剩下的面积就给用户安排出有一定封闭能力的空间。关于你提到的吵架,或者一些不愉快的事情,我观察到一个很好玩的现象——有人在这里打办公电话,打着打着意见不合,一激动声音就变得很大,然后,因为意识到周围还有别人、有邻居,又赶紧把声音压低。可见,在熟人圈里,更有利于"规矩"的成长。

吕强("问号青年"):我有个疑问,您说熟人社会,但现在的一线城市基本上还是陌生人社会,您其实是把一群陌生人,硬放到一个空间里变成了熟人。这会让我觉得挺尴尬的,我在一个办公室里见到别的公司的人,我还要跟他装熟。

毛大庆: 熟人是慢慢自己产生的。我们平台里有很多谈恋爱的,结婚的也很多,生了孩子的也有,我们这里面有两家公司自己就合并了,还有两家公司合作搞出第三家公司来。我们在共享办公的"熟人社会",一定是一个自由生长的过程。

再回答第二个方面"企业数据安全"的问题。我们能拿到的企业数据,跟他们的核心机密还是不一样的,这些经营性的机密数据我们也不需要。我要的数据一般是,企业是什么样的发展方式、什么规模、有什么偏好、需要什么服务，以及员工人数、年龄构成……这一类的数据。

郝小亮（互联网评论人）：那未来会不会基于平台掌握的这些数据，做一些延伸的服务？

毛大庆：当然是会做延伸服务的，这是我们现在在做的。我们需要用数据来判断企业最需要什么服务，再精准地推送相应的服务，这是我们很重要的一个工作。我们的大数据平台天天都在分析数据。

| 第五问：我还是更喜欢去咖啡馆 |

赵嘉敏（科技文化出版人）：我就是一家小微企业老板，我们有10年历史了，我们会租一个比较适合的办公室，会有一个小会议室，当小会议室不够的时候就去咖啡馆，当然只是特例。美国有"车库创业"，中国前两年创业风的时候是"咖啡馆创业"，好像没听说"共享空间创业"，至少还没有成为一个风潮。共享办公，要占用实际的物理空间，投资各方面成本都蛮高的。我觉得它没有您说的那么好，这个做下去路还挺长，挺难的。您觉得风口什么时候会到？

毛大庆：我觉得未来可能是一整栋楼都变成共享，其实我们现在正在做。这是未来的方向。我们现在单个空间拿出一两万平方米的面积，只是在尝试。其实我们做的也不小了，总共有几十万平方米了，但我认为这并不是最终的状态。共享办公现有的发展并不取决于我的想象和规划，而是取决于用户的实际需求。如果没用户，还能开得下去吗？我们现在开了这么多，基本上个个都是90%以上的入驻率。以后你会慢慢体会，可能也会进共享办公，我们里面也开咖啡馆。

未来架构师
Weilai Jiagoushi

Wu Jun

吴军

吴军，著名学者，著有畅销书《智能时代》。2007年，他在《谷歌黑板报》连载文章，清晰地描述了智能领域的实际问题，并给出有效的解决办法，引得数百万人追捧。长期游历欧美，实地工作和考察的经历赋予了他看问题的独到视角；从科学家到投资人的成功转型，使得他有着超越同侪的卓识。通过揭示共享、跟踪、万物互联背后的奥秘，他勾勒出超级智能时代的全貌。

跟踪、共享、万物互联的新世界

吴 军 | 计算机科学家、学者、投资人

今天，我给大家介绍一下未来时代以及未来的生活。我先概括一下未来时代会是什么样子。

未来世界 —— 一张超级智能网

未来，我们会有同一个世界、同一台机器。这个机器，大家不要想成一般的汽车之类的机器或简单的计算机。这个机器其实是全世界各种智能机器的联网，而在这个连接了整个世界的机器中，我们人可能是其中的一部分。

未来的世界，就是一个巨大的、由互联网或"万物互联"，以及计算机组成的超级智能机器。

我为什么这么讲？主要是出于两个原因。第一个原因是，在过去的几年里，人工智能的发展或者说机器智能的发展非常迅速。第二个原因是，物联网（IOT）或者说万物互联（IOE），它的设备、它整个的网络架构，以及它和现在机器智能结合的紧密程度等，这些方面的发展非常迅速。人工智能加万物互联，在未来会形成超级智能。

○机器智能暴增的根源

在过去的一年多时间里，人工智能的发展到底有多快呢？大家可以通过下面两件事得出大致的判断。

在2017年5月，谷歌下围棋的机器人——"阿尔法狗"（Alpha Go），它的新版本"马斯特"（Master），再一次战胜了人类的围棋冠军柯洁；大概在此之前的一年零两个月（2016年3月），它已经战胜了韩国的围棋高手李世石。柯洁和李世石的水平差不太多，2016年3月到2017年5月，在这一年多点的时间里，人不会有什么棋力的变化；但是，在同样的时间里，阿尔法狗的围棋水平大概提高了九段，这是很了不起的。人类从学习下围棋到成为九段棋手，顺利的话可能需要10年左右的时间。更关键的是，因为这个算法的改进，使得阿尔法狗大约只需要用原来1/10的能源，就能取得更好的成绩。可见，机器智能的发展是非常快的。

那么计算机何以获得如此巨大的智能，或者说计算机产生智能的方式、它下围棋的方式和我们人有什么不一样呢？人很大程度上是靠思考和逻辑推理来获得智能的，而计算机不是这样的。计算机获得智能的方式其实是靠以下三个基石。

基石一：摩尔定律

摩尔定律指的是，计算机处理器的性能在18个月的时间里，会翻一番，也就是说，计算机处理器的速度在5年里能提高10倍。这是一个非常快的进步速度。最早的iphone智能手机，也就是触屏的智能手机大概是2007年出来的，离现在大约10年；按照它的进步速度，也就是在过去10年里，智能手机的速度差不多提高了100倍。如果谁还存了最早的智能手机，可以拿出来用一用，你会发现今天的软件装上去根本就没法运行，因为实在是慢得受不了。

基石二：数据

尤其是我们经常说的一个概念——"大数据"。大量的数据，各种纬度的数据，以及很多实时的数据，它们集合在一起，使得我们的计算机变得很聪明，智能得到增加。

基石三：数学模型

在阿尔法狗战胜李世石的这个过程中，我们经常听到这么一个词——"深度学习"（Deep Learning）。深度学习是一种机器学习的方式，但它背后依靠的其实是一种特殊的数学模型。

李世石或柯洁之所以下不过计算机，实际上就是因为他们算得没有计算机快。当然，把下围棋这件事变成一种计算，靠的是数学模型。阿尔法狗所用的数学模型，2017年的比2016年的好，所以它下棋的水平才会变得更厉害。

在这三个基石之上，我们搭建起了机器的智能。从这里头也能看出一点——机器的智能和人的智能其实是两回事。因此，大家不用担心"未来计算机可能会反过来控制人"。实际上，计算机它不会有什么想法，它做事情的方法和我们的完全不同，它甚至不知道自己是在下围棋。

○ 人工智能未来有多聪明

未来，人工智能水平会达到一个什么高度？

如果只有摩尔定律、只靠计算机本身的进步，那么，人工智能大概可以在2030年这个时间点——大约再过十几年——达到介于黑猩猩和人类之间的智力水平。

如果使用了大数据，计算机应该能够在很多领域达到我们人类的水平——不是所有领域，因为还有很多不可计算的问题。比如：看病，即根据医学影像、化验结果、病史，或者一些基因数据，来诊断疾病。大约一两年之前，人工智能已经能达到医生的平均水平；2016年，人工智能已经可以开处方，就是说它不但能给人诊断疾病，还能给人治疗疾病，它开出的处方和医生开的处方大概有50%的一致性。这看起来做得已经很好了。但是，如果再加上深度学习、数学模型，可以肯定地说，到2030年，在诊断和治疗疾病这种我们过去感觉非常高大上的事情上，它的能力是可以超过我们人类的。这就是未来的世界里，机器智能可以达到的一个水平。

传感器，机器智能的感官

当然，我们人不光有大脑，还有四肢，四肢也不光能干活，还有感觉、触觉，人还有眼睛、鼻子、耳朵……能接受各种各样的信息。实际上，未来时代，超级智能这样一个大机器——同一个世界，同一台机器——也有各种各样的感官。这种感官指的是广义上的传感器。一说到传感器，大部分人首先想到的可能就是那种能测量温度、压力或者运动的很小的元器件，但那只是狭义的传感器。

在未来的物联网（IOT）时代，传感器有各种各样的。

比如，智能手环，它能测你的心跳、体温等信息，就是一种扩展的传感器。智能手机也是传感器，无论是跑步时用它记录运动数据，还是平时用它发微信，它其实是在把你的信息传递到未来世界的大网上去。

还有今天越来越多的摄像头，也是传感器。它不仅仅可以把影像传到云端——这意义不是很大——重要的是，它可以识别现场有多少人，以及都是哪些人。比如，这个位置坐的是张三，那个位置坐的是李四……

现在，还有一些"智能家居"，比如智能坐垫，你坐在上面，它可以让你知道自己的坐姿对不对，坐得直不直；如果持续坐了40分钟，它会振动，提醒你站起来活动活动，以免久坐影响身体健康；或者，你躺在智能床垫上，它会提示你睡姿是不是健康，还能根据你身体的状况，把一些地方变得硬一点或软一点，让你睡得更健康、更舒服……

另外，智能空调、智能控制能源开关，也是传感器，它会记录你在屋里的各种活动，然后了解你的生活习惯，并根据你的习惯自动运行。比如，你的习惯是晚上10点钟睡觉，那它就会提前把卧室的空调或暖气打开，并且提前半小时把其他房间的灯、空调关掉……

无人机也是一种传感器。

这些都是广义上的传感器，当然，广义的传感器还有很多。在未来世界里，所有的东西都可以通过某种方式联到网上，形成一张大网。这张大网以今天计算机的处理能力还处理不了，但按人工智能的速度，未来的超级智能是可以实现这张大网的。

今天，我主要从经济的角度，以及人类健康的角度，聊聊未来的世界会和今天有什么不一样。

以跟踪为基础的未来即将到来

先讲一个很重要的概念——跟踪。对于"跟踪"这个词，大家应该不陌生。

几年前，智能手机出现之后，大家就经常说一个词——POI（Point of Information的简称，即"信息点"），就是指那些你感兴趣的地理上的点，包括餐饮、银行、购物、医院，等等。智能手机会记录你每天去过的那些点，这其实就是一种跟踪。

还有一种跟踪，就是你上网的习惯。比如，你去一些电商平台买东西，像淘宝、京东、亚马孙之类的电商，这些电商平台可能会跟踪你的行为，然后根据你的消费习惯给你推荐商品，这是对你行为的一种跟踪。

这些是我们今天已经实现的跟踪。未来的跟踪会是什么样呢?

未来的跟踪,会通过你身边各种各样的传感器,完成更深入的跟踪,甚至对你的意愿进行跟踪。比如,美国有一家公司做了一款音箱,这款音箱大概只有我们常用的金属保温杯那么大,它不是用来放音乐的,是用来跟人对话的,实际上可以算是一个对话机器人。它会把你日常的生活习惯,以及你在网上购物的习惯连接起来。我的一个朋友就亲身体验过这款音箱。他经常打高尔夫球,每过一段时间就需要买一次高尔夫球。用了这个音箱之后,当高尔夫球快用完的时候,这个音箱就会自动跟他语音对话,问他"最近是不是又要买点高尔夫球了",他说"是啊",音箱又问"你是不是还要买上次的牌子",他说"是啊";两个星期之后,两打高尔夫球就寄到他家了。这其实就是对意图的一种跟踪。

你可能会说,这个东西有好处但也有坏处,它太了解我意图,会不会侵犯我的隐私?

今天,先忽略"是否侵犯隐私"的问题,我们看看这样的跟踪能给人带来哪些方便。

跟踪,让未来的生活更便利

今天,我们到商店采购,通常会提前列一个购物清单,但有时候可能没时间或是忘了列清单,只能在商店里想起什么买什么,买回家才发现不合适——有的东西家里还有,有的东西家里缺了但却没有买。

未来,这种情况不会再困扰你。商店会根据你以往的购物记录,分析出你的购物需求。当你到商店时,你的需求或者说意图,就跟着你一起进了商店,商店跟踪到了你的意图,会有一个购物车跟着你,自动把你需要的东西放进去。

另外,除了对意图的跟踪,还有对人的跟踪。

现在，我们到商店里去，为什么要拿手机或信用卡支付？因为商店不知道你是谁。将来就特别简单了，你到时往结账的地方一站，智能设备一看你的脸就知道"这是张三又来买东西了"，然后直接给你结账，你就可以走了；或者是跟着你的购物车——这个现在已经有原型了，体积也不大，大概半米多高——会跟着你到停车的地方，把东西放到你的后备箱里（它其实是一个有搬运功能的小机器人），你关上后备箱它就开始给你结账，钱就从你的银行账号划走了。

今天你去饭馆吃饭，点了一盘青椒牛肉丝，但这盘菜端上来你不知道里面的牛肉和青椒是从哪里来的、是否足够新鲜，养牛的过程合不合格、牛吃的饲料健不健康，种青椒的人有没有使用过量或是有害的化学肥料、药物……但在不久的将来，通过一种"区块链技术"，我们就可以知道这些信息了。这种"区块链技术"，简单地说，就是跟踪某个牧场里的某头牛，它长成之后卖到了哪里、在哪个屠宰场屠宰的、牛肉打包以后通过哪家物流发到了哪里、进了哪家餐厅，就是说，可以让我们知道，这盘菜里牛肉的整个流通过程。食品安全大家都非常关心，只有通过这样全流程跟踪的方式，才能真正做到食品安全。只是这样的跟踪目前无论是谁都做不到，因为成本太高，但在未来是可以实现的。

跟踪，让未来的社会更安全

未来的智能跟踪，会让我们的社会变得更加安全。因为它可以通过对每一个人及其意图的跟踪，及时发现和制止危险。大家来到这个现场，可能是在入口处拿出身份证或是出入证让安保人员查看一下；这样的检查在未来会变得更高效，可能是在入口处装一只"眼睛"，也就是智能摄像头，它能迅速认出每个人是谁、是不是受邀入场的人。在城市里也遍布这样的"安全之眼"，出现在这个城市里的，不论是谁，它都知道你是什么样的人、有没有危害公共安全的行为记录，还可以根据某个值得关注的动作进行跟踪；如果城市里突然来了一些它不认识的人，也不是外地来出差的，那它就会通知城市上空的无人机定位，重点跟踪这些人，一旦发现异常举动，就直接采取措施制止。

跟踪，让未来的我们更健康

○跟踪体征，实现精准诊疗

前面说到的所有的设想，都建立在"我们有了各种智能传感器设备"，即"万物互联"的前提下。"万物互联"到现在为止是把各种东西联结在一起。我们人能不能联结在这个网络上——其实也是可以的。人应该是万物互联中最重要的信息点。

今天，一个喷气式飞机的发动机里会装着大大小小5000个传感器，发动机的转速、温度、湿度，以及所产生的气压……都是可以被跟踪的。而且，飞机每次起降的数据都会被记录下来，一架喷气式飞机每天产生的数据量大概是1.2TB，约1200GB。

也就是说，我们今天这个时代，智能传感器已经非常重视对类似飞机之类物体的跟踪，但是，它对我们自身的身体状况的跟踪却非常有限。当然，佩戴智能手表或者手环，可以算是对人体的跟踪，能记录身体的一些基本参数，对诊断疾病确实有一定帮助，但这种跟踪是远远不够的。

举个例子，很多人血糖比较高，血糖过高时要吃药控制。怎样才能知道自己血糖高呢？基本上都是用血糖计来监测，需要拿针戳自己的手指头，这种方法又疼又不是很安全，因为容易污染，而且并不是每次戳手指测出的结果都准确。如果能用传感器长期跟踪血糖会更好。美国有一家公司设计了一种"隐形眼镜"，里头装了一个芯片，能够通过眼泪来测人体的血糖，这就比传统的监测方式要好很多。

除了血糖，胆固醇也是大家比较关注的一个健康数据。现在有一种很薄的半导体芯片，可以做在一个薄膜上，放在人的胳膊上，比如附在手表背面，戴在手腕上，它就可以随时测量胆固醇，实现对人体的跟踪。

有的人心脏有问题，装了心脏起搏器。原来的心脏起搏器就是给一个脉冲信号，而现在的心脏起搏器实际上是一个微型计算机，它能跟踪心脏所有的运行状态。

有了这些对身体参数指标的跟踪，你拿着这些个人数据去医院，医生对你身体情况的诊断会比今天准得多。目前，我们到医院去看病，医生诊断你哪个指标高、哪个指标低，这是以笼统的数据统计为基础的。比如，一百万人口统计下来，得出某个指标大概在哪个范围就表示健康，而超过这个范围的到底是好还是不好，是不是有一些人有某种特殊性，今天还无法判定。因为无法跟踪个体的实际状况，就不能对个体进行专门研究。例如胆固醇，按美国标准250毫克/分升就属于高胆固醇，需要用药物来控制，但可能有极个别的人即便达到这种状况，也没关系，不需要用药。通常，胆固醇指标在健康范围内就表示没问题，但有的人不行，虽然胆固醇数值合格，但坏胆固醇占比多。每个人身体的状况是不一样。

可以想象一下，私家车有了智能跟踪就能更好地进行车辆维护，如果人体有了智能跟踪，我们的健康保障也同样能达到更高的水平。

到时候，我们去看病不需要向医生陈述有什么不舒服，因为，你的所有的感受都被跟踪记录下来了。在机器智能的帮助下，医生可以很快获得诊断数据，然后再根据他的经验进行最有效的治疗。

○ 跟踪基因，癌症 = 高血压

除了身体基础参数层面上的跟踪，还可以进行更精确、更细致的跟踪。

我们知道，人的很多能力以及身体状况取决于基因。你的基因到底和别人有什么不一样，或者说你的基因最近发生了什么样的变化（之所以到了一定年纪容易患"三高"、心血管疾病等，是因为一些基因变了）。对于基因，我们过去是不考虑跟踪的，因为成本太高了，但将来这就不成问题了。简单地说，基因指导人体合成蛋白质，合成蛋白质的过程中可能会出现一些问题，对这个过程或者对人体的新陈代谢进行跟踪，将来都会展开。

未来，实现了对基因的跟踪会有什么好处呢？

今天，一说到医疗方面最可怕的疾病或是最令人担心的疾病，大家都会想到癌症。癌症为什么难以治愈？为什么人类不能发明一种像青霉素似的万能药，让癌症病人一吃就好？其实，人体内的癌细胞和正常细胞是一回事儿，癌细胞是因为正常细胞的基因突变所产生的。这提示我们两件事儿：第一，如果能够跟踪基因的变化，就可以做癌症的早期检测，现在已经有公司在做这件事，他们通过抽血进行癌症的早期检测；第二，癌细胞是因人而异的，假设张三和李四都得了乳腺癌，但两个人的基因变化不一定相同——一个人得了某种癌，吃了某种特效药控制得很好，但另一个人得了同样的癌，吃同样的特效药却不起作用。

癌症因人而异的基因变化，也是癌症难以治愈的原因之一。

癌症难以治愈的第二个原因是，癌细胞是不断变化着的。癌细胞是正常细胞基因突变所产生的。这个基因能突变一次，就能突变第二次、第三次……所以，过去大家可能都听说过这样的事情——某个抗癌明星，药物治疗10年都没事，突然一夜之间癌症复发，不到一个星期就去世了。这是为什么呢？就是因为原来的抗癌药对这种基因突变的癌细胞是有效的，一旦癌细胞出现新的变异，这药就不管用了。

那怎么才能解决癌症问题或者有效治疗癌症呢？

对此，医学界目前公认的方法是这样的：如果能够跟踪病人癌细胞的基因变化，既要跟踪一个具体的病人，又要跟踪他的基因变化，根据跟踪到的结果，专门安排一个团队不断地给他制造相应的抗癌药，那这个人得了癌症就跟得了高血压似的，坚持吃药就可以很好地控制病情。

那这个成本会有多高呢——大概一个人要耗费十亿美元。这样的成本，有几个人能承担得起！

有没有更好的办法？有的。就是把人类可能出现的基因癌变都跟踪下来，大概也就是5000多种变化，它们跟全世界上百种癌症组合起来，大约是百万计的跟踪目标数量。把这上百万种癌症及其基因变化情况分析清楚，每种情况都研制出特效药，这样就能从根本上解决治疗癌症的问题。也就是说，一个人得了癌，只要检查一下他的细胞，跟踪一下他的基因变化，确定属于哪一种情况，假设这种情况的特效药是376号药，医生就可以直接开方子让他吃376号药。过一段时间发现这个药控制不住病情了，再检查，发现基因变化不一样了，变成另一种情况了，对应的特效药是729号药，医生就再给他改729号……这样一来，癌症病人就可以像吃降压药控制血压一样，通过特效药控制癌细胞，几乎能跟正常人一样，健康地活到生命的最后一天。

这就是未来攻克癌症的希望，由此可以看出跟踪对于未来的重要性。

○ 跟踪意念，神奇的"特异功能"

我们身体的状况能跟踪，我们的意识能不能跟踪？这是一个很有趣的事。人能不能通过大脑跟另外一个人进行第六感官的通信？过去，我们觉得这种事是天方夜谭，但现在看来，它很快就可以变成现实。

美国的科学家做了一些实验。比如，一位残障人士没有或者无法使用手脚，他想喝水，身体却无法完成"走过去倒水、拿起杯子喝水"的动作，但他有喝水的意念。怎么办呢？科学家在他的大脑里植入一个很小的芯片，大约只有小拇指指甲盖一半的大小，里面有96个电极，接触到他特定区域的大脑（大脑里的不同区域有不同的功能）；当他产生喝水的意念时，芯片就会按他的意念去控制机器人，让机器人帮助他喝到水。用脑子控制机器人来喂水，这件事已经能做到了。这种大脑芯片技术还完成了另一项实验，就是用大脑来控制打字，这个人在大脑里想着字母ASDEFG，打印机就能打出字来，现在一分钟大约可以打出25个字母，不算太快；但是科技的进步是很快的，现在这个大脑芯片里才用了96个电极，而正在开发的新一代芯片大概有3万个电极，未来要做的芯片会有100万个电极。芯片的电极数越多，它放到大脑里，大脑对机器的控制就越来越精确，大脑中任何细微的活动、想法都能直接地反映出来。

未来，可能某人的大脑中装了一个芯片，能通过外界的传感器接收信号，另外一个人也装了一个类似的设备，这两个人之间就可以通过意念进行交流了。所以，未来的人类通过意识进行直接通信，也是极有可能的。

跟踪带来的经济模式

○跟踪与共享经济

跟踪带来的经济模式或者收益，大家其实已经享受到了。比如，大家出门时经常会用到的网约车、共享单车，它们都是跟踪带来的结果。

如果没有跟踪，我们是无法实现网约车的。至于共享单车，几十年前一些欧洲国家就已经有了，但没能普及，因为要把车子从一个桩还到另外一个桩，很麻烦；而今天的共享单车，可以随处取车、还车，非常方便，就是因为有了GPS跟踪技术的支持，而且不仅能跟踪车，还能跟踪用车的人——你拿了车之后，这车消失了、跟踪不到了，就说明你这个使用人有问题。

共享经济，就是跟踪带来的一种经济模式。

说到共享经济，可能很多人会有这样的疑问："为什么有的共享经济做成了，有的共享经济却做不成？"比如，共享单车、共享房屋——爱彼迎（airbnb）、滴滴打车成了，共享雨伞、共享充电宝就没成。

关于"什么是真正的共享经济或什么样的共享经济能做成"，有一个很简单的判断标准，那就是——这个新技术或者新概念可以把市场做得更大，比如以下几类成功的代表。

共享单车：让很多原本不骑车的人又重新开始骑车了，几乎是从无到有地开辟出一个骑行市场。

共享出租车：中国改革开放到现在，一共发放了约200万张出租车牌照，但有了滴滴打车之类的共享出租车之后，加入共享出租车司机的有七八百万人，出租的规模迅速变大，也吸引了大量原本不习惯打车的人。

共享房屋：美国的相关数据是这样的——以前游客住酒店的平均时间是3个晚上，因为酒店比较贵；有了爱彼迎（airbnb）之后，变成了5.5天——将近6天，基本上翻了一番，把市场做大了。

那么，根据以下失败的共享经济产品，大家也可以看清共享经济模式的禁区。

共享雨伞：什么时候下雨，下多少次雨，这由"老天爷"决定，不会因为有了共享雨伞就多下几次。

共享充电宝：所对应的也不是一个真正的刚需痛点。比如，每个人打电话或上网的时间，不会因为有了共享充电宝，就从原来的每天3小时变成每天10小时。

通过这样的衡量标准，我们可以判断出什么是真正的共享经济，什么是在炒概念。

○ 跟踪与众筹经济

众筹经济有什么好处？它的好处是——能使整个经济大循环的效率得到很大的提升，使资源得到很大的节省。下面举个简单的例子。

以前制造汽车需要做什么？假设奔驰汽车要打造一款新车，先要设计，设计之前得做市场调研，这些工作都需要先支付成本；接着，要从银行贷款进行投产，因为生产环节需要很多资金；生产出来之后，要发到代理商——4S店那里去零售；最后才能到开车人的手里。可见，传统汽车制造过程的链条很长，其间的风险也很大，而且做出来的新款汽车也未必像预期的那样热销。

美国有一家生产电动汽车的公司——特斯拉，这家公司的第一代电动汽车"Model S"，从它最初的研发设计到生产上市，通过传统的风险投资、上市融资等渠道，一共筹到了5亿多美元的资金（其中风投给了2亿多美元、上市融资有2.8亿美元）。第一代电动汽车很成功，销售情况、用户评价都很好。接着，这家公司要做一款"让大多数老百姓都买得起的电动汽车"。这一次，他们通过"众筹"的方式融资，就是你先付给他1000美元或是1000元人民币，当作预付的定金，通过这个方式他们融资7亿美元，高出了之前用传统方式融到的5亿美元，比之前通过上市获得的2.8亿美元更是多出很多。有了这笔融资，足以满足他们用于研发、生产、销售等全过程的资金需求，还可以实现造好一辆就直接卖掉一辆，省掉了中间的代理商、批发商环节。更关键的是，通过这种方式，能让使用者参与到汽车的设计当中，比如提供一些选配，让用户自行组合，每辆汽车都是个性化定制的，不存在"某个车型制造出来销量不好"的问题。

为什么特斯拉能做到个性化定制？这又涉及机器智能问题。

为每个人定制汽车，成本极高，在传统的汽车制造模式中是实现不了的。但今天通过机器智能就能实现，因为利用机器智能来做10万辆各具特色的车和做10万辆一模一样的车，所花费的成本几乎是差不多的。

"众筹经济"模式中很重要的一个因素，就是跟踪，能够跟踪、了解到相关的意愿。

最后，总结一下我对未来社会的看法：未来社会由于物联网（IOT）技术的进步，由于它和人工智能的结合以及它们各自的快速发展，我们的生活会变得更加安全，更加方便，更加健康、环保。谢谢大家。

互动问答 　　　　　　　　　　　Q

| 第一问：人脑能否像电脑一样被联网？|

李晓光（Techplay创客教育创始人）：1969年，世界上诞生了互联网，它把过去的电脑连接在了一起，让分散的运算的能力连在了一起。未来，一个人的大脑是不是也可以连在一起，让我们形成一个共生的智慧网，大脑可以互相访问——中间要有一个访问协议。从技术上看这有没有可能呢？

吴军：有这个可能性，但我觉得大家暂时不太会去实现它。其实，第一代互联网确实是机器和机器的联网，到第二代移动互联网阶段，已经是人和人的联网了。因为，我们互相扫微信，不是要彼此的手机相连，而是人和人之间的相连。这已经是一个人与人主动互联的互联网。您这个问题说的是大脑之间被动的联网，为什么我觉得这有可能？因为，假设我很懒，不愿意做作业、做数学题，我就不断地给你灌输一种思想——洗脑，让你愿意帮我做作业、做题，然后我有了作业就给你，你做完之后再给我。类似这样的意识通信、灌输是很容易的事情，都不需要联网。

| 第二问：我有没有不被万物互联的权利？|

吕强（"问号青年"）：现在手机支付，包括一些手机买票的软件特别流行，对于年轻人来说是一种方便，但是对于我母亲来说反而特别麻烦。她每次买火车票都要打电话让我帮着买。这跟万物互联有一定联系，在很多情况下并不是我主动去拥抱它，而是因为形势所迫。这其实会加深所谓的"数字鸿沟"或"技术鸿沟"，很多人其实并不愿意参与进去，但又不得不进去。所以我想知道，如果不参与万物互联，会不会被这个时代淘汰？

吴军：确实存在这样的问题。它不光存在于最近这次技术革命，在历史上各个变革中都存在着。比如，PC时代就出现过这样的问题。我们知道，除了"摩尔定律"，还有一个"安迪比尔定律"，是指软件会让计算机的速度越用越慢，最后逼得你不得不换硬件。能不能不管它，不换硬件？你会发现，如果不换硬件就没法上网、没法用新的软件工具，连光盘都没法看。你不得不换，因为技术的发展会裹挟着你往前走。从经济层面来讲，是因为会慢慢形成了一个"生态链"，每个人都不得不加入到这个"生态链"中来。当然，这一方面会使得经济发展、社会进步，但另一方面确实会使得老年人的生活变得困难起来。

吕强（"问号青年"）：那么，在设计这些技术的过程中，有没有一种思维能够照顾一下这些可能跟不上时代潮流的人？

吴军：确实有类似的思维，我们通常称之为"往下兼容几代"，但一般只能兼容有限的代数，比如，会考虑兼容5年前的技术，但10年前的就不兼容了。

| 第三问： 万物互联可以实现数字化永生吗？ |

郝义（长城会CEO）： 曾经看过一条非常感人的新闻，说一个儿子在父亲去世之前就把父亲所有可以信息化的资料都收集了起来，做了一个可以用于缅怀的、长期保存的数字化内容。当一个人的身体消失之后，那他曾经的信息会不会变成一个数字化化身，达到"我思故我在"的状态，像灵魂一样在巨大的互联网上永远存续，陪伴他的朋友、爱人、后代？

吴军： 一个人可以存在下去的信息的内容主要有两种。一是他生前所有的活动记录都可以在线保存，这个没问题。二是他的思想，可以通过文字、声音、影像记录保留下来。但是，人的意识记录不下来。意识不是一个简单的数据，它的产生和当时的状态相关。比如，今天，我在这儿看到各位时，大脑里会产生一个意识；明天我还是在这里看到各位，但我上台前脚崴了一下，那我产生的意识就完全不同了。记录意识或者说复原意识，相当于要把当时每一个细胞的感知记录下来、反映出来，可能和爱因斯坦讲的时光倒流有点像了。如果是虚拟现实——把爸爸的样子给构造出来，说生前说过的那些话，这是能做到的。

| 第四问： 我们会不会是最后一代"智人"？ |

米磊（"硬科技"提出者）： 10万年前"非洲智人"出现，"尼德安特人"就被淘汰了，这是上一次认知革命。那么，通过这次人工智能革命，未来也许能把很多先进的技术植入人体，有一部分人会因此变得越来越强，比如成为类似"刀锋战士"那样智力、身体都超常的人，但同时，也许有很多人不接受新技术，最终人类的物种会产生新分化。未来人机结合之后，人类是否不再有纯"智人"，而成为全新的物种？

吴军：其实，人类成为"智人"以后还在慢慢进化，比如身体没有以前强壮了，语言能力比以前提高了，等等。我不是太担心这点。"我们现在技术进步太快了，我们是最后一代智人"，每一次技术革命时都会有人产生这种担心。19世纪，美国的专利局局长曾经宣称——专利局该关门了，所有的发明都够用了、都结束了，今天已经比原来好太多了。而事实证明，那时的发明其实只能算是刚刚开始。

今天人工智能的发展，我觉得可以用吴清源老先生对自己围棋水平的评价，大意是，如果说围棋的最高境界——神的水平是50分，我现在只不过才看清棋艺的三五分水平。另外，关于技术的进步，比如，我刚才提到的治愈癌症的技术，如果它实现了，但成本是10亿元，只有乔布斯这样的人才用得起，那这个技术离最终目标还很远，它得达到花5000元就能用、每个人都用得起的状态，才有意义。

| 第五问：未来是更安全还是更危险？|

赵云峰（"机器之心"创始人）：刚才吴老师说未来的世界一切都是数字化的，每个人的行为轨迹会被跟踪。这意味着，在人工智能驱动下，任何一种犯罪行为、意向或犯罪路径瞬间就会被探测到，未来社会的安全状态，在理论上应该近乎终极状态。但反过来，当所有的数据都汇集到大的互联网的时候，一旦有危险分子把它破解了，岂不是造成巨大危险？或者说，未来社会中小打小闹的犯罪没了，但是存在这种可能造成巨大社会危害的隐患？

吴军：非常好的问题。这让我想起另外一个例子，就是原子弹出现的时候，大家有过类似的担心——到现在还是很担心——即，原子弹如果掌握在"疯子"手里会多可怕。这个问题，我觉得从短期来讲，风险不是太大；但是，我比较担心另外一个风险。我们的社会之所以很安全，其中有一个原因在于"每个人的想法都不一致"。每个人都多多少少有一点独立思想，这就会在大众行为中产生一种平衡。举个例子，在股市上，你要卖股票、我可能要买股票，因为大家各有各的想法，所以整个股市相对稳定；而美国曾经发生过的几次特大股灾，则反映出趋同作业导致的巨大风险。如1987年的大股灾，可能大家都知道；最近还有过一次，可能很多人不知道，2010年金融危机之后，因为普遍心存余悸，导致"道琼斯"瞬间跌下1000点。之所以出现这些股灾，是因为大家用的全是同样的人工智能技术——大约15年前开始，美国大部分股票交易就动用了机器；到了今天，绝大部分股票交易都通过机器操作了；大家用的技术、算法都差不多，结果你觉得该卖股票、我也觉得该卖，所以瞬间就会跌惨。

今天机器智能的鲁棒性等性能还太差，这其实是一个值得我们注意的风险。

鲁棒性

指控制系统在一定（结构、大小）的参数摄动下，维持某些性能的特性，即系统的健壮性。它是异常和危险情况下系统生存的关键。比如，计算机软件在输入错误、磁盘故障、网络过载或有意攻击等情况下，能否不死机、不崩溃。根据对性能的不同定义，可分为稳定鲁棒性和性能鲁棒性。

你 想 象 中 的 未 来 ， 正 在 开 启

看见不可见
敢做不可能

你想象中的未来，正在开启

看见不可以
敢做不可能

每个人都是未来的架构师
一起努力，去拥抱属于我们每一个人的共同的未来

《未来架构师》节目组 编著

漓江出版社

人类发展的每一个微小的变化
都会对未来时空施加强大的影响

第二篇
看见不可见

人之所以为人，我们在这个星球之所以能够以这样的方式不断延续发展着，是缘于人类天生的好奇心和创造力。我们对自然规律的总结，对自身的认知，对人类社会发展史的研究，对科技的理解，对未知领域的探求……这些科学精神的光芒指引我们不断向前。

第 **5** 章

立足大地，仰望星空

▼

未来架构师
Weilai Jiagoushi

Stephen William Hawking

斯蒂芬·
威廉·霍金

英国剑桥大学著名物理学家，现代最伟大的物理学家之一。32 岁进入英国皇家学会，成为最年轻的研究员之一。21 岁就患上肌肉萎缩性侧索硬化症（卢伽雷氏症），但他不仅以自己的成就征服了科学界，也以他幽默不羁的态度征服了世界。今天，他与"火星人"郑永春现场对话，告诉我们，宇宙从何而来，又往何处去。

（2018 年 3 月 14 日，霍金逝世，享年 76 岁。他的骨灰安放在伦敦西敏寺中，与牛顿及达尔文为邻。）

太空探索永无止境

斯蒂芬·威廉·霍金 | 著名物理学家

陈伟鸿（主持人）：人类探索外太空的脚步从来没有停止。越来越多的人开始将目光关注于浩瀚的宇宙当中——除了地球我们还有机会生活在其他的星球上吗？人类移民火星的愿望真的能实现吗？除了太阳系其他的地方还有生命的存在吗……今天我们请到了著名的科学家霍金，在他的引领之下，一起来探寻那些未解的宇宙之谜。

因为身体的原因，霍金教授没有办法来到现场，此刻他在视频连线的另一端关注着我们。为了完成这一场沟通，我们特别邀请到了一位火星移民的专家——郑永春博士。郑博士您好，刚才在您来到我身边的过程当中，我们听到了一种很神秘的声音，请您给我们解读一下。

郑永春（火星移民专家）：这是一段来自太空的声音。

扫码倾听：来自太空的声音

陈伟鸿（主持人）：我们知道声音是需要介质的载体才能够传播的，我记得您上一次在我们节目当中说过，外太空其实是一个真空的状态，怎么还会有这样的声音？

郑永春（火星移民专家）：这实际上是一种新的技术。太空并不是空无一物的，那里有很多带能量的粒子——"高能粒子"。太空还有磁场，当高能粒子碰到磁场时，这些带电的粒子就会被磁场抛过来抛过去，像大海上的波浪一样。我们听到的这个声音，实际上是太空中电磁波频率的变化。

陈伟鸿（主持人）：说到太空，人们就会提到霍金教授，您会关注与霍金教授相关的哪些内容呢？

郑永春（火星移民专家）：霍金教授今年已经75岁了。1963年，他21岁时被确诊患有"肌肉萎缩性侧索硬化症"，就是我们常说的"渐冻症"。霍金教授已经被这个病折磨了整整半个世纪，他的四肢完全无法活动，前几年有一个风靡全球的活动叫"冰桶挑战"，就是希望大家能够关注这种疾病。医生给他确诊时，说他最多只能活两

霍金灿烂的笑容让全世界为之感动

年了，但是他整整活了半个多世纪。到20世纪70年代后期，只有他的家人才能听得懂他在说什么；1985年，他得了肺炎，需要切开气管，从那时起他就丧失了语言能力。他一方面要克服身患疾病的种种困难，另一方面却在研究人类面临的、一些最艰难的物理问题。他研究宇宙的起源、研究黑洞，做出了一些最重要的、原创性的科学发现，甚至写了一本风靡全球的科普书——《时间简史》。

有一次，霍金演讲结束后，一名记者冲到演讲台前问他："病魔将你永远固定在轮椅上，你不认为命运让你失去了太多吗？"霍金用他全身只能动的三根手指，在屏幕上敲击键盘，显示屏上出现了四句话——"我的手指还能活动；我的大脑还能思考；我有毕生追求的理想；我有爱我的人，和我爱的亲人和朋友。"

紧接着，他又艰难地打出了第五句话——"我还有一颗感恩的心。"

陈伟鸿（主持人）：病痛禁锢了霍金的身体，但是没有禁锢他对科学的那份热爱和执着，也没有阻挡他对宇宙的探索。霍金教授已经在视频连线的另一端了，在接下来的时间里，我们将通过在线对话，与他共同畅想有关太空的未来探索。

想穿越到过去还是未来

郑永春（火星移民专家）：嗨，你好，尊敬的霍金教授，很荣幸能与你进行一场隔空对话。请问，如果有机会让你穿越到过去或者穿越到未来，你更希望穿越到过去还是未来？为什么？

霍金：我想穿越到未来。因为，我们已经从历史中看到了过去。

陈伟鸿（主持人）：看来，未来不仅对我们有吸引力，对霍金教授也同样有吸引力。我想问一问现场的观察团成员，如果有机会买到一张可以穿越时空的票，你们想穿越到过去还是穿越到未来？

雷涛（"一下科技"联合创始人）：我很想回到过去。地球有四十几亿年的历史，过去的很多事情只能通过化石、岩石的研究来感知。我很想回到过去，比如回到恐龙时代看看霸王龙是什么样的。为什么我没选未来？我觉得可能几十年之后，穿越到未来就可以实现，比如通过冰冻的方式穿越几百年。今天已经有人选择把自己冻起来进行穿越了。

全昌连（36氪副总编）：我还是对穿越到未来更有兴趣。我觉得过去已经发生了，是已知的世界和事情；未来，更让我憧憬和向往。未来有很多不确定性，我对未来更为好奇，我想看看未来这个世界会变成什么样，会发生什么样的事情。

李晓光（Techplay创客教育创始人）：我本来想去未来，但去什么时间的未来呢？如果去100年后的未来，那二三百年后的未来还是不知道。所以，我还是想回到过去，回到我自己的过去，我的小时候——我每次回家都看到父母越发衰老，我想看看他们年轻时的样子。

陈伟鸿（主持人）：不管是回到过去还是奔向未来，换一个角度看世界，一定就会不一样。郑博士，您刚才问了霍金教授这个有趣的问题，您自己的答案是什么？

郑永春（火星移民专家）：我想穿越到未来。我很想看到，人类的未来会怎样？地球的未来会怎样？我们是不是有可能移民到其他的星球？

飞向太空的动力 —— 寻找其他宜居星球

郑永春（火星移民专家）：霍金教授，您认为我们是否需要去探寻其他宜居的星球？

霍金：我们需要去探寻其他宜居星球，因为对我们来说，地球已经变得"越来越小"。为什么会这样？一个原因是，我们的物质资源正以惊人的速度减少，人类活动给地球带来了气候变化、环境污染、气温上升、极地冰盖减少，森林减少和物种灭绝。另一个原因是，我们的人口正在以惊人的速度增长，在过去200年中，人口增长率呈指数增长，即人口以一定的增长率逐年累积，目前的人口年增长率约为1.9%。未来，人类很有可能将地球上的一切毁灭，因为我们目前已经掌握了这样的技术力量。因为我是个乐观主义者，所以我相信我们可以避免这样的世界末日，最好的应对方法就是走出地球，探索人类在其他星球上生活的潜力。

郑永春（火星移民专家）：确实就像霍金教授所说的，地球上人口的快速增长以及生活水平的提高，会对地球的资源和能源带来压力，也会对我们的生态环境带来不利的影响。全世界的科学家都在针对这些问题进行努力，提出解决方案。我们需要寻找新的能源和资源，需要新的能源和资源的生产方式。我们可以到外太空寻找资源和能源，有的小行星可能全是黄金，甚至是钻石。地球的近邻——月球，它的表层有一层土壤叫"月壤"，里面含有一种元素，叫"氦-3"。氦有两位同位素——氦-3和氦-4。在地球上，氦-4有很多，氦-3却很少，但月壤里有丰富的氦-3。如果用月球的氦-3作为核聚变的燃料进行发电的话，可以极大地丰富地球上的电力能源。

陈伟鸿（主持人）：正如郑博士所说，缓解能源的短缺压力，让环境变得更好，这可能是需要全人类共同面对的问题。寻找和开发新的资源、新的能源，离不开科技创新的力量。请问几位观察团成员，关于科技产生新能源、科学改变环境的具体事例，您最先想到的是哪个？

薛来（90后发明家）：我这两天刚好看到一家美国初创公司的项目，是关于建房的。他们设想，未来建房子，先在工厂里生产出30~40

平方米的小格子，格子里热水、冷气、智能电视一应俱全，格子就是一间设施齐全的房子。如果想住大一点的房子，可以把若干个格子组合起来用。把一批格子运到城中心，像抽屉一样塞进一个高高的铁架子里，一个一个堆起来，就能堆出一栋高楼大厦，中间还能通电梯上去。这种在工厂里生产好的"房子"，可能价格比较低廉，还可以避免环境污染。

张庆男（学心理的数学老师）：在北京这样的大城市，怎样解决汽车尾气的问题？我之前看到过一份资料，说印度有一家公司在做一种尝试。他们做了一个非常轻巧且严密的尾气收集装置，然后通过内部过滤，把有害成分变成相对环保的气体排放出去，还会把尾气中的碳转化成墨水。这是一个很有意思的发明。

全昌连（36氪副总编）：我们经常吃快餐。以前的餐盒是塑料、化学材质制成的，不环保。而现在很多快餐、餐饮企业的餐盒是用植物淀粉制成的，是可降解的，还可以食用。这种技术和材料的使用，可以大大改善我们的环境。

雷涛（"一下科技"联合创始人）：我觉得，我们现在跟霍金先生的连线，就是特别典型的科技改变环境的案例。霍金先生在英国，如果他从英国到中国来，要消耗大量能源，因为有了互联网、有了这样远程连线的技术，让他在家里面就可以完成连线，能节省大量能源。其实，类似会议、教学等，都可以通过远程的方式、通过VR技术来实现。这样，不仅能减少能源消耗，还能极大地提升效率。

李晓光（Techplay创客教育创始人）：我想到了两个例子。一个是农村常见的秸秆，现在有一种技术能把秸秆压缩成煤炭，或是变成新型肥料；用秸秆肥料施肥，大概一亩地可以节省10千克的化肥，这个技术可以改善环境。另一个是人工肌肉的材料，是最近跟我们合作的一位科学家发明的。这种材料像人的肌肉一样，可以伸缩，而且可以被我们的意念、脑机接口控制，可以让身体有残疾的人重新恢复行动的能力，改变他们的生活。

陈伟鸿（主持人）：郑博士，您认为现在最需要改善的是什么？在您的研究范畴当中，您觉得我们应该先从哪里入手？

郑永春（火星移民专家）：我想到的可能有点远。我觉得，所谓的"垃圾"，其实是放错位置的资源。人类每天都在消耗大量的能量和资源，这些东西并没有从地球上消失，只是变了一种形态、换了一个位置，成为地球的负担。我希望未来能有一种技术，让"垃圾"变废为宝，可以比较廉价和方便地回收、再利用，使能量和资源真正循环起来。

飞向太空的动力 —— 进化的必然

陈伟鸿（主持人）：对于大部分人来说，"世界末日"还非常遥远，请问霍金教授，您觉得除了寻找新的居住星球之外，还有哪些原动力可以让我们持续地去关注外太空、探索宇宙？

霍金：确实，大家可能会怀疑——我们为何要花费如此大的力气去外太空探索，难道在地球上没有更好的事情值得我们去做？我觉得，在某种程度上，今天的地球就像1492年之前的欧洲，当时的人们觉得哥伦布充满未知的航行是在浪费金钱。然而，新世界的发现，给旧世界带来了深远的影响；对于旧世界中没有发展空间的人来说，新世界便成为他们的乌托邦。今天，人类向太空的扩张，将会对人类社会产生更大的影响。

我们假设大家制订了一项令人振奋的太空计划，探索人类在其他星球上生活的潜力，我们会很期待将有什么样的发现，是发现外星生命，还是发现宇宙中只有我们踽踽独行……

陈伟鸿（主持人）：在霍金教授看来，探索外太空会有一种发现"新大陆"的兴奋感和成就感。其实，每个人的内心都有对未知世界的好奇，这可能是推动我们不断探索的重要动力。人类的历史证明，不断探索未知的过程，就是不断带来进化和飞跃的过程。请问郑博士，在您看来，今天对宇宙的探索，会对人类未来的发展起到哪些重要作用？

郑永春（火星移民专家）：我觉得有两个很重要的作用，一是扩展我们的认知边界，二是提升我们的技术能力。

如何理解"扩展认知边界"？1990年的情人节，著名的行星科学家、世界科普第一人卡尔·萨根向美国宇航局提议，希望"旅行者号"在远离我们而去的时候，能够回望一下我们的太阳系，给太阳系拍一张"全家福"——此时，"旅行者号"已经飞离地球13年，大家觉得它越来越远离地球，可能慢慢会搜不到信号。当时，卡尔·萨根的提议遭到了很多科学家的反对，大家觉得这样的照片毫无科学价值，因为拍回来的照片一定特别小。卡尔·萨根最终说服了美国宇航局，让"旅行者号"掉转镜头回望了一下太阳系，拍到人类历史上第一张太阳系的"全家福"。人类从来没有站在如此遥远的距离回望我们的地球，在这张照片里，我们看到，所有人赖以生存的、蔚蓝色的、生机勃勃的地球，居然只是阳光下的一粒微尘。这张照片给人类的认知带来了巨大震撼——看到无垠宇宙，我们才发现自己的渺小；了解地球乃至宇宙的漫长历史，我们才明白人生的短暂。我们才会思考——什么是值得我们去珍视、去梦想、去追求的；我们才会醒悟——曾经孜孜以求的那些事，其实并没有那么重要。

而且，探索外太空不仅可以拓展认知边界，也会让人类自身发生变化。6万年前，人类刚刚走出非洲，那时候所有人都是"黑人"。这已经有非常明确的DNA基因测序的证据，表明全世界的人类

地球——宇宙中一粒微尘

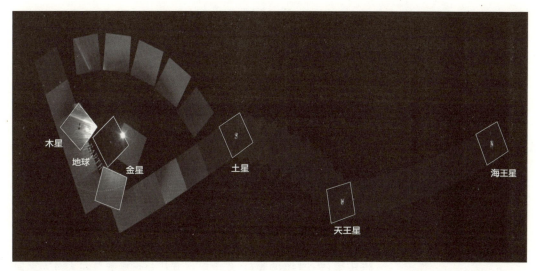

震撼人心的太阳系"全家福"

都起源于非洲。但是，仅仅6万年之后，人类遍布地球的每一个角落，成为白色人种、黄色人种、棕色人种、黑色人种。可以想象，在探索外太空的历史进程中，人类还会发生各种适应环境的变化。

　　如何理解"提升技术能力"？根据统计，每年大概有1000多项改善人类生活的技术源自航天技术。比如，床垫、枕头里的"记忆海绵"，它最初是给航天员设计的，用于缓解发射时的强烈振动；婴儿用的尿不湿，原本是为了方便航天员应急如厕；压缩食品、罐装食品，也来自航天技术……另外，今天的数码相机、摄像机等设备，也源于航天技术的进步——之前，要看到卫星在太空拍到的照片，必须用"返回式卫星"把胶卷送回来，代价很大；为了解决这一问题，有人发展出一种新技术，叫"电符耦合元件技术"（CCD），就是把看到的光学信号转换成电信号，并记录下来，通过无线电波送回地球。有了这一新技术，我们拍照、摄像才能摆脱传统的胶卷、胶片，变得更省钱、更方便、更高效。

你生活在这个星球上，
呼吸着空气、喝着水，
享受着最近的那颗恒星带来的温暖
从宇宙的尺度来说
这些都生于一颗恒星的熔炉中。
这一刻，你活着，
这是一件了不起的事。
　　　—— 卡尔·萨根

陈伟鸿(主持人)：很多新技术的出现，都源自我们对外部世界的好奇。也可以说，因为要探索"新空间"，所以我们要具备"新能力"。请问几位观察团成员，如果有机会去探索未知，你希望自己拥有什么样的能力？

李晓光(Techplay创客教育创始人)：我希望拥有穿梭时空的能力，既可以回到过去，又可以去到未来。

全昌连(36氪副主编)：我希望能够跟各种生物沟通和交流，去感知它们的意识，理解和解读它们的信息。

郑永春(火星移民专家)：我也希望有跟其他物种交流的能力。

张庆男(学心理的数学老师)：我希望拥有让知识或智慧在人与人之间快速传输的能力。科学知识是可以积累的，但每个人一出生都是从零开始学，大学本科之前，学的都是既有的知识，本科之后、研究生阶段才有可能创造新的知识。如果脑袋里有一个USB接口，你一出生或到某个年龄阶段时，就从人类既有的知识和智慧中选择你感兴趣的内容植入大脑，你在这个基础再继续研究和拓展，那么人类学习和发展的效率会快很多。

雷涛("一下科技"联合创始人)：我希望拥有在外太空生存的能力。如果像科幻电影里那样，戴着面具就能在太空中存活的话，我就可以去到很远的地方。

薛来(90后发明家)：我希望能长生不老。我觉得现在的技术离这个目标已经不远了。如果能长生不老的话，刚才说的知识传递的问题也解决了——要是爱因斯坦能活到今天，他肯定会有更多的创造、更多的发现。

探索太空 VS 人类的未来

陈伟鸿(主持人)：雷涛说希望能够拥有在外太空生存的能力，这其实也是人类探索外太空的好奇心之———探索之后能否在那里生存。换句话说，探索外太空是不是决定着人类的未来，霍金教授对这个问题怎么看？

霍金：探索外太空，将彻底改变人类的未来，甚至决定着人类是否会有未来。它不会解决我们现今地球上任何棘手的问题，但它将给我们带来全新的视角，让我们向外看，而不是向内看。希望这能够让我们团结起来，面对共同的挑战。

陈伟鸿（主持人）：探索外太空需要面对很多的挑战，郑博士在这方面研究了很多年，您认为这些挑战会以什么样的方式出现？

郑永春（火星移民专家）：在中国航天事业和太空探索事业快速发展的阶段，我有幸参与其中。在载人航天方面，我们有"神舟飞船"，有"天宫"系列空间实验室。预计2022年，中国的空间站将在太空飞行，那个时候，中国的空间站可能是太空里唯一的永久性空间站。这就意味着，从2005年杨利伟第一次飞天算起，到2022年，我们仅用15年的时间就可以在太空建一个"家"。另外，在月球探测方面，2007年我们发射了第一颗月球探测卫星"嫦娥一号"，它是环绕月球运转的；短短3年之后，即2010年，我们就发射了"嫦娥二号"；6年之后，即2013年，我们的航天器就在月球表面成功着陆。而上一次人类航天器着陆月球，还是在1969—1972年的"阿波罗"时代，之后的近半个世纪里，都没有航天器再登陆月球。

2013年，中国的"嫦娥三号"降落到了月球上，其中包括两个航天器。除了"嫦娥三号"着陆器，还有"玉兔号"月球车，它们相互拍照。因为有着陆器的拍照我们才看到了"玉兔号"的景象。当时，这只"小兔子"还开了一个微博，每天都会发布消息，报告它在月球上的所见所感，人气极高。

扫码观看：月球上的
"小兔子"（图为正
在月球上工作的"玉
兔号"月球车）

2013年12月1日，"玉兔号"首次发微博，向世界问好。

2013年12月15日，中国首辆月球车——"玉兔号"成功登陆月球，开始巡视探测。

2014年1月25日，机构控制出现异常，"玉兔号"月夜休眠失败；2014年2月10日，经过尝试唤醒依旧失败；当所有人都在关心"小兔子"命运的时候，2014年2月12日凌晨，我们再一次听到了它的声音。

"玉兔号"原计划服役3个月，但它超期服役两年多，并完成多项任务。

2016年7月31日，"玉兔号"完成探月任务，和大家最终告别，在月球工作972天后，这只"小玉兔"永远留在了"月宫"。

　　未来，我们希望玉兔不再孤单。我们还将在月球上着陆一个着陆器，在2017年底、2018年初，我们会从月球上采集两千克的月球样品带回到地球，到时候我们可以亲手触摸月球。2018年，我们的"嫦娥四号"，将第一次——人类历史上第一次——登陆月球的背面，传回月球背面的情况。很多人说月球背面有外星人，通过"嫦娥四号"，我们可以看看到底有没有。

刚才说的"绕、落、回",即绕月、落月、从月球上采样返回,只是中国探索外太空的第一步,叫"探月工程"。我们还有后续步骤,叫"探、登、住",即要在月球上载人登月、在月球上停留和居住。未来,我们对月球的探测将会是一个长期过程,因为月球是离地球最近的天体,也是我们永不坠落的天然空间站。

不仅如此,我们国家天文台还成功研制出了"五百米口径球面射电望远镜"(FAST),又称"中国天眼"。我们说:"光学望远镜,让我们能够用眼睛来观察宇宙景象;射电望远镜,让我们用耳朵来倾听宇宙的声音。"我们的FAST望远镜,是全世界最大的单口径射电望远镜,是一个灵敏度极高的"大锅"。打个比方,如果我在月球打电话,它能听得到我的信号。它可以探测宇宙深处的信号,探测地球之外有没有其他生命,有没有类似地球的星球。我们可以用FAST望远镜寻找"脉冲星","脉冲星"会周期性地向一个方向发出脉冲,它是宇宙中的坐标,找到这样的脉冲星就可以为探索太空导航。我们还可以用FAST望远镜探测太空中的中性氢,观测宇宙的演化,帮助我们探索宇宙的起源和生命的进化。

陈伟鸿(主持人):请问郑博士,站在今天这个时间节点,对于未来的外太空探索,我们有哪些新的想法和目标?

郑永春(火星移民专家):一方面,我们希望在未来的探索过程中,我们在太空停留的时间可以更长、更舒适。所以,我们要在太空里建一个"家",希望它的空间越来越大、环境越来越舒适、供应越来越充足。另一方面,我们希望我们能飞得越来越远,我们已经到了月球,但月球是离地球最近的天体,离我们只有38万千米,光速1秒钟左右就能够到达;我们的下一个目标是火星,从月球到火星,最近的距离是5500万千米,最远距离4亿千米。也就是说,我们从地球飞到月球只需要七八天,但飞到火星上需要6~10个月,从火星发出的信号，20分钟后地球才能收到。之后，我们希望能去到更远的天体——木星、小行星，甚至冥王星。

探索太空对普通人意味着什么

陈伟鸿（主持人）：随着探索技术的不断进步，今天难以企及的目标，可能会在未来成为现实。请问霍金教授，在探索外太空的过程当中，除了了解太空、了解人类探索未知的能力之外，还有什么特别重要的意义吗？

霍金：1962年，肯尼迪总统承诺在10年后要派人登月，他的承诺通过"阿波罗十一号"，在1969年兑现了。这引发了人们对太空旅行的强烈热情。今天的载人航天计划，将会重塑大众对太空旅行的热情，以及对科学本身的兴趣。

陈伟鸿（主持人）：探索外太空是一件特别酷的事，它会催生科学的发展和科学家的诞生。针对它的科普工作，也是我们发展外太空探索的重要工作内容之一。郑博士做了多年的科普工作，对哪些人或事印象特别深刻？

郑永春（火星移民专家）：我做科普演讲有100多场，最小的听众是小学一年级的学生，成人听众有研究生甚至教授。有意思的是，经常会有人在我演讲结束时，找到我，说自己发现了某个新的科学理论，可以揭示宇宙的起源，还会寄给我很厚的论文。我们把他们称为"民间科学家"。他们非常热情、执着，可他们缺乏系统的科学训练。我只能建议他们遵循学术界的共同的原则——把论文投到正规期刊和学报上，经过同行专家的评审后发表出来，让更多的人评审和质疑。

陈伟鸿（主持人）：看来，大家对宇宙探索的热情很高。刚才说到了飞向外太空、移民火星，等等。请问各位观察团成员，如果条件成熟了，你们愿意去吗? 郑博士，刚才您说要飞大概10个月才能到火星?

郑永春（火星移民专家）: 对，从地球飞到火星需要6~10个月。1977年发射的一个航天器——"旅行者号"，它的任务是给太阳系做一个"人口大调查"，看看有哪些天体，各有什么样的环境。我曾经见过"旅行者号"项目的首席科学家爱德华·斯通，他说，这个航天器发射的时候，他的女儿才刚出生，过了40年，他已经80多岁了，他女儿的女儿已经上学了，这个航天器仍然在太空里飞行。

扫码观看: 爱德华·斯通和"旅行者号"的半生"旅程"（图为爱德华·斯通）

另外，飞往火星的太空旅行不仅行程很长，还会面临很多挑战。比如，在太空里失重的状态下，人体内的血液都会涌到上半身，如果你在地球上是长脸，到了太空就会变成圆脸，甚至眼睛会往外凸，对人体的伤害很大。还有，火星上的重力是地球的三分之一，我们从地球出发时身体已适应了地球的重力，在太空飞行6~10个月，身体会去适应失重状态，到火星时又要适应火星的重力，这对人体的适应能力是很大的挑战。大家一定看到过，航天员从太空返回时，是躺在担架上被抬走的，为什么呢? 因为他全身的骨骼很脆弱，我们叫"玻璃人"——在太空里，人体内的钙无法沉积，骨骼会变得跟老年人一样疏松，可能一碰就会骨折。但是，降落到火星时可能没人来抬，只能自己爬起来，那对人体是巨大的挑战。如果我们移居火星，人体的整个结构应该会出现比较大的调整，也许会更高，因为重力变小了。

再有，火星上的辐射对人体也有极大损害。太空里充满了高能离子，带能量的离子会穿透我们的身体，就像去做CT。一年做一次CT不要紧，但是天天做CT会怎么样? 可能会杀死人体三分之一的细胞，基因会发生变异。

雷涛（"一下科技"联合创始人）：我觉得，以今天的技术条件上火星，不光是飞行技术还达不到，在飞船上生存也是一个很大的问题。我是北航毕业的，我很关心航空方面的信息。北航做了一个"月宫一号"的实验，就是在一个模拟太空的封闭环境里生活200天。我们去月球六七天能撑，可以带些干粮，但去火星要好几百天，带不了干粮，吃就成了一个很大的问题。参加"月宫一号"的志愿者吃的蛋白质是什么——是面包虫，这个真的很难想象的。看了那个新闻后，我就决定现在还是不要去火星了。

郑永春（火星移民专家）：我们有一个很重要的研究领域，叫"行星资源的就位利用"。不论在月球还是在火星，如果人类要在外太空长时间生存，都需要大量的生命保障物资，需要就位生产。比如，用火星的土壤生产砖，前段时间有篇文章说，我们在火星上生产砖，直接用压力一冲击就可以实现，然后可以用这种砖建房子；我本人也做了模拟的火星土壤，并且用它来种菜，种了土豆和小青菜，长得相当不错，甚至比地球上的还要好。

张庆男（学心理的数学老师）：我觉得生命不在于多长，在于质量或者质感。如果去火星会有各种各样的危险、艰难痛苦，别人都没经历过，就我经历了，回来我就可以跟别人吹牛吹一辈子，我就觉得非常值得。

李晓光（Techplay创客教育创始人）：现在我不会去。我会选择在生命的最后几年去，我会在太空旅程中回想自己的一生，也好好地看看我们的蓝色地球。

陈伟鸿（主持人）：郑博士，如果是您的太空旅行，您会比较在意什么？

郑永春（火星移民专家）：我比较在意的是，我们到底能走得多远、我们能否在太阳系找到另一个宜居星球。地球在宇宙中可能会面临各种各样的危机，就像我们在地球上会面临各种自然灾害一样。我们一定要做好准备，要为人类寻找未来。人类在地球上已经生存了十万年，我们能不能有下一个十万年，这是一个问号。

如何探索太空

陈伟鸿（主持人）：郑博士刚刚提到，我们能在太空中走多远，能不能找到另一个宜居星球。这些问题我觉得很有价值。请问霍金教授，您怎么看？

霍金：2016年，我与企业家尤里·米尔纳一起，推出了旨在使星际旅行成为现实的一项长期研发计划——"突破摄星"。如果成功，我们将在你们当中一些人的有生之年，向离太阳系最近的星系——"半人马座阿尔法（α）星系"发送一个探测器。"突破摄星"是人类进行初期外太空探索和考量移民可能性的真正机会，这一概念性任务，包含三个概念——将太空船迷你化、光能推进、锁相激光器。"星晶片"，是一个功能完备的太空探测器，但尺寸被

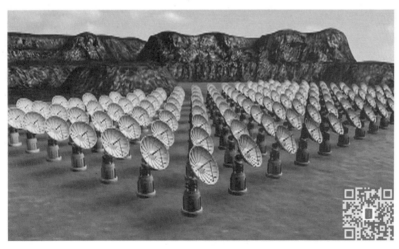

扫码观看：霍金讲解突破摄星计划（图为能发出强大光束的激光器阵列）

缩小到只有几厘米，并配备"光帆"。"光帆"由超材料制成，它的重量只有几克。我们会将1000块"星晶片"和"光帆"组成的纳米探测器送入轨道；在地面上，激光器阵列将组合成一道非常强大的光束，光束穿过大气，以几十吉瓦的功率，击打到太空中的帆。

陈伟鸿（主持人）：刚才我们听到了一个略感生疏的字眼——"突破摄星"，这是什么意思，请郑博士给我们解释一下。

郑永春（火星移民专家）：这个计划叫"突破摄星"。人类的航天器已经飞遍了太阳系的各个角落，太阳系里的木星、土星、天王星、海王星、小行星、彗星我们都去过了。我们很希望能够派个航天器看看太阳系以外的星球是什么样子的。

离太阳系最近的一颗星叫"比邻星"，距离地球4.23光年，就是说，比邻星上的光照到地球上已经是4.23年之前的光了。霍金教授的想法是，把地球上巨大的电量转化成激光，用激光来加速空中的一个光帆，推动它持续加速，加速到光速的1/5，即0.2倍的光速，光帆以0.2倍光速移动20年，就等于4光年的距离。也就是说，20年之后，航天器就能够飞到4光年之外的比邻星看看上面有什么，正好我们还在比邻星旁边发现了一个与地球一样的行星，我们很关心那上面有没有生命。

薛来（90后发明家）：郑博士，我想问一下，如果航天器加速到光速的1/5，当它到达我们需要它停下拍照的位置时，它的速度如此之快，怎么能够拍到我们想要看到的东西？我觉得这个问题很大，送一个航天器过去是有可能的，但是恐怕很难捕捉到任何有意义的数据传回来，您觉得呢？

郑永春（火星移民专家）：确实，要飞到比邻星上，或是用"突破摄星"这样的计划把航天器送到比邻星，面临着很多技术难点。

第一个难点，如果进行加速，可能需要把几个三峡电站的电量都变成激光，对准太空中的某一点。因为太空中光帆的面积大小是有限的，又是这么巨大的电量来转换成激光，这个首先是一个难题，我们没有这么大的望远矩阵，也没有这么准能够对准太空中的一个光帆，让它持续地加速。

第二个难点，光的能量跟它的距离成反比，离得越远能量就越弱，怎样让它持续进行加速？

第三个难点，当航天器，即"纳米飞行器"离我们越来越远的时候，数据如何传回来？就像薛来刚才问的。怎样控制飞行器的航向？控制航向需要把信息传给它，它把拍到的照片传回来也需要进行通信传输。我们看到的航天器，上面都会有一个"小锅"、一根天线，它们都是用于接收和发射信号的。纳米飞行器总共就几克重，它没有安装"小锅"和天线的条件，怎么接收和发射信号？这对现有的卫星通信体制提出了一个挑战。

所以，我觉得霍金提出的这个计划，是个非常遥远的计划。需要经过长时间努力攻克其中的技术难关，甚至我们或许会发现这个理论或设想的某些环节是根本解决不了的，需要我们找到别的方式。这也就是我刚才说到的——我们为什么要去探索太空，为什么要想得这么远？因为它是刺激技术进步的动力。先要提出一个非常遥远、非常艰难的目标，提出来之后，发现我们现在所有的技术能力都达不到，甚至"跳起来都够不着"，就会催生新技术的开发。这些新的技术如果转到国防、转到民用，延伸到我们的日常生活中，就会改善我们的生活，给我们创造一个更美好的未来。

陈伟鸿（主持人）：为了去到更远的地方，未来的航天器一定会增加新的功能。请问几位观察团成员，如果你是航天器的设计师或是用户，会对航天器提出什么新的需求？比如，我希望有一个很现代、很智能的摄影棚，可以不断地传回新发现的内容。

薛来（90后发明家）：我希望它能够实现这样的数据传输。

雷涛（"一下科技"联合创始人）：我希望能够拥有休眠系统。刚才说去火星需要300天，去比邻星要几十年，有一个休眠舱的话可能睡一觉就到了。如果飞行器不能做很大，可以把人类的胚胎冷冻起来，在里面放10万个、20万个，到达之后就可以很快实现人口增长，实现星球的移民。

全昌连（36氪副总编）：我希望有一个类似"魔镜"的视频系统，我想随时了解地球上发生的事情，跟我的家人、朋友对话。

李晓光（Techplay创客教育创始人）：如果没有限制的话，我希望飞船里有一个咖啡厅，再加一个图书馆，可以让我利用这段航程好好享受阅读时光。

张庆男（学心理的数学老师）：我们在地球上健身减肥是非常难的事，太空里没有重力，健身减肥应该非常容易。我希望飞行器上有健身系统，让运动事半功倍，去一趟太空回来身材变得特别好。

陈伟鸿（主持人）：感谢大家分享的畅想。每一个畅想背后，都寄托着对外太空的一份希望，那是对未来的探索、对太空的探索。请问郑博士，您听完了这些畅想之后，您想对大家说什么？

郑永春（火星移民专家）：我想跟大家分享的是，我们选择去探索外太空不是因为那里更加美好，而是要为人类寻找下一个家园。人类天生就具有强烈的好奇心，我们希望探索未知，我们希望发现未来，好奇让我们不断探索，不断拓展我们的认知疆界和我们的生存空间。中国已经是地球上举足轻重的世界大国，中国人应该对人类文明做出更大的贡献。

陈伟鸿(主持人):谢谢郑博士的分享,再次用掌声来感谢霍金教授参与到我们今天的节目当中,谢谢您!

未来架构师 Weilai Jiagoushi

郑永春 Zheng Yongchun

　　地球化学专业博士，中国科学院国家天文台研究员，行星科学家，科普作家。研究领域涉及天文、行星、航天、地质、化学、农业、环保等，现主攻月球与行星科学、太阳系探测、载人深空探测等。他成功绘制出世界上第一幅全月球微波图像，研制成功了中国首个模拟月壤，参与"嫦娥"探月工程，翻译《火星移民指南》，是首位获得"卡尔·萨根奖"的华人科学家。

下一站，火星

郑永春 | 中国科学院国家天文台研究员、
　　　　首位获得"卡尔·萨根奖"的华人科学家

大家好，我叫郑永春，来自中国科学院国家天文台。大家都叫我"春哥"；当然，小朋友应该叫我"春叔"。其实，我更希望大家叫我"火星叔叔"，因为我想带领大家一起去探索火星。

移民火星，我们是认真的！

我为什么会研究火星

上大学的时候，我读的是西南农业大学（现在的西南大学），学的是"环境保护"专业，获得的学位是"农学学士"。上大学时，我们每星期都有劳动课，是真的去劳动——我们要挖土、种土豆，甚至要挑粪；还要把养兔厂的兔粪搓成球，给玉米育种。

2000年，我进入中国科学院的地球化学研究所读研究生，学的是"地球化学"专业。有一天，中国科学院院士欧阳自远——后来的中国探月工程首席科学家——请我们这些研究生吃饭，他在席间问："你们有没有愿意学月球的，把月球作为博士论文的方向？"

那个时候，"月球研究"比北大的"古生物"专业还要高冷。结果，两桌人里只有我举了手。当时，虽然我不知道月球是什么样子（因为我完全不了解），但直觉告诉我："中国这么大的国家、13亿人，迟早要去月球的，因为它是离我们最近的一个星球。"所以，在中国还没有"探月工程"的时候，我就选择了月球。

当2007年中国的"嫦娥一号"发射升空时，我的老师们产生了一个新想法——"嫦娥一号"被送到月球上了，它的那颗备份"嫦娥二号"，能不能改造一下送到火星上去呢？我又协助老师们完成了"将'嫦娥二号'送上火星"的可行性论证研究，开始研究火星。那时距中国成立"火星探测工程"项目，还有整整10年。

我在中国科学院国家天文台工作了14年，其间，在香港科技大学数学系工作了3年。曾经有一段时间，我很迷茫——别的天文学家用望远镜观察星空，我却迫切地想飞往火星，因为作为地球科学家，我必须到火星上去才能有所作为。但是，当我看到科幻大片《火星救援》的时候、看到片中的植物学家在火星上种土豆的时候，我突然发现，我所有学的这些专业都太有用了。人类要在火星上种土豆，需要了解天文、了解地球，还要了解土壤。我发现，中国目前好像只有我能在火星上种土豆；"数、理、化、天、地、生"这六大学科，我大概学了三个——天文学、地球科学、生命科学。在行星科学和外星球移民领域，我们缺少的不是专家，而是杂家。

地球——人类探索宇宙的起点

○地球不是终极家园

太阳系有八大行星——"水金地火'岩石星'，木土天海'气态星'"——水星、金星、地球、火星，木星、土星、天王星、海王星。八大行星的卫星加起来有160多颗，还有无数小行星和彗星。

238

地球，是其中的一颗蔚蓝色星球。我们生活的地球上，这里有蓝天、白云、绿树、红花、碧水，看上去生机勃勃；但是，大家有没有关心过地球在宇宙中的真实处境和最终的命运呢？

1977年，两个航天器——"旅行者一号""旅行者二号"升空了。它们开始了对太阳系的远征，任务是摸清太阳系的家底，看一看我们的地球在宇宙中的真实处境。

1990年2月14号，著名的行星科学家卡尔·萨根说服美国宇航局，让"旅行者号"掉转镜头回望一下太阳系，给太阳系拍一张"全家福"。在这张"全家福"里，我们发现木星、土星、天王星、海王星——这些我们看来无比巨大的星球——在"旅行者号"的镜头里，只是一个个暗淡的小圆点。而人类生活的地球在"全家福"中是什么样子的呢？把这张图放大、放大、再放大——阳光的照耀下，它只是一个暗淡的蓝色小圆点——在这张高达64万像素的照片上，地球只是一个"尘埃"。这张照片具有深厚的哲学意味，它让我们意识到原来自己是如此渺小、脆弱。对于太阳系而言，地球只是一个小小的圆点；这个蓝宝石般的星球，在浩瀚的宇宙中，似乎随时会沉没。

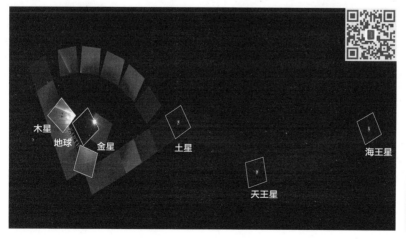

扫码观看："旅行者号"回望太阳系的珍贵资料（图为太阳系"全家福"）

在这个小点上，每个你所爱的人，每个你认识的人，每个你听说过的人，以及每个曾经存在过的人，都这上面过完一生……我们都住在这里，一粒悬浮在阳光下的微尘。

—— 卡尔·萨根

○惊心动魄的预警

2013年2月15日，俄罗斯西伯利亚的车里雅宾斯克州发生了一次小天体撞击事件。这次的撞击给当地造成了极大的破坏，致使1500人受伤、7200栋房屋受损。陨石在冰冻湖面砸出一个直径8米的大冰洞，在当地打捞起来的陨石碎片中，最大的一块大概跟一个直径1.2米的球差不多。随后的研究发现，这块陨石在进入地球大气层之前，其大小只有18米，相当于一辆公交车。大家可以想象一下：这次撞击就像是从天上掉下来一辆公交车，但这辆公交车的时速高达每小时上万千米；仅仅是这样一个小体积的天体，就会对地球造成如此大的危害。

扫码观看：2013年车里雅宾斯克州"陨石坠落"事件（图为陨石在当地冰冻湖面上砸出的冰洞）

那么，如果是一个直径为1千米的小行星，会毁掉像北京这么大的城市；如果是一个直径为10千米的小行星，就会毁掉全人类。

历史上，地球遭遇过很多次类似"车里雅宾斯克事件"的天体撞击。

1908年，同样是在俄罗斯的西伯利亚，一个叫"通古斯"的地区，遭受了一次小天体的撞击，引起了数千平方千米的森林大火；

大量的动植物遭受了生态灾难，史称"通古斯大爆炸"。当时，有很多人认为是外星人袭击地球。但随后的调查证实，那是一次小天体撞击事件。

1994年，一颗叫"苏梅克—列维九号"的彗星被木星的强大引力撕成了21个碎片，每个碎片都像一列太空列车，它们前赴后继地撞到了木星的表面。木星是个气态的星球，这些碎片撞击木星之后，在木星上留下了一个个暗斑，任何一个暗斑的大小都足以装下整个地球。

环顾整个太阳系，在水星、月球、火星及其卫星等星球上面，我们都会看到密密麻麻的圆形的凹坑，每一个凹坑就是一次小天体撞击事件。在离地球最近的月球上，直径大于1千米的撞击坑就有33000个。在我们的地球上，已经确认的撞击坑有200个，它们大多分布在北美、欧洲、澳大利亚。为什么中国的撞击坑很少？其实，不是没有小行星来撞中国，而是中国从事这方面研究的人太少了（中国现在有一个确认的撞击坑，在辽宁省的岫岩县）。

看一看全世界著名的十大撞击坑，它们大多分布在人迹罕至的荒漠戈壁滩里，其中一个在海底，在墨西哥湾的尤卡坦半岛。6500万年前，有一颗小行星撞击在墨西哥湾，地点就在尤卡坦半岛附近。这次撞击致使大量尘埃穿过地球对流层、进入平流层，尘埃经年累月地停留在平流层中，使得太阳辐射被屏蔽，太阳光无法照进来，地球被快速冰冻——地球是个水球，70%以上都是水。想象一下，把这样一个水球放到冰柜里，再把温度调到零下50℃，这个水球会怎么样——剧烈的温度骤降必然导致巨大的环境灾难，地球上80%的物种就在这次撞击里灭绝了，曾经独霸地球的恐龙，成了地层中的化石。

我们人类如果没有忧患之心，可能也难逃这样的厄运。

　　我们常在科幻大片里看到世界末日、看到英雄拯救人类免于灭亡的场景。其实，地球确实面临着可怕的天文灾难——"小天体撞击""超级太阳风暴""地球磁场倒转"……科幻大片里的全球生物灭绝，并不是刺激感官的科学幻想，而是实实在在的生存威胁。

　　北京有一个地方非常适合思考人生，这个地方叫"西直门"：

　　西直门的路南，是北京天文馆——北京天文馆展示的小行星，"砸"到了中国古动物馆，中国古动物馆里的动物都已灭绝、成为化石；

　　西直门的路对面，是北京动物园——被关在笼子里的珍稀动物，濒临灭绝——在笼子外参观的人类，正主宰着这个星球，人类未来的命运将会怎样？

火星 —— 人类的"新大陆"

　　太阳系里面有这么多星球，我们该选择哪个作为人类的"新大陆"？答案是火星——只能是火星。

○ 为什么只能是火星？

　　太阳系里有一个地方，我们称为"移居带"。这个移居带的位置离太阳不远不近，太近了辐射太强，温度太高；太远了很冷，温度太低，水没法成为液态。这个移居带里只有两颗星球，一颗是地球，一颗是火星。

　　我们已经对太阳系进行了230多次调查。在这230多次升空探测调查中，月球去了100多次，火星和金星各去了40多次。我们已经在火星上着陆了四辆火星车，还有几个着陆器，完成了40多次火星探测任务。火星，已经成为人类除了地球以外了解最为透彻的一个星球，它已经不是科幻小说的主角——火星运河、火星人都已被证实不存在。

　　火星现在是行星科学家的主战场，它是怎样的一个星球呢？

○告别幻想，来看看真实的火星

火星的大小是地球的一半左右，它的引力是地球的三分之一，它的自转轴也是倾斜的，所以也有一年四季。火星的南北极也是白色的，有冰盖，但冰盖的成分主要是二氧化碳——是干冰不是水冰。火星上的一天，比地球上的一天多出39分钟；火星上的一年，是687天，相当于地球的1.89年。火星上的平均温度相当于地球上的南极，零下五六十摄氏度——最舒适的时候可以达到20℃，最冷的时候大概零下100℃。火星上的辐射非常强，要强过我们的国际空间站。火星上的大气成分中96%都是二氧化碳。火星上最高的山叫"奥林匹斯山"，它的高度是珠穆朗玛峰的3倍，大概有两万多米高。火星上最大的峡谷叫"水手大峡谷"，宽约600千米，长约4500千米，长度相当于北京广州一个来回的距离。火星的表面看上去十分荒凉，寸草不生，到处是乱石，没有任何生命迹象。

扫码观看：火星究竟什么样（图为火星上的最大峡谷——水手大峡谷）

火星上还有沙尘暴。有时整个星球连续几个月都弥漫着沙尘暴，以至于火星车在那里工作一段时间后，发电效率会变得越来越低，最后就跑不动了；因为它的太阳能电子板会逐渐被沙尘覆盖。

我们让机器在火星上进行钻探，分析取出的火星岩石，我们发现它们曾经泡过水、硫含量很高；另外，我们还在火星上发现了一条曾经的溪流，那里有很多的鹅卵石——鹅卵石的大小和圆度跟河流的流速有关——我们把它们跟地球上的鹅卵做对比，推导出这条河流曾经的河水量、流速……根据类似的分析，我们推测出：古代的火星是温暖湿润的，曾经有像地球一样浓密的大气层，有大规模的水，包括海洋、湖泊、三角洲、河流冲积扇……水含量之大，甚至可以把整个火星表面覆盖100米深度。但是，现在我们只能看到这些水域干枯后的痕迹。

现在的火星上仍然有水。比如：我们发现，一个着陆器的腿上每天都会挂上露珠，这些露珠每天还会变化，这就说明火星的大气中含有水分；在火星地面上挖一勺土，会发现土里面有一个水冰的结晶，这个水冰结晶会在几天后升华、消失（火星土壤的含水量约为5%，跟地球上沙漠土壤的含水量类似）；火星的地下还有大量的冰，这很像地球上青藏高原的冻土，看起来好像硬邦邦、一点水都没有，但这种土只要被加热，里面都是水。

火星土壤，从表面看是红色的，挖出来看，里面是白花花的——全是各种各样的盐类。所以，火星很像中国青海的柴达木盆地，在看似荒凉的表象之下，其实蕴藏着丰富的盐类资源，还有冻土中、大气中的水资源。火星上可能还有很多的矿床。2017年上半年，我们在贵阳开了一星期的火星研讨会，讨论怎样利用柴达木盆地建一个火星的模拟实验厂，开展科学研究。

○移民火星，吃住无忧

吃在火星

我们在火星上究竟吃什么呢？为了解决吃的问题，我们要做一些相关的实验，比如"在火星上种土豆、种菜"等模拟实验。现在的农业早已摆脱"靠天吃饭"的束缚，温室大棚可以满足农业种植对环境的所有需求，甚至作物需要什么光、最喜欢哪种光谱波段的，我们都可以控制。

住在火星

在火星上住在哪里呢？火星的地下可能有洞穴，这些洞穴应该冬暖夏凉，适宜居住；如果没有找到这样的洞穴，可以学习中国西北的窑洞民居，自建火星窑洞，在上面盖上厚厚的土壤屏蔽辐射。

火星不缺氧

在火星上要呼吸什么呢？当然人是要氧气的。在火星上制造氧气是非常容易的：火星上有大量的水，水一电解就会变成氢气和氧气；火星的大气层中，二氧化碳含量极高，二氧化碳同样可以分解为一氧化碳和氧气。在火星上正常呼吸应该没有问题。

火星有能源

在火星如何解决能源问题？火星上有太阳能，只是比地球的稍微弱一点；火星上有风能，有时候风一刮几个月；火星上还可以用核能……能源在火星上也不是问题。

跨星球居住，我们准备好了吗

火星，我们对它越了解，跟它的距离就越近。不过，去火星，并不是一次说走就能走的旅行，它非常难。

○ 躲不开的"黑色 7 分钟"

航天器着陆火星，首先要经历"黑色7分钟"。我们从地球出发去火星，每隔26个月才有一次机会。因为地球在动、火星也在动，如果在它们相背运行的时间段里出发，我们追不上它；只能在每26个月一次的相向运行时，才能启程。从地球飞到火星，最快的航天期需要6～10个月。

当我们经过6～10个月顺利飞到火星上空时，从130千米的高空落到火星地面，需要7分钟的时间。这个时间就是"黑色7分钟"。因为火星上的信号传回地球需要20分钟，在火星降落的这7分钟里，在地球上无法同步接收信息。对地球而言，这是失控的7分钟，收到消息之时就是"既成事实"之时——要么已经成功着陆，要么已经坠毁。所以，我们把这段着陆的时间称为"黑色7分钟"。

○ 值得期待的旅程

2020年，中国、美国、欧空局、阿联酋将同时发射火星探测器，那时候火星上会非常热闹，各个国家的航天器都在那里竞争。届时，中国的火星探测器要在一次任务里面完成环绕火星、着陆火星，以及在火星上行驶等项目，这是人类有史以来的第一次，难度非常大。迄今为止，全世界只有美国曾成功着陆在火星。

现在，根据人类对航天科技和人类技术的一个理解，我们预测：未来20年，人类将首次登陆火星；未来50年，我们将在火星上有一个小城镇；未来100年，我们将在火星上有百万人口的城市；未来1000年，我们将把火星改造成另外一个适合人类居住的星球。

我们可以在火星上释放南北极的二氧化碳，为火星创造出"温室效应"，使火星地面下的冰重新融化，让火星再现河流、湖泊、海洋、大气层。人类将成为跨星球居住的物种。

6万年前（也许更早），一群智人走出非洲，他们的脚步遍布整个星球。500年前，哥伦布率领88名水手横渡大西洋，发现了现在的美洲大陆。1969年，人类首次登月，登月航天员阿姆斯特朗说了一句发人深省的话："这是我个人的一小步，却是人类的一大步。"今天，成功登月已过去了半个世纪，人类还止步于地球轨道附近，甚至没能再次重上月球。现在，是我们重新出发的时候了，移民火星将成为人类有史以来规模最为庞大、技术最为复杂、过程最为艰难的重大科技工程。

我们选择去火星——不是因为那里更美好，而是我们人类天生拥有的探索之心；我们希望去探索未来的境界，我们需要探索未知的世界为我们人类寻找另外一个家园。

我们选择去火星——不是因为它很简单，而是因为它太难，难到集合人类现有的科技能力、踮起脚来蹦三蹦还是够不着；但是，正因其艰难才值得我们去做，因为人类的历史就是挑战不可能的历史，这才是人类文明生生不息的原动力。

我想，作为中华民族的年轻一代，我们应该怀有这样的胸怀和对地球的责任感，谢谢大家！

扫码观看：模拟火星土壤种出的土豆和青菜（左为褐色黏实的地球土，右为红色松散的模拟火星土）

互动问答

| 第一问：火星种土豆需要打农药吗？ |

董寰（湛庐文化总编辑）：人类去火星生产农作物，会不会给火星的生态平衡产生新的影响？

郑永春：在火星升空探测的过程中，我们有一个很严格的行星保护原则，就是火星上有些地方不能去，因为那里可能有生命存在。那些地方的温度比较合适，还可能有水，很可能有生命存在。之所以不能去，是为了避免我们把地球上的生命带到那里，繁衍下来；否则，我们以后在火星上发现的生命可能并不是火星"土著"，而是我们从地球上带去的物种。等到将来我们真正能在火星上种土豆、真的要开始打农药的时候，那应该是一件值得庆幸的事情，因为那意味着有更多的物种产生了。

| 第二问：我有资格去火星吗？ |

吕强（"问号青年"）：移居火星的第一批居民需要什么样的资格，是选那超级富豪或是社会精英，还是选胆子比较大敢做"小白鼠"的？这一批人会怎么选择？

郑永春：打个比方说，当末日来临，只有一艘逃生船，船上只能载10个人，什么样的人才能登上这艘船？可能大家会说：需要一个农夫，因为他能种出食物；需要一个医生，因为他会治病；可能还需要有钱的人，因为需要有人为逃生船投资……要去火星的话，第一批人一定是小规模的，大概4个人或6个人，这种小规模的团队，需要的是全能的人——要既会看病，还会搞电脑软件、维修机械，等等。还需要极高的情商，火星上的生活舱也就普通卫生间的面积，在那么小的空间里，6个人要住半年到一年，这本身也就是巨大的考验。

陈伟鸿（主持人）：如果现在我们有机会去火星，那我们能安全地回来吗？等我们再回来的时候，我们还能适应地球吗？也许我们会在火星上发生一些变化？

郑永春：这个问题非常好。生命其实有快速适应的能力。在一些看似毫无生存可能的地方，比如地下几千米、海底等没有阳光的地方、火山口……其实都是有生命存在的。人的适应能力也非常强。人类已经进过太空、上过月球，然后又安全地回到了地球。请注意，航天员进入太空之前，在很长一段时间里每天都要锻炼，目的是什么？是要避免人体适应太空的环境，因为一旦适应了太空环境，再回到地球，会出现不适应。所以，我们去火星也要面临这样的问题——在地球上是一倍的重力，但进入太空就是零重力；在太空飞行6～10个月，人会适应零重力环境；到火星上又变成三分之一的重力……这种重力环境的变化，人体如何去适应？所以，还需要进行更多机体以及医药健康方面的研究，弄清楚太空环境和火星环境对我们的身体会有什么样的影响。

| 第三问：移民火星之后我们还是地球人吗？ |

李晓光（Techplay创客教育创始人）：火星的重力只是地球的三分之一，它的时间跟地球时间也有些差别，资源也不一样。如果长期驻扎火星，我们肯定要适应那里的环境。在火星上生活几百年后，人类会长成什么样子？会不会变成现在描绘的外星人的样子？您能否描绘一下。

郑永春： 首先，我觉得凡是关于外星人的描述都是不靠谱的。我们谁也没有看到过外星人。但是我相信这个宇宙里一定充满了外星生命，因为仅是太阳系八大行星就有一个地球，地球上就有这么多的物种。从概率上看，银河系里面，类似太阳的恒星有2000亿～4000亿颗，而整个宇宙中像银河系这样的星系又有上千亿个；即便只按亿分之一的概率来计算，这个宇宙里也应该有大量的生命。至于"人适应火星后会变成什么样"？大约6万年前，智人走出非洲时，都是黑人，但现在地球上有黄色人种、白色人种、棕色人种、黑色人种；就是说，在很短的时间里人类的肤色就随环境发生了变化、长出各种各样的外貌。那么，到了火星上，自然也会很快适应那里的环境，到时候我们不用担心会长成什么，那已经是另外一个星球的文明了。

| 第四问：没"胆"的人才能上火星？|

郝义（长城会CEO）： 有种说法是，必须把胆和阑尾这样的器官给摘掉，才能上火星，才能去太空。我是想问，作为一个普通人，要上火星是否需要做些准备？比如我有胆囊炎，是不是得把胆给切了？再复杂一点，是不是要准备诺亚方舟，每一个物种都得配种，配出一公一母？或者给大家做科学的培训？上火星前，有哪些基础工作要做？

郑永春： 远征火星的时候，我们没有太多的医疗保障；胆和阑尾是最容易出问题的地方，容易出现胆囊炎和阑尾炎，所以要提前把这种容易出问题的部分切除掉。从另一个角度看，"没胆"确实也有好处——去火星的人，既要非常勇敢，又要特别小心，如果胆大妄为很可能导致致命的灾难；所以也需要"没胆"。但你问要做什么样的准备，我也说不好。可以借鉴远征南极、远征沙漠的经验，可能要先了解那个地方。所以我们要做大量的火星探测，只有把一个地方了解透彻，我们去那里才是安全的。

| 第五问：去火星是一段孤独寂寞冷的征途? |

王清锐（"歪思妙想"创始人）：移民火星是大家的美好愿望，但我个人觉得，在移民火星的过程当中，肯定是有很多艰难的事情。比如事先要切除胆、要成为全能人……通过种种考验之后，坐上飞船出发，五六个人在飞船的狭小空间里待6～10个月……这个过程会考验身体素质和心理素质极限，对此您怎么看?

郑永春：当你一个人面对一个星球的时候，该是怎样的孤独? 那本《火星移民指南》里，有很多调研，真的一个一个地调查了那些报名想去火星的人。我看到里面有人说："我知道移民火星一定是一个非常危险、非常艰难的事业，我也知道它是一次非常孤独的旅行，而且我们可能再也不会回来了。但当我想到'去火星，是一件我作为个体能为全人类做的事情'时——我有机会为全人类做一件事情——我认为什么都是值得的。"

陈伟鸿（主持人）：你在登上火星的那一刻，真的有资格说一句"这是我个人的一小步，但却是人类的一大步"。所以还是去吧，虽然又寂寞又孤独。

吕强（"问号青年"）：我还有一种更加文艺的说法——"其实我的孤独是为了地球的不孤独"。因为我们老说"地球是一个孤独的星球"。

郑永春：那些报名去移民的人也说，如果我可以去火星，那么，尽管我很爱我的父母子女、我舍不得离开，但我还是会去，他们也会支持我，因为这是我的梦想。

陈伟鸿（主持人）：现在，全球范围中，有这样梦想的人越来越多了，而且我们知道，伊隆·马斯克也把火星移民计划提到了非常棒的一个议事日程之上，来帮助更多人实现这个梦想。我看到的资料中说，最终我们大概只需要花20万美元，就可以实现移民火星的愿望。你觉得从今天开始算起，到这个目标的实现，到底有多远的距离？

郑永春：我觉得差不多只需要几十年时间。1908年的世界，飞机才刚刚发明；100年后的今天，人类世界的科技已经日新月异。就以我们现场里的东西举例，比如灯光、大屏、手机，几十年前都还没有。科技的发展是加速度的，不是线性的。

陈伟鸿（主持人）：所以，火星之所以可以承载我们这么多的期盼，不仅仅因为好奇，更重要的是如您所说的，它为我们人类文明的延续提供了一个新的平台？

郑永春：我想，大概几十年之后——估计是我能看得到的几十年后——火星和地球之间会有一个定期的航班，大概只需要80天的时间、20万美元的费用，就可以飞到火星。去了之后可以在那里定居，也可以返回地球。现在你追求的是北京的1平方米，但那时候你追求的可能是一个星球。

未来架构师

Weilai Jiagoushi

蔡俊

Cai Jun

2017 年 5 月 5 日，由中国自主研制的 C919 大型客机腾空起飞，开启了中国自主研发大型客机的新篇章。蔡俊，C919 首飞机组机长，凭借 20 年的飞行生涯、超过 10000 小时的飞行时间，让 C919 能在首飞日完美地一飞冲天。从一个小小的梦想到 C919 首飞机组机长，背后付出了多少汗水？有多少不为人知的经历？又有哪些有趣而深刻的故事？走进蔡俊的飞翔人生，和他一起遨游蓝天白云。

让我带你一同翱翔蓝天

蔡 俊 | C919首飞机长

被航空公司相中的大学生飞行员

很多人都问过我："你小时候的梦想是什么？有没有想过当飞行员？"其实，我小时候最大的梦想是——上大学。1995年，我考入上海工程技术大学的航空经营管理系，从那一天开始我才与航空搭上了边。我大一的时候，上海航空公司来我们学校招飞行员，让我对当飞行员动了心，可惜他们只招大二的学生。进入大二后，当中国东方航空公司来招飞行员时，我毫不犹豫地第一时间去报了名。

报名那天，有100多名学生排队，"招飞"老师把我们从高到矮排成一排看了看，指着我说："在这位同学右边的，比他高的都可以回去了。"——第一轮筛选，我很幸运地成了身高线的截止点。接下来的视力检查后，报名者只剩30多人……等到大二下学期，确定进入"航校"培训的最终名单时，上海一共只有7个人入选。

我们在"航校"进行了半年的理论和英语培训，接着就去美国学习飞行。第一次飞行课让我终生难忘。我原以为第一次上课只需要坐在教官身边，熟悉机场、空域，看着他做些有趣的飞行动作，开开眼界而已；万万没想到，一上飞机，教官就对我说："今天你来做起飞。"我瞬间就蒙了。这给了我一个深刻的教训，之后的每次飞行，我都会提前认真准备。

从职业飞行员到"天价"试飞员

○新的飞行学习——"天价"试飞员课程

"航校"毕业以后，我进入航空公司成为职业飞行员，飞了大概11年。2010年，我看到"中国商飞"（中国商用飞机有限责任公司）在招聘试飞员。"试飞员"，听起来就是个高大上的职业，我很想试试。但经过多方查询，我了解到——成为试飞员很难！考虑了好几天，我觉得，这样的机会可能这辈子只有这一次，不管多难，都应该去试试。面试之后，我成为"中国商飞"的一员。为了学习试飞员的课程，我做了半年多的准备，重点强化了英语、数学、物理，然后赴美国学习这个"史上最贵的课程"——学费一年90多万美元，折合人民币600万元，一年365天，除去周末、节假日，一天的学费就是2万多元！

入学第一课，老师介绍试飞员学习课程的内容和进度安排——每3周学习一个模块，每个模块有五到六门课程，学习结束后考试，考试结束后再做试飞计划，用自己的试飞计划飞五到六个场次，再把试飞得出的数据写成毕业论文；所有模块课程加起来，差不多要学10个月。其间，上学期、下学期结束时，还需要各做一篇论文。

○遇到"大神级"试飞员

学习期间，我认识了瑞克·西尔弗斯教员，他的飞行技术高超，为人和善。跟他飞完滑翔机后，我发现学校的走廊上竟然挂着他的照片。我才发现，这位教员居然是试飞员中的"大神"。他最早是战斗机飞行员,之后作为交换生到美国海军试飞员学校受训,毕业后进入空军试飞员学校任教员,服役期满后进入美国宇航局任试飞员,最后成为美国宇航局的试飞总师。但这并不是他飞行道路的巅峰。之后,他又成为宇航员,上过三次太空,前两次是飞行员,第三次是航天飞机的指令长。我不由得将他奉为偶像,他的人生故事激励着我,成为我试飞学习期间的巨大动力。

○被评为"最佳学员"

学习试飞员课程的10个月里,非常枯燥、也非常辛苦。每天的课程下午5点才结束,专业度很强、知识量很大,必须提前预习、当天复习,才能跟上进度。那段时间,我离开教室回到住处的第一件事就是先睡两小时,让脑子清醒一下,然后迅速吃完晚饭,复习当天的内容、预习明天的内容,直到晚上12点、1点……就这样拼了10个月。进入最后的毕业论文设计阶段时,老师给每个学员安排了一架飞机,当然是我们没飞过甚至没见过的机型。

我们要根据相应的飞机手册,写出试飞计划,再按试飞计划完成6小时的试飞,取得参数,写成毕业论文。毕业论文需要涵盖10个月里所有的课程内容,试飞计划必须精心安排,这6小时的试飞情况、数据采集情况的好坏,直接关系到毕业论文能否通过、能否顺利毕业,不是随随便便飞6个小时就行。而且,租用飞机是按分钟付费的,试飞时间只有6个小时。

我和一位试飞工程师组成搭档,我们用2周时间做完了一篇70多页的试飞计划,准备去庆祝一下。那天是周五下午,我们提前下课。我刚走到校门口,就接到了老师的通知,他说我试飞的那架飞机被别人租走了,他给我换了另一个型号的飞机,让我尽快到学校图书馆调取这架飞机的手册。当时我就蒙了,这意味着已经做好的飞行计划没用了,必须根据新分配的飞机重新做一份飞行计划。而且做新计划书的时间很紧张，因为老师要求周日下午就要看到。

面对这样的现实，必须拼了——我们只用了一天半的时间，就完成了新的飞行计划。之后，我顺利地完成了毕业论文，还被学校评为"最佳学员"。

成为 C919 首飞机长

学成回国之后，我开始参与翔凤客机（ARJ）的一些生产试飞和简单的研发试飞。2016年，我们开始参与C919控制律的研发。控制律，是中国自主知识产权的课题，完全是由我们自己来做。

控制律是什么？它是飞控系统的一个助流软件，它把飞行员在操作测杆的输入，转换成电信号，再经过算法的计算发送给作动筒，然后作动舵面让飞机产生一个响应。我在参与控制律研发的时候，做了大量的实验，以确保它正确无误。

2016年2月，C919开始进入飞行程序的编写，每一个公式都要进行上万次的计算，每一次的计算结果，数字都要精确到0.01；如此烦琐的程序，是为了飞机每一个部分的安全，确保飞行万无一失。

在做控制律的时候，有一天设计人员找到我说："蔡老师，你能不能帮我们看看飞机的程序？"程序是什么呢？就是告诉飞行员：这个飞机该怎么驾驶，在空中遇到了故障该怎么处置，等等。

设计人员写的程序用了大量的工程语言，对飞行人员而言并不好懂。于是，我主动请缨帮他们改写程序。这一写就是好几个月，有时一天只能写一行。但是，通过写程序，我对飞机的设计理念、飞行系统的工作原理，以及故障产生的原因，都有了非常深入的了解，这对我之后的工作有很大帮助。

2016年的八九月份，"中国商飞"开始选拔C919的首飞机长。一共有14名候选人。或许程序的工作经历，我对飞机有了透彻的了解，最后，我很荣幸地被选为C919的首飞机长。

扫码观看：C919烦琐的飞行程序

C919 首飞准备 —— 机组培训与演练

成为首飞机长,我感到非常开心,但我也很清楚,这意味着自己肩上的责任重大。

作为机长,我选定吴鑫机长任副驾驶、"商飞"总飞行师钱进任观察员、马菲和张大伟任试飞工程师,我们5个人组成了C919的首飞机组。我们谁都没有做过新机型的首飞,只能群策群力、共同商量培训和训练计划。

培训,以熟悉飞机手册为主,还包括系统的交底。

训练,我们从正常的飞行开始。因为C919飞机从来没上过天,我们不知道什么样的速度下可以抬轮、什么样的速度下爬升比较好、应该用什么样的着陆接地姿态……这些都需要在工程模拟机和铁鸟试验台上一个一个地试出来。这其中还包括不正常的程序、应急程序,以及最极端"特情"的演试。

最极端的"特情"有哪些呢?因为飞机没有上过天,我们也不知道它会发生什么样的"特情",只能尽可能地预估。

比如,飞机起飞后,两个发动机都停了、没动力了,怎么把飞机挽救回来——什么样的高度下可以飞回机场、什么样的高度下要先往前飞再紧急迫降,在空域中,双发停车,能去哪些地方迫降;

再比如,飞控系统完全故障、操作舵面完全故障时,怎样把飞机飞回来。

可能有人会问"飞控系统、操作舵面全都故障了,你怎么还能飞回来"——我们可以用差动油门、升降舵配平让飞机回到跑道上、安全落地……

每一次训练,我们都必须做到:无论机长还是副驾驶,都可以完成这样的特殊科目。

系统交底

设计师团队向机组解释说明飞机构型状况、试验情况等,让机组进一步了解飞机的整体状况。

C919 首飞准备 —— 开始滑行

时间慢慢前行，2016年的12月31号，我们开始了滑行的预实验。滑行预实验，在我们心里原本是个最简单的项目，它其实就是把飞机发动机打开、刹车松开，让飞机往前滑行一段，然后再刹车停下，看看飞机有没有问题。但是，所有人都没想到，那天的实验中，刹车系统的调参还是有故障的。但当时，大家都不太相信这个结果——设计人员怀疑是试飞操作有问题，而试飞人员则怀疑是设计有问题。

经过多次的地面实验，最后我们终于找到了原因，把这个故障排除了。随着之后的低滑、中滑、高滑、抬前轮，我们试飞人员和设计人员增进了交流，慢慢加深了彼此的信任感。进入高滑阶段时，我们开始准备确定首飞的日期。

首飞 —— 定于 2017 年 5 月 5 日

很多人问："首飞定在5月5号，是不是一个特别的日子，有重大含义？"实际上，首飞的时间确定跟这种想象完全不同。

当时，我们根据高滑的进度和天气预报，预定了三个符合首飞标准的时间，即5月3日、5日、7日三天。考虑到5月3日是"五一"小长假最后一天，民航配合难度大，而5日、7日相比，5日天气条件更佳，因此将首飞定在5月5日，并把通知发给机场、空管局、民航局等相关单位，请他们配合（浦东机场将5月5日上午的航班取消了50%，以保障我们的首飞）。到5月4日下午，天气预报显示5月5日上午没有机会首飞，下午可能有2小时的机会——一个"窗口"时间。我们机组跟公司领导、气象人员、上海气象局的专家紧急讨论决定，就利用这2小时的窗口时间，如果推到5月7日，再次调整航班会对民航会造成非常大的影响。最终确定5月5日下午2点开始首飞。

滑行
飞机在地面依靠自身动力运动。

高滑
高速滑行，一般指90节以上的速度，1节=1.852千米/小时

2017年5月5日, C919首飞成功标志着, 中国大型客机项目取得重大突破。

扫码观看: 中国自制 C919大型客机首飞精彩回顾

C919 首飞 —— 我的飞行 "日记"

我很清楚地记得首飞的整个过程——

吃完午饭, 我们开始首飞准备;

检查飞机, 查完之后, 我觉得有点小紧张, 去了趟卫生间;

上飞机, 在驾舱做完飞前准备后, 我又去了趟卫生间, 观察员钱进半开玩笑地说, 看来蔡俊有点紧张, 大家说话要注意点;

我从卫生间回来, 坐在座位上, 把手上的汗一擦, 跟大家说: "我们开干吧!"

发动机启动, 飞机滑上跑道做低速滑行, 确认飞机状态良好;

飞机重回到跑道起点, 下午2点, 准点起飞……

经过1小时19分, 我们完成了所有的科目, 于3点19分顺利落地, 安全、圆满地完成了C919首飞。

首飞之后 —— 一切才刚刚开始

大家问我: "激动不激动?" 我当然激动, 这是我人生中最重要的一个时刻。

大家可能会问: "首飞完成了, 我们的C919飞机是不是就能推向市场, 我们是不是就有机会乘坐它了?"

超音速商用概念飞机（音速约为1224千米/小时）

亚轨道概念飞机（距地面20～103千米空域）

民用电力飞机

其实，首飞还只是试飞的开始。接下来我们将生产另外5架飞机，每一架飞机都要进行试飞，试飞时间总计会有4000多个小时。在这4000多个小时里，我们会进行性能、操稳、系统方面的试飞。这些试飞的主要目的，是以《中国民用航空局规章第25部：运输类飞机适航标准（CCAR-25-R4）》《美国联邦航空条例FAR-25部》，以及欧洲航空安全局（EASA）的规章条款为标准，表明飞机的符合性，最终取得中国民用航空局（CAAC）、美国民用航空管理局（FAA）、欧洲航空安全局（EASA）的型号合格证。那时，我们的飞机就能进入全球市场，大家就有机会乘坐中国生产的C919飞机了。

航空业发展到现在已有100多年的历史。在这100多年里，民航的发展改变了人们的生活。未来的飞机将会是什么样的？有人说，会飞得更快，比如超音速客机；有人说，会飞得更高，比如亚轨道飞机；还有人说，会有更节能更高效的飞机，比如电力飞机……

而我的答案是：未来，无论飞机如何进化，一定会有中国制造的机型在世界各地的天空飞翔。

互动问答

| 第一问：为什么千呼万唤才飞起来？|

李晓光（Techplay创客教育创始人）：听完您的演讲非常激动。我们都知道中国的"大飞机计划"大概从20世纪80年代就开始了，为什么我们的飞机到现在才飞起来？这一过程中最难解决的问题是什么？

蔡俊：因为之前我们可以说是"一穷二白"。"从无到有"是一个很难的过程。我们的设备要研发，需要投入非常高的代价，我们的设计人员一度青黄不接。现在，受益于全球采购的优势、有志于飞机制造的科研人才增多，我们才有了更大的力量。造一架飞机不是很难，最难的是要证明这个飞机足够安全。一架飞机的使用寿命有20～30年，要进行成千上万次飞行，不能让它出现任何事故。这需要非常成熟的设计。我们宁愿用比较长的时间来换取足够的安全性能。

李晓光（Techplay创客教育创始人）：现在我们国产飞机的安全性，有没有获得国际上其他国家的认同？我听说现在已经有订单了是吗？

蔡俊：我们把试飞采集的数据，进行规范的处理以后，再写成文交给局方，跟局方表明我们的飞机通过这么多的试验，已证明是足够安全的。如果要获得中国的试航证，我们要向中国民用航空局（CAAC）提交；如果要获得美国的试航证，要向美国民用航空管理局（FAA）提交；如果要获得欧洲的试航证，要向欧洲航空安全局（EASA）提交，如果这三个机构都给C919发了证，那它就可以销往世界各地。

我们目前有600架的订单。

| 第二问：C919 能否在技术上赶超"波音"？ |

薛来（90后发明家）：有人说，中国的大飞机在走"波音"和"空客"走过的老路。你认为从技术上、从飞机的操作体验上，我们的飞机能否真的超过国外的这些机型？

蔡俊："波音737"，是20世纪60年代生产定型的飞机；"空客320"，是20世纪80年代生产定型的飞机。我们C919没必要跟它们相比。我们的目标是，飞机的安全性、操控性，以及航电设备等，能够跟最新的"波音787"和"空客350"媲美。

| 第三问：我坐哪个航班会遇到 C919？ |

王清锐（"歪思妙想"创始人）：您预计C919或者其他的国产机型正式投入使用，大概还需要多长时间？

蔡俊：根据推算的话，我们要经过"研发试飞""调整试飞""取证试飞"等阶段。这三个阶段的工作量非常大，如果一切顺利的话，全部完成基本上需要三到四年。然后，在取得"型号合格证"之后，我们会做一些"航线演示"的飞行，来获取飞机的"试航证"。到"航线演示"的时候，您就有机会来坐这个飞机了。

陈伟鸿（主持人）：这个航线有可能会是从哪儿到哪儿的航线？

蔡俊：我想有可能是上海到北京。

王清锐（"歪思妙想"创始人）：我追问一个问题。如果使用C919飞机的话，会不会大大降低我们现在的飞机延误状况？

蔡俊：飞机延误有很多的原因，飞机本身的状态只是导致延误的原因中最小的一条。因为出港的航班、进港的航班、整个空域、某些机构的影响，以及天气，等等，都会造成航班的延误。

| 第四问: 试飞就是玩命? |

孙梦婉 (智慧分享者): 从飞行员的职业看, 您身为C919的首飞机长, 我觉得您超级勇敢, 令人崇拜。但您也是家庭中的重要成员, 从女性的视角看, 我觉得从事试飞工作是在玩命。对此, 您的妻子和其他的家人怎么想? 您是怎么说服他们支持您做试飞员的?

蔡俊: 试飞不是大家想象的那么玩命。可能在20世纪60年代之前, 美国的那些试飞员, 他们比较崇尚个人英雄主义, 觉得这个科目我能飞我就最厉害, 所以会不计一切代价地去尝试。但是, 现在大家理念完全不同。我们试飞首先就要做到保障安全, 在安全的基础上才去试飞。如果这个科目有风险, 我们先做识别风险, 之后, 我们会根据风险做一个应对的措施, 制定风险降低措施。万一真的遭遇风险(比如空中两台发动机故障), 我们还会有非常完善的风险处置预案。所以, 我认为, 试飞是有科学保障的, 是比较安全的。

| 第五问: C919 是你人生的巅峰吗? |

吕强 ("问号青年"): 当您完成C919首飞, 从机上下来之后, 我看到您的表情是特别开心的。那一刻, 您可能觉得"我人生圆满了——我们中国自主权的第一个大飞机是我首飞的"。不知道您接下来有没有更大的梦想?

蔡俊: 肯定是有的。但是, 对于我们试飞员来说, "首飞"只是"试飞"的一个科目, "试飞"还有很多更难、更高风险的科目。我的目标是, 将来有一天, 我能够有能力来飞这些科目, 把这些科目飞好, 成为最好的试飞员。

Zhou Huaiyang

周怀阳

　　同济大学海洋与地球科学学院教授、博士生导师。2001 年起任国际海底管理局环境咨询专家小组成员。中国海底观测网技术、海底原位监测技术的重要推动者之一。从 1991 年到 2017 年，27 载光阴，他一直向更深的海域探索。在这期间，他与"蛟龙号"因海结缘，一次次地见证"蛟龙号"刷新中国深度。从长江到大海，从陆地到汪洋，只渴望再多一点发现。

从陆地到深海，去探寻地球之谜

周怀阳｜同济大学海洋与地球科学学院教授、
　　　　中国首位搭乘"蛟龙号"下海的科学家

说到海，我总会想起我的祖母。我的祖母活了93岁，一辈子都住在长江的堤岸下面。很多年前，她常常指着长江的方向告诉我，那就是海，她让幼小的我对海有了最初的印象——海，就是有很多水的地方。那时我对海还有另一个印象，我们住在江苏省常熟县碧溪乡，那里有个"一大队"，只要有海鲜吃了，我就知道"一大队"的船捕鱼回来了；至于他们是到了长江，还是长江外的东海或者更远的地方，那时的我对此毫无概念。

曾经的我，对海的印象就只是这两个：一个是祖母口中的海，一个就是饭桌上的海鲜。也许，对很多人来说，对海的印象也只停留在吃过的海鲜上。

在陆地上，与"曾经的海"亲密接触

我真正与大海结缘，要从高考说起。1977年我高中毕业，10月从广播里听到"恢复高考"的消息，我和几个学习不错的同学被老师招回学校补习了两个月。当时是恢复高考的第一次招考，还不是全国统考；我们先在苏州地区考了一次，又在省里考了一次，最后，我被录取到了南京大学地质系矿产学专业。其实，我报志愿时并没有选这个专业——苏州地区的考试通过后要填志愿，我报的是南京大学数学系。因为受著名作家徐迟写的报告文学《哥德巴赫猜想》的影响，我很想成为像陈景润那样的数学家，为国效力。但不知为什么，我最后被南京大学安排到了这个专业。

拿到大学录取通知书的时候，看着这个专业我有些发蒙——这个专业是干什么的，不只是我不知道，我的父亲、邻居都不知道。这个录取通知书，让我从常熟县城到了无锡，从无锡坐了5个小时的火车去了南京；那是我从小到大第一次看到火车。到了大学，我才知道这个地质系矿产学专业是干什么的——研究"金属矿产是怎么形成的"。

直到今天，我仍然对大学一年级的"普通地质学"课程印象深刻。上这个课时，教室的桌子上摆了各种各样的矿物样本，老师给我们讲：地球怎么形成的、太阳怎么形成的，关于这些形成到现在有哪些假说，哪些假说大家认为是有可能的，哪些假说现在基本上不用了……那些课让我的世界顿时变得无比广阔——通过研究这些矿物，我能看到"地球上的地质作用是怎么发生的"，甚至看到"地球是怎么运转的"。

很快，老师就带我们到南京郊区的汤山去做"普地"实习，那是在课本和矿物样本之外，我第一次接触真正的地质地貌。

我看到了从5亿年前一直到现在的各种各样的地层和岩石，看到了在地质作用下这些地层和岩石形成"向斜""背斜"，形成各种各样的断层，看到了不同时代的古生物，从5亿年前的三叶虫，到石炭纪的蜓类，再到之后各个历史时期的各种鱼类。我真真切切地感受到了"沧海桑田"——这些地层、岩石所在的高耸山峰，的的确确是曾经的大洋深处。

转战海洋，了解地球从"小时候"入手

○ 海洋，意味着什么

海洋对我们来说意味着什么？

以前，要从亚洲大陆去北美大陆，只能靠海上行船。海洋对我们来说，是重要的运输通道。除了可供交通之外，海洋对于我们还有下面三个层面的意义。

第一个层面的意义是资源，包括海鲜在内的鱼类资源、其他生物资源、矿产资源、油气资源……必须通过地质研究来发现、开发、利用。提供资源，是海洋是跟我们人类关系最近、最直接的一层意义。

第二个层面的意义，大家可能意识不到。我们生活在地球表面，不同的地方有不同的气候特点，但现在不论生活在哪里，都能明显感觉到全球气候的变化。身为地球科学家，我可以非常肯定地告诉大家：地球上的气候主要是由海洋来决定的。著名的"厄尔尼诺现象"就是典型的例子——地球表面海水温度的微小变化，就可以导致陆地上出现严重的干旱或洪涝。

第三个层面的意义在地球系统方面。到现在为止，人类在地球上发现的最老的岩石，是四十二三亿年前的。因此，我们估计：地球跟太阳同龄，都是45亿年左右。我们发现，所有这些"高龄"的石头都在陆地上，而海底的石头，它们的年龄都不超过2亿年。

这意味着什么？

这意味着：如果陆地或者地球是个老人，那海洋就是这个老人婴幼儿或青少年时期的缩影。

我们研究地球，之前都在研究陆地上这些老的石头。但是老的太复杂了，研究难度大；如果找到新生的、年轻些的石头来研究，

可能相对简单一些。于是，我们就开始把海底作为研究地球科学的天然实验室——陆地上曾经发生过的那些事情，历时太过久远，我们现在很难弄清楚它是怎么形成的；而这些曾经发生过的事情，正在海里、深海的海底，发生着——我们甚至可以在深海的海底做各种各样的实验来验证某些设想。

正是这个原因，让我把研究视野从陆地延伸到了海洋。

○ 研究生论文，我的陆海转折点

我从上大学开始到博士毕业前，基本上把华南地区跑遍了；到现在，中国大陆上除了福建和西藏，其他的省份和地区我都去过，考察了中国陆地上各种各样的地质资源。

我硕士和博士论文的研究主题，是广西大厂锡石多金属硫化物矿床。那里到现在为止还是我们国家最大的锡矿区，同时也是铜、铅、锌、银等很多重要金属的矿产区。

我的硕士和博士论文想要论证的一个观点是：这个矿的成矿期不是当时认为的将近2亿年时间，而应该是更长的时间；一些地质迹象表明，这个矿在三四亿年前就发生过一些成矿作用，那是海洋变成浅海或陆地的阶段。

我上大学、读硕、读博的时候，是20世纪70年代末80年代初，正是所谓的"海底热液活动大发现"的时期。高温的热液从海底板块扩张的地方冒起来，它有各种各样的意义，其中就包括成矿作用。我当年做硕士和博士论文的时候，就是要论证大厂矿区是否有三四亿年前"海底热液活动"时形成的、类似"黑烟囱"的地质现象。

1991年，我加入我们国家的海洋研究所开始做海底工作，也是希望通过现在的海底状态，用"讲今论古"的方式来了解地球远古时代的历史。

海底热液活动

指从火山活动频繁的洋中脊山顶喷涌出高温液体，这种液体含有大量的、丰富的化学物质，形成了海底独特的地质活动与生态环境。1977年，科学家们首次发现，在太平洋底的加拉帕戈斯（Galápagos）裂谷喷涌出高温、闪光、富含硫矿物的流体，周围还生存着前所未见的生物，这一发现彻底改变了人类对地球及地球上生命的理解。

我们为什么需要"蛟龙号"

○ 考察海底地质, 必须跨越距离

1991年, 我们国家的海洋科学研究是什么状态呢?

那个时候, 我们已经有了科考船, 可以到太平洋去, 到南海去。但是, 那时科考船上的仪器设备还比较落后。我们做地质研究的, 最主要的工作是进行观察。在陆地上, 我们用锤子敲块样品, 通过肉眼、通过放大镜就可以观察到, 就可以画出具体的样子。我们上了科考船, 在海面上却什么都看不见——有时在海上待很长时间, 连一只鸟也看不见——大家在船上只能你看我、我看你。

我们会在船上准备一些采样器, 用它们去海底采样。那时的采样器, 是1秒钟前进1米, 如果要到3600米深的海底采样, 它潜到海底要用1小时, 从海底上来又要用1小时, 在海底采样还需要时间; 而那时的科考船没有动力定位, 会不停地随风漂流, 即使风平浪静也会被海流带着漂, 速度差不多是1小时漂出去900米, 如果有风浪, 船移动的速度会更快。这种状况就意味着: 三四千米的水深, 我们要花两三个小时采一个样, 本来是在北京朝阳区采这里的样品, 但可能采到的是北京海淀区的样品。这跟陆地的地质考察差别很大, 用这种方式根本做不到精细的地质工作, 哪怕是测地形也不行。海底的地形是通过打声波的方式来测绘的, 在船上向海底打声波, 根据声波下去和上来的时间推算出水深, 水深连起来就是海底的地形。用这种方式测绘的地形图到目前为止仍是最好的。这种地形图的误差, 理论上是0.5%, 实际大约是1%。这个误差的意思就是, 把一栋30米高的楼, 放在3000米深的水底, 在通过这种方式测绘得出的地形图上, 我们是看不到这栋楼的。所以, 为什么"马航"沉下去以后那么难找, 就是因为以"马航"沉下去的深度, 通过船上测出的海底地形图去找, 基本上是测不出来、找不到的。

我们要研究海底矿石的成因，要研究"这个地方的石头是怎么形成的"，而这个地方的石头和那个地方的石头，虽然只隔着一段很小的距离，但它们也可能是不一样的，它们形成的时间、形成的作用也就不一样。要准确地进行海底采样，只能派潜器到指定的海底地点，就像我们在陆地上跑野外那样。

○"蛟龙号"顺势而生

20世纪90年代初，国内的一些科技人员就提出"我们国家应该有这样的潜器——不管是载人的还是非载人的，要能够下到海底、能够固定在某个地方进行定位作业、能够精确地进行测量和采样"。实际上，"蛟龙号"载人潜器最早是1996年就提出来了，我本人是1999年就开始参与"西球会议"。

2002年，"蛟龙号"载人潜器被科技部作为"863"的十大重大专项立项。

2013年，"蛟龙号"载人潜器在南海进行第一次应用型实验航次，我有幸作为中国第一个下潜的科学家，乘坐潜器下到了南海海底。

我随"蛟龙号"潜入海底

有机会能够乘潜器下到海底，真的是一件十分开心的事情。每次下去之前，我们都要做很多准备，首先当然是科学计划方面的，一般提前一两年就要开始准备。这个计划会详细到"每次下去需要在哪里下""那个地方需要做什么样的工作""对下面有什么样的期待"……当然，每次下去的实况都远远超出我们的预想。

○蛟龙号的下潜过程

下潜的前一晚，要吃得少一点；第二天早晨开始下潜，我们都穿统一的棉制服，不允许身上有金属或化纤的东西进舱。"蛟龙

"西球会议"

"西太平洋地球物理会议"，由美国地球物理联合会主办，旨在召集来自西太平洋及周边地区的地球科学家进行学术交流。首届会议于1990年在日本金泽举办，1999年为第6届会议。

号"的载人区是一个内径2.1米的球体, 里面的氧气和二氧化碳是调节的, 大气压维持在将近一个大气压的状态。"蛟龙号"的载人模式, 是按照中间坐一个潜航员, 两边各坐一个科学家的模式设计的。载人的球体里, 顶部和底部各有一个口子, 三个人的座席前面各有一个观测用的窗口。

"蛟龙号"潜器的前面, 有一系列的灯光、摄像头, 还有两个用来采集样品的机械手, 以及用来盛放样品的样品筐。采的样品要做标记, 在哪个地方采的、放到了哪个位置, 不能乱。

潜器盖好舱以后, 被航车推到船尾, 再吊到海面上, 在海面上稍微停留一会儿, 确保潜器载人舱里和母船的所有通信正常、潜器所有设备正常之后, 母船上的总指挥下令"可以下潜", 潜器就往下走。

○我在"蛟龙号"看到的海底世界

在下潜的过程里, 一开始, 周围的海水是波光盈盈的, 因为有阳光的照射; 然后, 光线越来越少, 潜到150米~200米深时, 几乎没有阳光能进来了。但这时就可以看到, 海洋生物不论大的小的, 都会发出各种各样的荧光, 在黑暗的海水中闪闪发亮。如果运气好的话, 能看到大的发光的水母、鱼类, 即便只遇到很微小的生物, 也可以

看到它们星星点点尘埃般在水里漂浮, 就像夏天星光灿烂的夜空。

从毫无光线起一直到海底, 一路上都能看到这些大大小小的荧光。不同的地方, 荧光的多少、大小、下降的速度都是不一样的, 这些变化其实也是海洋科学家要研究的课题。

扫码观看: 2013年"蛟龙号"首潜影像资料

"蛟龙号"深潜，意义深远的三大收获

到现在为止，通过深潜到海底，我们发现了三个很有意义的事情。

○"黑暗食物链"和"沙漠绿洲"

第一个有意义的发现，就是神秘的"冷泉区"生物。那里的蟹，我们称为"瓷蟹"或"白瓷蟹"。它们跟贻贝待在一起，那个地方的水深是1240米。一般来说，在1240米的海底看到的，要么是裸露的石头，要么就是覆盖了沉积物（也就是平常说的"泥巴"）的石头，以有沉积物的石头居多，裸露的石头比较少。像瓷蟹这样高密度的生物群，是一种很值得研究的现象。为什么这么说呢？下面我简单解释一下。

在这种深度的海底，石头上覆盖的沉积物，也就是所谓的"泥巴"，有两个来源：一是由陆地上的风尘或河流带来的，但这个来源占比极少；另一个是由海洋上层浮游生物死后慢慢掉下来，沉积在这里的，这是最主要的来源。在海底，别说四五千米的深度，哪怕只到一千多米的深度，绝大多数海底生物赖以生存的有机碳，就只能依靠这些从上面沉下来的死掉的浮游生物。但是，这些有机碳的下沉速度非常慢，它们沉到海底至少要几个月时间，这就意味着能真正沉到海底的有机碳其实很少。我们一般的估计是，如果海面合成有机碳的数量为100%，能掉到1000米深海海底处的有机碳数量，只有不到1%甚至不到0.5%。也就是说，在海洋底层，食物供应非常匮乏，生存环境十分恶劣。因此，在深海海底，通常是看不到生物存在

扫码观看：潜入深海的特别发现1（图为冷泉区的神秘生物群——瓷蟹）

的，即便有，也都是极微小的生物，虽然它们的多元化指数很高，但它们的数量是很少的。

在这样的地方，为什么会有这么密集的蟹群？即便人工养殖都达不到如此密集的程度——人工养殖的蟹聚集得这么密的话，氧气都不够用了，蟹会窒息——这种如此密集却如此旺盛的生命状态，就值得我们研究、学习、利用。

当然，这不是"冷泉区"生物群最关键的价值所在。"冷泉区"生物群最关键的价值是，它让人类在20世纪末，几乎是在发现海底热液活动的同时，发现了一种陌生的食物链，我们叫它"黑暗食物链"。

在地球表面，所有生命包括人类，食物链的初级生产都依靠植物的光合作用、依靠太阳光，这是我们熟悉的"阳光食物链"。前面提到的，深海海底极少量的微小生物，也以"阳光食物链"为生——海洋浅表处生物圈的初级生产，是靠藻类等植物的光合作用在维持；海洋浅表处的植物、动物死亡后，慢慢沉下去，才成为海底微生物的食物。前面也提到深海海底微生物可食用的有机碳，只有沉下来的极少部分——吃的东西少，所以这些微生物也很小、很少。这些从上面沉下来的有机碳，之所以到了海底只有很少的一点点，是因为在从海面往海底沉的这一路上，它们会不停地被细菌、古菌，以及各种各样的海洋生物利用、消耗。

"黑暗食物链"是怎么产生的呢？在深海海底出现热液和冷泉的地方，那里没有阳光，所以那里的初级生产不是"光合作用"，而是"化能合成作用"，即通过化能合成作用产生微生物——古菌或细菌。这种化能合成所利用的能源，是对我们来说有毒的氢气、硫化氢、甲烷甚至铁、锰、铜等金属元素。这些组分是通过某些作用从地球内部冒出来的。这些化能合成作用产生的微生物，可以合成有机碳, 提供给冷泉区中瓷蟹这样的大生物食用, 而这些大生物则为微生物提供憩息场所, 两者互利共生。它们, 就是海底热液和冷泉所创造的"海底生命奇观", 我们称之为"沙漠里的绿洲"。

这种"绿洲"的范围一般都不大, 因为能从地球内部往外冒化能的地方也不多, 通常只有大约4万平方米的面积。

如果让我在科考船上, 隔着上千米远的距离来研究这么小一块区域, 肯定是非常困难的。必须要有"蛟龙号"这样的深潜器, 我才可以精确地抓取不同地方的样品, 不管是有机物还是无机物, 我都能准确地取到样品进行研究。

○连成一片的"煤球"

第二个有意义的发现, 是海底的铁锰多金属结核区。在这些区域的海底, 好像铺了一层煤球, 它们一个挨着一个码在海底泥巴一样的沉积物上。这些"煤球"的主要成分是铁和锰。在"蛟龙号"没有下潜之前, 我们通过科考船上的拖网采到过一些样品, 但当时不知道它是怎么分布的, 有人甚至说"南海不存在这样的铁锰结核区"。"蛟龙号"带着我们下去的时候, 我实实在在地看到了这些结核区, 这才明确了南海存在这种结核区, 才知道它们是以片状分布的。

扫码观看: 潜入深海的特别发现2(图为南海海底的多金属结核区)

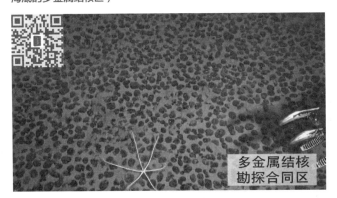

多金属结核
勘探合同区

○海山原来是火山岩

第三个有意义的发现, 是关于海山的。大家去海南能看到很多珊瑚礁, 南海的海山到底是什么石头、是什么时间形成的, 我们之前并不清楚。"蛟龙号"下去之后, 在海山的悬崖上面, 就是海山石头露出来的地方, 我们实实在在地看到了玄武岩的枕状结构——就是1240℃的硅酸盐岩浆，从底下冒上来，跟海水接触后快速冷凝形成的枕状构造。这些海山上有很多玄武岩玻璃，那是标准的火山岩。所以，我们才知道，南海的海山——至少我们看到的这个海山——是由火山岩石组成的。上面一些比较浅的珊瑚礁，可能是在这个海山石的上面，长出珊瑚而形成的。

扫码观看：潜入深海的特别发现3（图为南海海底的海山）

中国海洋科学，已全面"开挂"

○突破7062米，深海再无"禁区"

有了"蛟龙号"，我相信，我们中国的科学家还能探寻到更多这样有意义的事情。现在"蛟龙号"最大的下潜深度是7062米，它的设计深度是7000米。

7000米或者7062米，意味着什么？

意味着：全球99%以上的海底区域，不再是我们中国科学家的"禁区"；我们可以借助"蛟龙号"到很多地方去，甚至是到马里亚纳海沟——由"板块俯冲"导致，目前所知全球最深海沟——深入7000多米的地方进行关于"板块俯冲"的研究。

○构建人与海洋的新关系

经过这十多年的艰苦奋斗，我们现在不仅有了载人的"蛟龙号"，还有非载人的深潜机器人，比如大家听说的自治水下机器人（AUV，Autonomous Underwater Vehicle）、缆控水下机器人（ROV，Remotely Operated Vehicle）、水下滑翔机（Glider）等各种各样的潜器。

应该说，最近一二十年，我们中国的海洋科学技术迎来了历

2012年6月15日，"蛟龙号"在马里亚纳海沟进行了第一次试潜，最终成功潜入水下6671米。"蛟龙号"在马里亚纳海沟共进行了6次试潜，最大下潜深度7062.68米，当时刷新了中国人造机械载人潜水最深纪录。

史上最好的时代。几千年以来，中华民族基本是以"农耕"为主要生活方式、主要社会基础的。通过这些年的发展，我们可以坐船出海、利用船上各种各样先进的仪器设备来研究深海、研究海底，我们可以坐着"蛟龙号"或者用其他无人潜器深入海洋内部，一直到深海海底，进行深入精细的研究。

在不久的将来，我们对海洋的研究和开发，可能会有更好的手段，我们会吸取之前的经验教训，与海洋、与其他自然环境和谐共存，在研究海洋、利用海洋、开发海洋的同时，保护好海洋。

○未来 —— 更多的深潜者，更广阔的海洋

现在，能深入大海的只是极少数的人；未来，我们可以通过更加智能、更加方便、更加便利的手段，让更多的人，包括在座的各位，深入海洋内部，与大海亲密接触。

未来，我们深入的也许不只是地球表面的海洋，还有地球外其他星球上的海洋，甚至太阳系以外的海洋。

200多年前，法国作家凡尔纳创造了《海底两万里》中的科幻世界。直到现在，《海底两万里》还是科幻小说中经久不衰的畅销书，原因就是小说中的幻想在不断地变成现实。

所以，我们可以这样认为，每个人都可以是未来架构师，每个人都可以有你的梦想，有你奋斗的方向。

架构未来，就是从现在开始做起，从每一个人做起。我们一定会迎来光明的前景。

互动问答

| 第一问: 第一次看见深海生物时有什么冲动? |

陈伟鸿(**主持人**): 感谢您带领着我们遨游海底世界。很多人一定会觉得很新鲜, 因为我们没有这样的经历。当您第一次深入海底世界, 看到那么多新奇的海洋生物, 有什么样的冲动呢?

周怀阳: 第一个冲动就是"一定要抓住样品"。以往在科考船上, 用拖网或抓斗是很难抓到这些样品的, 经常是——把拖网或抓斗放下去, 再拉上来的时候它们全都烂掉了。利用潜器下去, 我可以很小心地把它们捕获到, 还可以用很好的办法保存好, 把它们完好地带到海面上来。

陈伟鸿(**主持人**): 用潜器采样的过程顺利吗? 是不是有时候未必如您所愿?

周怀阳: 有的时候要看运气。因为潜到深海之后要去发现新物种, 或是了解某种生物在深海靠什么生活、对那里的生态环境起什么样的作用; 所以, 寻找和采集样品是深潜的首要工作。以往, 大家都以为大生物已经很难再发现新物种, 不像微生物总是能发现新物种。但现在, 通过"蛟龙号"的下潜, 我们发现了很多新物种, 其中能定名的就有10个, 其他的还需要做研究, 可能还会有更多的新生物问世。深海里有很多生物, 有的是静止不动的。我们见过一条很漂亮的鱼, 后来我们称它为"龙鱼"; 这种鱼大家都没见过, 哪怕生物学家也没见过。当时, 我们在它的旁边, 机械手在"兴师动众"地作业, 它就在一边看着我们, 一动不动, 连眼睛都不眨, 它这种静止状态持续了二三十分钟, 最后我们都以为它可能是死的。等机械手在它旁边采样完了，准备去抓它，刚一碰到它，它就突然腾空一跃，姿态非常优美，它应该是我做地质以来碰到的最漂亮的一条鱼。深海鱼的习性，跟河里、湖里的鱼真的很不一样。很想把它们带到地面上来看看。

还有一次很有意思，我们乘"蛟龙号"采完样返程，路上通过摄像头留意样品状况，看到样品筐里有一个黑乎乎的东西在动，观察好一会儿才发现，是一条鱼被压在样品袋下面了。它一直想要挣脱，潜器在海里很稳，它没挣脱出来。等"蛟龙号"升到海面等待母船来拉的时候，被海面上的"风浪流"带着摇晃起来，这条鱼才在晃动中挣脱出来逃掉了。我们一路上看着那条拼命想要挣脱的鱼，觉得特别有趣，不过，到最后只能无奈地看着它跑掉。

陈伟鸿（主持人）：有特别想采样却没有成功的情况吗？有哪些您觉得运气不好的时候？

周怀阳："黑烟囱"的采样很费劲。"黑烟囱"实际上就是成矿过程，是铜、铁、锌的硫化物从海底冒出来，一直往上长，可以长到二三十米高。"蛟龙号"可以悬停在二三十米高的"黑烟囱"旁边，去抓取它的样品。但机械手采"黑烟囱"样品很难，捏紧了会把样品捏碎，捏松了样品就会掉下去。

| 第二问："蛟龙号"在外观设计上有什么特别之处？|

陈伟鸿（主持人）：对于"蛟龙号"，我们中国人都觉得特别自豪，但对它的了解其实并不多。我们准备了一个"蛟龙号"的模型，您能介绍一下它在外观设计上的特点和用途吗？

周怀阳：在这个"蛟龙号"模型上有一个支架，但真正的"蛟龙号"是没有这种支架的。有的潜器会有类似的架子，但一般都会做成滑雪板的样子。因为海底的绝大多数地方都不是硬岩，而是沉积物，就是泥巴，潜器停在海底时如果陷在泥里，会很难拔出来，支架做成滑雪板的样子才能避免下陷。"蛟龙号"在海底处会调成"零浮力"，贴着海底前进。

螺旋桨是给动力的，控制前进或后退。

前面的头部有一排灯光和摄像、照相设备，还有两个机械手，一个七功能机械手，一个五功能机械手。

机械手的后面有三个窗口，主潜航员的位置在中间的窗口，他的两边各有一个科学家，告诉他要采哪个样，他在舱里基本上要以类似跪着的姿态操作机械臂，是很辛苦的。

前面的灯光、摄像、照相设备是科学家来操作，每次深潜都是全程录像的，通常是看到什么就录什么，一些比较重要的资料，科学家会操控灯和摄像机，调整焦距重点拍摄记录。

节目现场展示的"蛟龙号"潜器模型

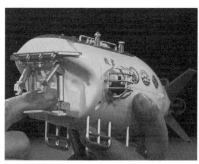

| 第三问：移居海底世界何时能实现？ |

郝义（长城会CEO）：我说的海底世界是可供人类居住的"海底城市"，它能否实现，何时实现？在探索海底城市，甚至海底移民的过程中，目前面临哪些问题？

周怀阳：我所有的经验告诉我，我们还是应该好好在陆地上生活。我们现在去海底，就是为了研究整个地球系统、研究海洋资源。深海的海底，对人类而言还是非常恶劣的。现在，我们可以利用潜器下去，但背后的技术非常复杂，成本也非常高，而且只能让极少数人在有限的时间里去进行一些探索性的工作。我们为什么要到深海海底去居住呢？如果真的需要考虑移居深海海底的话，在压力、能源、食物供应、人际交往方式等各方面都需要发生相应的变化，才有可能建立起海底城市。

郝义（长城会CEO）：那么，去海底生活和去火星生活，您感觉哪个更容易一点？

周怀阳：我觉得去海底更容易一点。

| 第四问：您最惊险的一次海底经历是什么？ |

王清锐（"歪思妙想"创始人）："蛟龙号"的深海探索让我感受到了大海的深邃。虽然潜入海底世界看起来是一件非常美好的事情，但同时也会有一些惊险、难忘的经历吧？

周怀阳："蛟龙号"开始下海，最初的三四年时间，要做工程性的实验，从水深50米试到300米，再试到1000米、3000米、5200米、7000米，潜到这些深度花了四年时间。这期间要经历各种尝试，不仅仅是下潜的深度不一样，每次下潜的环境也不一样。比如，冷泉区的环境和热液区的环境就很不一样。冷泉区尽管是在一个山顶上，这个山顶上基本是平的，但其中有一些冷泉形成的、很大的碳酸盐，一块板一块板地翘在那里，看上去就像在地震中倒塌的楼房，可能的确是倒塌形成的状态。到热液区就不一样了，热液区是一二十米高的柱子，有的很大，而且常常是好多个柱子叠加在一起，一个区域里往往有一二十个叠加在一起的大柱子，"蛟龙号"就需要在中间穿行，然后停在某个地方采样。在不同的深度、不同的环境里，都需要一次一次地学习、实践，然后一次一次地总结经验。

│第五问：如何打通海底的财路？│

李晓光（Techplay创客教育创始人）：我的工作除了教小朋友学习科技，还有教大学生如何创业。在海底有没有大学生创业的机会，有没有投资的机会？比如通过"蛟龙号"的探索，有没有发现有关开发海洋的、可供普通投资者进入的领域？

周怀阳：那太多了，像矿产资源，生物资源……还有在冷泉、热液区发现的基因资源（具体地说，就是冷泉、热液区的生物，都是用那些对人类而言有毒的物质合成了有机碳；这种基因资源，应该是最有生命力的）。另外，海洋文化、海洋科技，不仅可以用在潜器上面，也可以用在其他方面。我相信，海洋是人类文明进步的其中一个方向。只要是人类社会有的，即陆地上有的，都可以拓展到海洋的开发过程中去——从社会科学到自然科学，从科学到技术，从人文到历史，包括考古……财路很多。

李晓光（Techplay创客教育创始人）：我们现在到了7000米的深度，如果再往下走的话，是不是还有很多财富是我们没有发现的？

周怀阳：7000米深度再往下的话，就是小于地球表面1%的地方了，即一些海沟。除了这些海沟，其他的地方基本上都在我们"蛟龙号"的覆盖范围之内。通常，我们说6000米一潜，或者6500米一潜，这基本上就是深海盆的位置。可能一些海沟底下会有特殊的生物。海沟里是否有矿藏，到现在不是很清楚。

李晓光（Techplay创客教育创始人）：如果我们再往下走的话，我们的"蛟龙号"还需要在技术方面有哪些突破？

周怀阳：肯定是另外一台，不是这一台了。这一台的设计深度就是7000米，工程师实验的时候最深下到了7062米，已经突破了原本的设计深度。

陈伟鸿（主持人）：现在，在全世界的范围里，载人深潜器下潜的最大深度是多少？

周怀阳：卡梅隆的载人深潜器下到了11000米，突破10000米了。卡梅隆自己出资造了一个潜器，是个只能载一个人的小圆球。他本人坐着下去过。卡梅隆喜欢下去，他之前下去过几十次。他坐过美国的潜器"阿尔文"、日本人的潜器、法国人的潜器、俄罗斯的潜器。最后，他自己做了一个。他的那个潜器是探索、探险用的。据说，他那个潜器下去之后"丢盔卸甲"，前面的机械手都掉了，灯、摄像头也掉了不少，好不容易才拿上来几块样品。

但我们"蛟龙号"不一样，"蛟龙号"是7000米"工程卓越型"的，不是探索型的，可以在7000米的深度范围内做几乎所有的科考工作，甚至做一些工程性的工作。

| 第六问：您是不是一个游泳高手？|

吕强（"问号青年"）：周老师说对海很有情结，您是不是一个特别喜欢接触海或者特别喜欢下水的人，是不是一个游泳高手？

周怀阳：我希望自己是一个游泳高手，那样的话我的身材可能会好一些。我绝对不是游泳高手，只是会一点，能在水里扑腾两下子，可以说是几乎不太会游泳。但是，会不会游泳跟我们能不能坐着"蛟龙号"下潜并没有什么关系。所以，"蛟龙号"是创造了一种氛围、环境，上到八九十岁的老人（只要是能坐在办公室工作的），下到几岁的小孩子（只要是在飞机上不哭闹、不给大人添麻烦的），都可以坐着"蛟龙号"去到深海海底。

陈伟鸿（**主持人**）：乘坐"蛟龙号"下海，人的身体上会不会有什么不舒服的感觉？比如会不会像坐飞机那样，起飞和降落时耳朵不舒服？

周怀阳：那不会。蛟龙号里面的压力是受调节的，很稳定。坐着"蛟龙号"去到深海，身体上唯一的不舒服就是里面没有空调，到了深海区会很冷。潜器准备下潜时，关了舱门以后会在海面上停留一段时间，那段时间里，一是会晃得比较厉害，如果晕船的话可能会难受；二是那时候会觉得热，因为在海表太阳直晒，停得稍久一点舱里就会很热。但是，下潜到海里之后，海水到1000米深时是5℃，到2000米以下只有2℃了。一般从中午开始就越来越冷，舱里面都会滴水。所以，我们每次下去，进舱的时候穿的可能是汗衫、短袖、衬衫，到后来就要穿上全棉的、厚厚的制服，袜子是去南极的那种袜子，到后面还要穿上大棉衣，可能还要裹上毯子。

| 第七问：海底有哪些宝藏？ |

董寰（湛庐文化总编辑）：小的时候看《西游记》，觉得里面描述的龙宫特别神秘。您有没有看到一些恐怖的物种？您觉得海底还会有哪些宝藏？

扫码观看：揭秘海底宝藏
（图为周怀阳展示来自深海的硅酸盐玻璃）

周怀阳：到现在为止，我们人类对海洋的认识还是太肤浅了。我相信，海里有很多我们不知道的东西。海洋覆盖着地球表面2/3的面积，尽管与陆地相比，它更年轻，只有大约2亿年，但2亿年的时间已经足以发生很多故事。到现在，我们对海洋的了解还是太少，像刚才说的生物基因资源，我们发现了它的存在，但怎么利用、开发还不得而知，这里面要研究的内容太多了，即使生物界所有科学家都来关注，恐怕也远远不够。

油气资源就不用说了。海洋里可能还有潜在的矿产资源，像刚才讲的多金属结核、硫化物、磷矿……现在，我们是把它作为一个天然实验室，研究它里面的成矿过程，就是陆地现有矿产在早期（即海洋期）的成矿过程。

第 **6** 章
科学之美，超乎你想象
▼

　　他被誉为数学界的"凯撒大帝"，27岁证明出世界数学难题卡拉比猜想，开创新的微分几何时代；33岁斩获数学界的"诺贝尔奖"——菲尔兹奖。他陆续问鼎数学界三大奖项——菲尔兹奖、克拉福德奖、沃尔夫奖，人类历史上同时包揽这三项数学顶级大奖的只有两人！数学，自然科学的基础，虚拟现实、人工智能、大数据……无不源于这门学科。

数学，是无远弗届的

丘成桐 | 国际数学大师、哈佛大学终身教授、美国科学院院士、清华大学丘成桐数学科学中心主任、中国科学院外籍院士

很荣幸，能在这里跟大家交流我这几十年来做学问的经验，也想借此机会让年轻的学者了解做学问——尤其是做大学问——的一些经验。我不敢讲我做的学问是大学问，只是我通过朋友的经验和自己的经验，对做大学问的过程有了一定的了解。

我做学问是从50年前开始的，涉足过很多不同的领域，比如微分几何、微分方程、广义相对论、弦论、代数几何跟图形处理……另外，物理、工程方面的学问我也有过涉猎。这样做学问看起来有些杂乱无章，没什么头绪；但是，这种方法是从我读研究生立志做学问起，就已经明确要始终坚持的、最基本的做学问的思路和方法。

科学的基本演绎法：理性思考 VS 感性描述

这是一种非常重要的思路和方法。我觉得，做研究的人就是要去研究有趣的现象，因为它们值得去思考、值得去描述。理性的思考是研究工作中最重要的一部分，一个科学家首先要进行理性的研

究。理性的研究变成量化表达，即用数字进行解释，这个过程就是数学。数学是整个科学过程中极为重要的部分。但同时，还有一个重要的步骤——怎么描述这个现象。"怎样描述现象"是所有学问的起点。比如，我们要做"三维映射"研究，首先要把人脸的表情准确地描述出来；大自然的现象或我们看到的社会现象，描述起来会比较复杂，描述方式几乎接近文学表述。也就是说，当科学家要阐释一个观点——例如描述大自然——的时候，他所做的工作跟文学家所做的工作相差无几。我认为，一个出色的科学家应该兼具理性和感性两种能力，用理性的能力（即数学的方法）来思考自然现象，用感性能力（即以人性化的方式）来描述自然现象。所以，我做学问涉猎颇广，既要研究数学、物理、化学等学问，也很重视如何通过个性化的感情、想法，描述客观现象（即针对人文、文学领域）的研究。

三维映射

是指将三维曲面展平到二维平面上。

要做"有意义的学问"

我们都知道数学是所有科学中最重视"严谨"二字的学问。我对严谨的学问更有兴趣，因为我不愿意讲任何不对的话。

在这个最为严谨的学问中，要做没有逻辑错误、计算错误的"定理"并不难，我们甚至可以用大型计算机快速产生几十亿个"定理"。可是这样产生的"定理"完全没有意义。我们在课本上看到的定理，都是通过各种方法筛选出来的、有意义的定理。

我们也可以讲一大堆很严谨的、没有逻辑漏洞、没有计算错误的"学问"，可是它们也完全没有意义。

什么叫"有意义的定理""有意义的学问"？

在我看来，只有用简单、严谨的语言，对客观现象、自然规律进行准确描述，才能算是"有意义的学问""有意义的定理"。

只做"有意义的学问"，可以说是我做学问的座右铭。

关于什么是"有意义的学问"，我举个例子，它就是中学生都学过的，著名的"勾股定理"。

平凡又特殊的勾股定理

"勾股定理"，是直角三角形的斜边的平方等于它两边的平方之和。在我看来它是个很"漂亮"的定理，大家在中学时都会学到，可能很多人都忘掉了。

$$c^2 = a^2 + b^2$$

○人类的第一条定理

这个定理可以说是人类历史上第一个最重要的定理。为什么呢？在古代文明中，如巴比伦、古埃及、古印度、中国等古老文明的史迹里，都有关于勾股定理的描述，但都只是描述；最后，是古希腊人将它证明为一个定理，一个适用于所有直角三角形的定理。同时，它也是人类历史上第一个完全用逻辑一步一步推导出来的定理，这是一件了不起的事情。因为这种逻辑性的想法和做法是人类之前没有过的，有了这种逻辑性的想法以后，人类才知道了什么叫科学，才知道了可以一步一步地推导出一个重要的结论来，而不是凭空地猜出一个结论。这是人类科学发展史上很重要的节点。

○勾股定理与"平坦空间"

勾股定理对"平坦空间"有什么意义呢？假如我们将这个直角三角形放在球面上，我们就会发现勾股定理不成立了——斜边的平方并不是等于两边平方的和。为什么会不对呢？是因为球面不是平坦的，球面上有不同的"曲率"，不像"欧氏空间"、三维空间那样是平直的。（见右图）

所以，勾股定理其实是平坦空间里一个重要现象。直到现在，我们仍然在用这个方法来研究

曲率

用来反映几何体的弯曲程度，即不平坦程度；曲率越大，曲线的弯曲程度越大。

欧氏空间

欧几里得空间的简称，也称"平直空间"，在数学中是对欧几里得所研究的二维、三维空间的一般化。

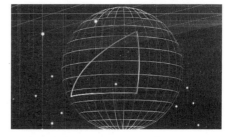

勾股定理不适用于球面

"一个空间是不是平坦的"。举个例子，到目前为止，关于"我们所在的这整个宇宙——包含所有星球的大宇宙——究竟是不是平坦的"这一问题，天文学家要去证明它是很困难的；如果从数学层面来论证，我们可以讲，在宇宙中找到三点，量出三点的距离，通过这三个距离是否满足勾股定理，就可以判断出宇宙是不是平坦的。勾股定理一直是研究平坦空间的重要理论，它曾推动了"黎曼几何"的发展，也影响了爱因斯坦的"相对论"。

○勾股定理与"有理数""无理数"

还有一个故事，可以说明勾股定律的重要价值。大约在公元前500年，古希腊有一个"毕氏学派"，他们有一个哲学思想，认为宇宙里所有物体都可以用"有理数"来描述（有理数是一个整数a和一个正整数b的比，即a/b）。等到他们严格地证明了勾股定理以后，他们发现存在一个很奇怪的现象，即一个直角三角形两边都等于1时，它斜边的长度不是"有理数"，而是"开方"，2的开方；这证明它不是"有理数"。这个发现让所有"毕氏学派"的学者大为震撼。为什么震撼呢？因为他们意识到自己所提出的两种结论是互相矛盾的：一个是哲学的理论，世界上所有东西都可以用"有理数"来描述；一个是他们严格证明的勾股定理。据说，这个学派里的有些学者在这两个问题上钻了牛角尖，受不了压力跳海自杀了。

我说这个故事首先是要强调：勾股定理是经过严格证明的，这样的理论没有任何漏洞，不可能是错的。

其次，这个故事说明了勾股定理对推动数学研究的重大意义。在两个互为矛盾的理论中，既然勾股定理是严格证明的，而"有理数"也是成立的，那问题出在哪里？唯一的解释就是——"有理数"是不充分的，它不足以解决世上所有的试问。由此，人类对

黎曼几何

由德国数学家黎曼创立，是非欧几何的一种，它不承认平行线的存在，它的模型是一个经过适当"改进"的球面，亦称"椭圆几何"。

相对论

关于时空和引力的基本理论，主要由阿尔伯特·爱因斯坦创立，并依据研究的对象不同分为狭义相对论和广义相对论。

"有理数"有了更进一步的认识，开始考虑"无理数"。所以从这个观点来讲，勾股定理这个几何学上的重要理论，也帮助整个数学领域产生了另外一个分支，扩大了我们对数学的认识范围。因为勾股定理的存在，从"有理数"增广到"无理数"成为一个水到渠成、非常自然的过程。

数学之美 ——"漂亮"的含义

很多媒体采访我的时候都会问："你讲数学很美，究竟数学怎么叫美？"其实，这跟我对数学发自内心的欣赏有很密切的关系。我觉得勾股定理很漂亮，因为我很清楚它对几何学的重大影响。我说它"很漂亮"，是因为它在以下几个方面有着"漂亮"的内涵：

1.勾股定理，是科学研究的历史中第一个进行严格证明的定理。在"毕氏学派"证明它之前，没人知道什么叫证明定理。

2.勾股定理所描述的直角三角形，具有普遍性。针对单个三角形的描述，中国很早就有，其他很多国家也有——如果一个三角形一边是三，一边是四，一边是五的，它就是一个直角三角形——但当时大家都认为它一个很简单、也很特殊的例子。而"毕氏"证明勾股定理的时候是用于"所有的直角三角形"，这一点很重要。我们中国人有个《九章算术》，《九章算术》给定理的时候从来都是只讲例子，它不知道一个定理可以概括所有三角形。可见，中国的数学跟外国的数学有很大的分别。

3.勾股定理针对平坦的空间提供了一个很好的、重要的描述。以前我们其实搞不清楚什么叫"平坦的空间"，有了勾股定理以后，我们才弄明白"平坦的空间"。

4.勾股定理让我们把"有理数"推展到"无理数"，使我们对数学的认识增加了一大片。

5.正是因为以上这四点，数学、科学有了很大的进展。

通过勾股定理的例子，大家是不是能理解我所说的"数学的漂亮"？

日常生活中的数学之趣

其实，勾股定理不但是漂亮，它还可以作用于日常生活的方方面面。请看以下三个展示。

○展示一

小朋友们都有过这样的烦恼，在游戏奔跑中，鞋带会松开，会绊倒自己；如果有一种鞋带永远不会松开那该多好。告诉大家一个好消息，这样的鞋带已经找到了。

大家都很熟悉海绵，当我们挤压它时，它会向另一个方向膨胀，这样的材料叫"正泊松比材料"，大自然中所有的材料都是正泊松比材料，我们的鞋带也是正泊松比材料。因此，当我们拉它时，它会左右收缩，也就松开了。大家请看我手中的折纸模型，它是一个放大了很多倍的鞋带的一部分（见左图）。当我挤压它时，它会向另一个方向收缩，这样的材料叫"负泊松比材料"，如果我们用负泊松比材料做成鞋带，那鞋带拉伸时，它会左右膨胀因此也就更紧了。负泊松比材料在大自然中并不存在，必须由数学家用几何的方法制作出来，用三维打印技术打印出来，可见几何数学是多么有用。

泊松比

泊松比是材料力学和弹性力学中的名词。指材料在单向受拉或受压时，横向正应变与轴向正应变的绝对值的比值，也叫横向变形系数。通常认为，几乎所有的材料泊松比值都为正，即拉伸时，材料的横向发生收缩。

负泊松比

指材料被拉伸时，横向发生膨胀；受压缩时，横向反而收缩。

扫码观看：神奇的负泊松比材料

○展示二

大家应该都吃过比萨，比萨的原始吃法就是直接上手。通常，我们拿片状的东西都是捏住、拿起来，但如果这样去拿一块切好的比萨，捏住弧形饼边、拿起来，那它带馅的三角形一端就会下垂，我们只能仰着脖子去吃，这样不美观。我来展示另外一种拿法：把食指放在弧形饼边上方，用拇指和其他手指托住弧形饼边下方两端，食指稍稍压住饼面，弧形饼边形成一个两边稍微翘起、中间稍微下弯的角度，这就能保证比萨被拿起时是平的（见右图）。为什么这么拿的时候，三角一端就不会下垂了呢？这其中有一个简单的数学原理，即"高斯曲率"在等距变换下是保持不变的。"曲率"是用于描绘物体弯曲程度的，那么如果把比萨看成一个曲线，平放的时候，它的高斯曲率处处都等于零；用第二种拿法，

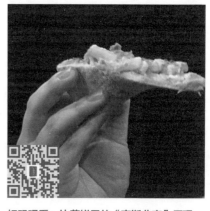

扫码观看：比萨饼里的"高斯曲率"原理

我们托住弧形饼边的两端下方，让它们往中间靠拢，相当于在向上的方向、向内的角度给了比萨一个正的曲率，为了保持总体的高斯曲率不变，在另外一个纬度、另外一个方向上，高斯曲率只能等于零，也就是平直的。这样就可以把比萨更方便地送到嘴里。

○展示三

编织，是一项非常古老的技艺，可以追溯到新石器时代。今天，我们可以用编织的方法来3D打印出任何一个虚拟的曲面。就比如说我手中拿的这张人脸，它是以电脑里预装的一个人脸模型为基础，通过编织的方法打印出来的。具体的方法是：以人脸模型的曲面为基础，找出两组曲线，白色纸条从上至下为经线，黑色纸条从右至左为纬线，经线和纬线互相垂直；再通过编织的方法，把它们编起来之后就得到这样一张人脸。它虽然是用纸做的，但是它的结

扫码观看：基于数学模型的3D编织

构非常稳定——不论横向还是纵向地去拉伸它，它都可以回到原来的形状。正是因为这种特性，这种模拟编织的技术现在被广泛应用于各个领域，比如艺术品中的雕塑、教育用的玩具、工业生产中的碳纤维制品，等等。

数学与其他科学相互影响

在中学时，我对勾股定理的印象深刻；后来，我进入香港中文大学专攻数学，就想着有没有可能像毕达哥拉斯学派做出勾股定理一样，做出一个伟大的理论——做学问的人都想干出一番事业。这事业不是获得多大的权力、挣多少的钱，而是做一个像勾股定理那样流传千古的学问。但这并不容易。

幸运的是，大自然给我们提供了广阔的研究空间；跟其他科学一样，数学也要发现和了解大自然的规律。为此，需要我们用不同的工具、不同的想法来描述大自然、描述社会上的现象，进而找到它们背后的规律；而且这个规律必须是有用的，它可以适用于物理、工业等各个领域中，产生好的结果。

○数学与文学的重要关系

为了发现和了解大自然的规律，我们首先要具有感知大自然的能力，对大自然有强烈的好奇心。没有好奇心，就不能很好地描述大自然，就像文学家或画家一样，不深入生活，是拿不出好作品的。对科学家来说，用心感受大自然非常重要，只有这样，你才能发现很多很奇怪、很有趣的现象，找到需要解决的问题。

举个例子，中国的伟大诗人屈原写过一篇长赋——《天问》，在这篇文章里他提出了很多问题，甚至包括宇宙间的结构等，都是很有科学意义的问题。然而，屈原不是物理学家，也不是数学家，他没有办法去解答；但是，提出这些问题本身就非常重要，因为今天的天文学家、物理学家都在关注和解决这些问题。可见，文学跟物理、数学乃至科学并没有相差多远。只有像文学家那样敏感于天地万物、充满好奇心，善于发现问题、描述问题，才会促使我们去解答问题——通过理性分析把对大自然的感知变成科学——而其中最重要的工具就是数学；因为需要量化，即需要将所见所感进行量化后才能运用到科学实验中或社会实践上。

○ 数学受文化的影响

前面说到做学问要解决对自然的感知和表达，这又引出了数学研究不得不面临的另一个问题——文化背景对个人感受和表达的影响。

我们都知道大自然里有各种各样的表现形态，而这些表现形态反映到我们脑海中时，会因个人文化背景的差异形成不同的认知。苏东坡有一篇《前赤壁赋》就描述过这种情况，说"惟江上之清风，山间之明月，耳得之而为声，目遇之而成色"，意思是：吹拂在江面上的清风和悬挂于山间的明月，用耳朵去感受它们，能听到声音；用眼睛去观赏它们，能看到色彩。

清风明月，是客观的自然景象，但通过耳朵、眼睛，会在各自的脑海中形成不同的印象、产生不同的情感。描写清风明月，俄罗斯的文学、中国的文学、法国的文学，表现出来的境界是不一样的。不同文化背景的影响，催生了学者对自然万物的不同感受和表述，同样也会影响数学的发展。因此，我们看到，俄罗斯人的数学跟中国人的数学不太一样，跟法国人的数学也有差异；不同文化环境中的数学研究，都有其独特的文化风格。

○ 数学需要丰富的内容

数学是所有科学研究中不可或缺的一门学科。数学能让我们了解所问的问题是否正确，数学能让我们产生足够的自信心，使我们坚定某个科研方向、毫不存疑地深入研究。这是其他学科做不到的。我曾经在一次酒会上跟我的老朋友——著名高能物理学家、诺贝尔奖得主戴维·格罗斯（David J.Gross）及其夫人交流过这个问题；说到数学和物理的关系时，我说物理学家很伟大，做了很多重要的工作，但物理学家没有办法得出一个真正的真理来；格罗斯的夫人不是物理学家，她听了不太高兴，但格罗斯本人倒是很赞成我的说法。我也跟格罗斯夫人解释说：因为数学是不可能有错的，所以说数学定理是真理，但如果数学得出的定理不能够描述大自然的话，那它就没有任何意义；而能够描述大自然的数学定理，基本上都是通过物理学、通过我们对大自然的感想得出的；数学需要借助物理学的成果来丰富研究内容。

有了丰富的内容我们才能做好学问，没有丰富的内容什么都做不了。

通过我前面所讲的内容，大家应该能够理解，为什么数学、物理、文学这些看似没有关系的学科，其实非常接近，无法做到泾渭分明。做数学研究，需要有好的文学描述让我们了解那些有趣的自然现象，需要有出色的物理实验让我们看到好的问题，文学、物理等学科的丰富内容，会对数学产生很大的影响。

做一流的学问需要高超的境界

我小时候念过曾国藩的两句话，取自苏东坡、王安石的诗，组成了一副对联，上联是"倚天照海花无数"，下联是"流水高山心自知"。它对我很有启发。我想，我们做学问的时候需要"倚天照海"，要看到数学领域之外不同类型的学问、看到数学领域之内不同的现象，看到之后要知道怎么去思考它们，进而做到"流水高山心自知"，搞清楚自己应该如何选对问题、找对方向。中国有些科学家做学问达不到这个地步，因为他们的想法是"能不能做成院士，能不能拿到'杰青'"，而没有心存高远。

还有一篇文章，也让我对这一点深有感触。那是梁启超教导儿子梁思成的一篇文章。梁思成当时在美国学建筑，他问父亲，唐玄宗"开元之治"的盛世中，有两个很出名的宰相——姚崇和宋璟，他们为"开元之治"做出了很大的贡献，这两位功绩卓著的宰相与著有传世名篇的杜甫、李白相比，哪个更伟大？梁启超在这篇文章中回答了梁思成的问题，他说：姚崇、宋璟很伟大，他们影响了"开元之治"十多年，但只有这十多年；李白、杜甫的文章的价值不在于一朝一时，他们的文章会作为中国文化的一部分，产生长远的影响。从这个角度出发，我们也可以说，数学——成功的、好的数学——对人类文明的影响不会弱于李白、杜甫的文章。这篇文章提醒我，要做出能让后世流传的学问。

跨越学科界限，实现卓越的数学成就

○卡拉比－丘理论，源于物理学的成功理论

40多年前，我接触到一个很重要的物理理论——"广义相对论"。在那之前，我一直专注于微分几何领域。当了解了"广义相对论"时，我发觉爱因斯坦的方程实在了不起，他在用几何的方法来描述时空的结构，这让我兴奋得夜不能寐。我觉得"用数学来描述时空"，这是一种超乎想象的美丽境界，是一件很伟大的事情。从那时起，我就把对时空问题的研究，当成了一个很重要的使命。在之后的40多年里，我所考虑的问题，几乎都跟"时空"有着密切的关系。

爱因斯坦的广义相对论，已经是一个相当成熟的理论，大家也确信它是一个正确的理论。但是，这个成熟的理论背后，还有很多重要的问题有待解决。就是在这样的背景下，我发现了一个让人极为兴奋的研究方向，那就是"多维空间的时空"的研究；

卡拉比－丘理论

意大利几何学家卡拉比在1954年的国际数学家大会上提出"卡拉比猜想"——在封闭的空间,有无可能存在没有物质分布的引力场。卡拉比认为是存在的,但当时没有人能证实,包括他自己。丘成桐证实了这个猜想,他因此获得数学界的"诺贝尔奖"——菲尔兹奖。

其实,"多维时空"的研究已有悠久的历史,我感兴趣的是它的背景。最终,我在1976年完成一个新的数学理论,被称为"卡拉比－丘理论"。

这个数学理论是源于物理学的"广义相对论"。当我开始深入研究时,我忘掉了广义相对论,而是专注于这个新理论的本身,因为我发现这个理论的结构非常严谨,很有"美感"。我花了6年的时间,完成了这个理论。这个理论包含了数学的不同分支,有微分几何、微分方程,还有代数几何,这三个不同的分支融合在一起,才完成了"卡拉比－丘理论"的模型。这个理论模型一出来,我就把它用在代数几何里,解决了好几个问题。

完成这一理论以后,很多人问我:"有什么感想?"当时,我的回答是一句中国古诗——"落花人独立,微雨燕双飞"。因为,完成了这个理论之后,我已经跟物理学上的"时空研究"融为一体,分不开了。

我简单地回顾一下这个理论的发展过程,大家也许可以从中体会我的这种感受:

1.起初,我想到要研究这个课题,是因为接触到了物理领域中的"广义相对论";

2.接着,因为这个课题与时空关系密切,所以,我觉得它是具有研究价值的,比如可以应用于物理的相关领域中(当时,几个在普林斯顿专攻物理的博士后朋友,对此并不认同);

3.8年后,"弦理论"产生了,这一理论的专家都表示要用到"卡拉比－丘理论",慢慢地,其他的物理理论中也开始运用"卡拉比－丘理论";

4.虽然这个理论最初与数学无关,但它所蕴含的、无穷尽的

弦理论

是理论物理的一个分支学科,它的一个基本观点是:自然界的基本单元不是电子、光子、中微子和夸克之类的点状粒子,而是很小的线状的"弦";弦的不同振动和运动产生出各种不同的基本粒子。

"美丽"，让我非常激动，所以我愿意花6年时间来研究它。而这个理论一直在不停地发展，现在成了一个很重要的理论。

所以，做学问不能局限于自己熟悉的或是别人看好的领域；要知道，大自然的无穷魅力为人类敞开了无尽的学问之门，只要我们善于发现、认真求索，就可以用所做的学问实现无穷的价值。

○"黑洞"三大参数，数学家对物理的巨大贡献

从研究卡拉比-丘理论开始，我跟研究物理的朋友有了很多来往，也进一步注意到，有很多重要的物理研究成果对数学研究很有好处。无论是天文、高等物理，还是凝聚态物理，都有很重要的、漂亮的数学理论，可以跟数学研究形成互助互利的关系。下面我用"黑洞"来举例说明。

两年前，哈佛大学成立了一个"黑洞中心"，是我跟一些天文老师、物理老师，甚至哲学老师联合成立的；因为有很多天文研究中的现象，让我们激动不已，都是值得我们高度重视的课题。我记得，"黑洞中心"成立后的第一次演讲请了一位加州大学的重量级天文学家——华裔女科学家马中佩。她在演讲中介绍了她的发现——一个超重的、大型的黑洞，我听了以后很激动，我很想研究它的结构，可是到现在还没弄清它是什么原因形成的。不过，我深信，对于这种奇特的自然现象，通过数学的证明，我们能够得出很多重要的结果，产生出重要的理论。

关于"黑洞理论"，现在有很多争议，其中一个就是所谓的"信息悖论"（information paradox）。简单地说，黑洞形成之前有无穷多的现象，比如有太阳系，太阳系中有众多天体，众多天体中有地球，地球上有人和其他各种生物、各类物体和物质……它们慢慢地崩塌（collapse），全部聚在一起，形成黑洞，形成后的黑洞只有三个参数——质量、角动量、电荷；可是在黑洞形成前，

黑洞信息悖论

黑洞由星体塌缩形成，能将周围一切物体吸进去，因而黑洞中包含大量的信息。霍金对黑洞的研究认为，黑洞最终会蒸发消失，所有信息也都会消失；但量子力学认为信息不会莫名其妙地消失。

存在着无限多的参数，这表示有很多东西不见了；对于物理学界而言，这是个很重要的问题，是"量子引力场"研究领域中的一个大问题。现在霍金，以及我的其他很多朋友都在做这方面的研究。产生"信息悖论"的关键，就是因为我们明确了黑洞的"三大参数"，即黑洞最后稳定下来的状态是由三个参数决定的——它的质量、它的角动量、它的电荷。这是个很重要的定理，近50年来，物理学家都是以它为理论基础来解决问题的，很多物理上的疑问都由它产生。

黑洞的"三大参数"是一个很"漂亮"的证明，而做出这个证明的是数学家。

○架构未来，需要更大的格局

黑洞的"三大参数"对于科学研究意义巨大，它让我们发现和解决了很多问题，但是由此也产生了新的、让人困惑的问题。

以此为例，我要谈谈关于做学问、做大学问的另一个重要经验。

我们知道，跟所有定理的证明一样，黑洞"三大参数"的定理的证明也要有一个假设，即一个hypothesis（编注：特指理论、学说方面的假设、推测，有待进一步检验或证实的假设）。"hypothesis假设"确定了以后才能证明到结论。在我们证明"黑洞只有三个参数"的时候，是预先设定了"一些假设"的；而这些假设是不是成立，存在着很大的疑问。尽管我们知道"数学是无往而不利的、严格的"，但同时，我们也要知道，数学证明的过程中是有假设的，即assumption（编注：特指主观上对具体事物的"假设""推测"）。不论是hypothesis，还是assumption，只要是"假设"，就不一定是"对"的；假设不对的时候，我们得出的结论也不一定对。因此，在有关黑洞的理论上，我们的假设可能有问题。

正是因此，我推崇王国维曾经说过的"做学问有三大境界"，其中之一尤为重要，那就是"昨夜西风凋碧树，独上高楼，望尽天涯路"。怎么讲呢？我们在做学问的过程中，如果发现某些"假设"是不对的，就一定要将它去除，要像"昨夜西风凋碧树"那样——树可能碧绿的，但如果它碍事了，就要坚决地把它去掉；只有这样，我们才能够"独上高楼，望尽天涯路"。

这就是做大学问的一个重要经验：想取得更好的成绩，让它产生更长远的影响，就要把眼光长放远，不能被现有的"设定"束缚住，要善于质疑、懂得放弃。

科技强国离不开数学

数学，除了前面讲到的可以用于解决有关宇宙结构的一系列大学问之外，它其实还可以用来解决很多具体的问题。

譬如：20多年前，顾险峰教授当时还在哈佛攻读计算机博士，他跟我学习几何；我和他完成了一个课题——利用古典的微分几何的方法，来解决计算机的图形处理问题；这些问题，是一般的计算机学者想不到，因为有很多重要的数学理论他们没有接触过；在完成这一课题的过程中，"纯粹数学"中的微分几何起到了至关重要的作用。

纯粹数学

也叫基础数学，专门研究数学本身的规律、不以实际应用为目，和其他一些不以应用为目的的理论科学（如理论物理、理论化学）有密切关系。

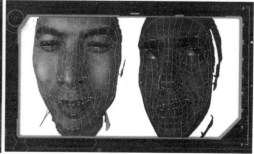

栩栩如生的计算机图片，离不开纯粹数学的支持

共形映射

是复变函数论的一个分支，从几何的观点来研究复变函数，通过一个解析函数把一个区域映射到另一个区域进行研究。可作为图像变形的重要数学方法，应用于表情的识别、捕捉、追踪，并广泛应用于医疗成像、动漫制作领域。

单值化定理

是黎曼曲面理论中最基本、最重要的定理。强调映射的图形只跟它的拓扑性有关，囊括球面几何、欧氏几何、双曲几何等所有二维几何。

几何压缩

是计算机图形处理（如三维模型处理）中重要的数据压缩处理技术。

今天，无论在"共形映射"里，还是"单值化定理""几何压缩"里，以及脑科学研究、动漫制作领域中，这些区域场景下用到的各种图像处理方法，都出自"纯粹数学"的微分几何学。

数学的应用，是无远弗届的：既可以用于深奥的结构研究（从最小的量子结构到最大的宇宙结构），也可以用于日常生活各种科技问题的解决。

可以说，数学是一切基础科学和应用科学的基础。21世纪的工业发展、理科发展，不可能离开数学，无论是通用通信科学、互联网、人工智能，还是材料科学、量子计算……都要用到数学。

中国要成为世界科技强国，必须要先成为数学强国！

我期望，今后的数学研究，能在现有的基础上得到更好的发展；我期望，数学能够成为更多人心目中重要的基础科学、重要的应用科学；我期望，年轻的朋友们都能够努力地学好数学。

互动问答

| 第一问: 人工智能会取代数学家吗? |

顾险峰（美国纽约州立大学石溪分校计算机系终身教授）：这些年人工智能发展得非常快,在很多方面超过了人类,比如博弈,阿尔法狗战胜了柯洁、李世石;比如人脸识别、声音识别、图像分类。人类尊严的最后守卫者会是数学家吗? 在未来,人性最宝贵的地方究竟在哪里? 人工智能最终是否会取代数学家?

丘成桐：我想这是很多人都思考过的问题。人工智能的突破让我们惊讶,可是有一个最大的问题它是没有办法解决的,就是"人类的感情""人性"。我们对"美"的判断,我认为机器还没办法做到;对"美"的追求,是人类前进的动力和方向。

| 第二问: 未来的"数学之美"更"数学"还是更"人性"? |

郝义（长城会CEO）：刚才丘老师讲到,在大自然中、在我们的生活里都包含着数学。这让我想到一个场景——电影《黑客帝国》里,数字自上而下地不停流淌,充满整个画面。未来,人类社会可能就类似这样的场景,全都数字化、数学化了。在那种情况下,"数学之美"会继续追求极致的数学方式和数学内涵,还是会反过来开始注重对人性的追求、注重真实的人性体验?

丘成桐：数字本身就是很美的。从我们研究"数论"——数论是专门研究数字的——的时候就认为数字很美。数论本身也很美,我很多朋友花了一辈子的工夫在研究。刚才讲到了"勾股定理",也就是"毕氏定理",论证这个定理的"毕氏学派"认为，全世界所有东西都可以用数字来表达。我们写诗可以用文字来表达，能够用文字表达的当然也能用数字来表达；所以，数字是可以用来表达人类感情的，可以通过诗词，通过种种的表现方法。你的问题是把数学和人性完全分开了，但其实数字可以表现人性，人性也可以研究数字的结构。

| 第三问：中国孩子的数学赢在起点，却输在终点? |

张庆男（学心理的数学老师）：不知道您当年学数学的时候有没有接触过"奥数"，现在，这几乎是中小学生课外补习的"必修课"。相较于国外同年龄段的孩子，中国孩子在数学方面可能学得很超前，甚至学得很难、很深，以中小学年龄段横向比较的话，中国学生的数学学得不错，直到高中阶段的国际性数学竞赛，中国学生的获奖情况都还可以。但是，到了大学之后，中国学生对于数学研究的独创性、深刻性，好像就显得比国外学生要弱，也很难产生像您这样数学领域的大科学家。您觉得问题出在什么地方，我这样的中小学基础教育工作者应该做哪些努力?

丘成桐：我觉得这个问题主要是因为，中国的小孩子受到家长或老师"急功近利"的影响，他学奥数、考奥数的目的是想拿高分、想进好大学，但在这个过程中，他对数学本身的兴趣并没有被培养起来。我从小学到中学，老师们基本上是让学生自己发挥，我没去过补习班，可是我去图书馆看了很多数学书。中国孩子的学习能力和基础都很好，但一味追求高分的学习氛围不好。在教育方式上，我觉得最好能既让孩子重视考试成绩，给他提供足够的学习通道，同时也要给孩子留出主动思考的空间，让他们对数学发自内心地产生兴趣，愿意花工夫去学。

| 第四问：数学接受否定吗？ |

杨霞清（网易科技中心副总监）：我们发现很多基础学科都有这种情况，就是它会不断地否定纠正，不断地去探索、去完善。比如最初是"地心说"，后来它被"日心说"推翻；我上小学的时候，教科书里说"冥王星属于太阳系"，可是前几年公布说它不属于太阳系。在数学领域是否也有类似的情况，在不断地否定中不断前行？

丘成桐：数学当然是不停地否定再否定，才达到真理。我研究"卡拉比−丘理论"的时候，做了3年之后突然发觉方向完全错了，走反了，当时是很痛苦的。我否定了自己3年的工作，走上了对的道路。如果一开始知道这个路是对的，那就不是科学。科学就是要在完全未知的前提下走出一条对的路来，这个过程中一定会否定自己。

| 第五问：数学离校园很近，离生活很远？ |

杨霞清（网易科技中心副总监）：通常，我们在生活中是感受不到数学的存在的。比如，我在小学、初中、高中，都能学勾股定理，学其他的数学知识；但等我毕业了，工作了，就感觉不到数学的存在了。丘老师有没有担心，在社会上或大众人群中，数学会被忽视？

陈伟鸿（主持人）：说得通俗一点就是，数学还有用吗？

丘成桐："数学有没有用"这个问题，就是你愿不愿意花脑力去想的问题。举个例子，数学可以用于金融投资，有很多数学家都会在这方面花不少工夫，都能赚钱，因为他们懂得怎么用数学来投资。其实数学在社会生活中随处可见，我们现在用的互联网，还有其他很多应用，都跟数学有关。

未来架构师
Weilai Jiagoushi

彭凯平
Peng Kaiping

　　清华大学社会科学学院院长、清华大学心理学系系主任，中国"积极心理学运动"的倡导者和推动者。2009年起，他担任中国国际积极心理学大会执行主席，曾参与中国各城市的"幸福城市"建设工作。发表过300多篇学术期刊论文，承担国家"973"重大攻关项目、国家自然科学基金和社会科学基金等科研项目，多次获得重要学术奖项。2015、2016年，他连续入选爱思唯尔"中国高被引学者十大心理学家榜单"。

幸福，是探索未来的动力

彭凯平 | 清华大学社会科学学院院长、
清华大学心理学系系主任

　　什么是心理学？没有学过心理学的朋友遇到我时，问得最多的一个问题就是："你知道我在想什么吗？"我只能回答："我不知道你在想什么。"我们自己想什么，这是我们自己的心得、感受、智慧、体会，这是个案；然而，心理学作为一门科学，它研究的不是个案。

　　心理学研究的是大数规律，是多数人在多数情况下会出现什么样的行为和心理反应，它是研究人类行为的一门科学，是研究人性、人情、人欲的一门科学。心理学是要讲规律的，这是科学的心理学和大众自以为的心理学（比如人文的感受、智慧的体会、哲人的说法）最大的区别。

心理学与未来有什么关系

心理学和我们的未来有什么样的关系？请大家先思考两个问题：

1.你在什么样的时候愿意去想象未来、憧憬未来？

2.想一想什么样的人愿意讨论未来、畅想未来？

我们会发现，未来，是与积极的体验相联系的：幸福的人愿意想未来，年轻的人愿意想未来，积极的人愿意想未来；而有病的人、年老的人、不愉快的人更容易回忆过去。所以幸福和未来其实是相同的，所以说，"未来构架师"其实也是"幸福构架师"。

积极心理学过去20多年的研究发现：未来和幸福，这两者之间有一种积极的正相关。

2008年，我受清华大学的邀请重建清华大学历史上曾经辉煌的心理学系时，我就在想一个问题："我们中国人民在21世纪更应该具备什么样的心理品质、心理的能力？"当时，我看到一篇报道，内容是针对中国普通老百姓的调查报告，调查的主题是："你觉得自己活得开心吗？""你觉得自己属于弱势群体吗？"这个调查报告的结果让我非常意外，居然有超过70%的人认为自己属于弱势群体，觉得自己过得比50%的人更悲惨。这是一种非理性的表现——不可能有70%的人会比50%的人活得不如。这反映出一种社会心态，导致这种心态的一个重要原因就是，大家并没有真正关心自己是否开心、积极、幸福。这让我意识到，对于幸福，中国人存在太多的不解、无知，甚至歧视和敌意。所以，我把幸福科学作为回国工作的一个重要课题，把积极心理学作为清华大学心理学系的主攻方向。

幸福并非虚幻的概念

我们对幸福最常见的误解，是把幸福当作一种虚幻的概念——一种主观的体验，一种抽象的说教，甚至是一种宣传。积极心理学已经发现，幸福有物质基础，有生物条件，有神经递质，有具体的行为反映，有健康、经济、社会的价值，幸福不是虚幻的概念，它是实实在在的。

积极心理学的研究表明：一个幸福的人其实更关心别人，更关心社会，更关心民族，更关心国家，也更关心人类。开心的时候，我们更愿意去帮助别人，更愿意去思考别人的利益和福利，而不开心的时候我们通常只想到自己。所以，幸福其实是完成社会公益、社会道德、社会建设、社会正义的特别重要的心理资本和心理条件。

幸福不是虚幻的概念，还有一个特别重要的原因：它有科学的生理基础。我们的研究证实：感受幸福需要具备三个必不可少的生理条件。

条件一：没有消极情绪。也就是说，我们的杏仁核被抑制住，没有产生活动。杏仁核，是人体负面情绪感受的中心。当我们闻到不好的气味、看到龌龊的画面，被人侮辱的时候，我们的杏仁核会充血，进而生出负面情绪。

条件二：大脑分泌出各种积极的化学激素，比如催产素、多巴胺、内啡肽、血清素……它们都是产生幸福感的特别重要的神经递质。如果没有这些神经递质的出现，就算不上幸福的体验。

条件三：大脑前额叶智慧的参与。人类的幸福不仅仅是情绪的活动，同时还要有一种人性的感受，要有一种慧眼禅心的领悟，这样的幸福才是真正的幸福。

关于幸福的误区

对于幸福的认识，还有一些常见的误区，比如把幸福当作一种比较出来的结果，只要比别人活得好一点点，我就会很幸福；或者把幸福当作一种简单的生理满足，猫吃鱼、狗吃肉、奥特曼打小怪兽，只要自己活得满足，就很开心、很幸福；甚至有些人把幸福当作某种神圣、伟大的牺牲，以为牺牲自己就会得到最大的幸福……

○ 充分满足不是幸福

幸福不是充分满足。心理学家曾经做过研究，发现过度满足的人其实更容易患上抑郁症以及其他心理疾病。

○ 有钱未必幸福

幸福也不是有钱。心理学家已经发现，特别有钱的人未必比普通人幸福。美国的心理学家曾做过一个调查，大数据显示：年收入达到3.8万美元之前，幸福与收入成正比，但年收入超过3.8万美元之后，幸福指数的变化跟收入就没有多少关系了。所以，年收入不足20万元人民币的话，多赚钱可以给自己带来幸福感，但是如果过了这个幸福拐点，收入增加和幸福感的变化就会脱节。同时，研究发现：特别富裕的国家，其居民幸福指数也未必很高；突然发财的人也不是特别幸福。所以不要把幸福当作有钱。

○ 来自"比较"的幸福靠不住

如果你觉得幸福可以来自个人比较的结果，那不妨做做下面这个简单的心理学实验。假设有两个人，一个出了车祸撞断腿，一个人中了500万元的彩票大奖，你觉得这两个人以后谁会更幸福？可能大部分人会觉得是后者。事实上，心理学研究的结果是，这两个人3个月后的幸福指数差不多。这是为什么？

原因是——人有一种特别重要的心理能力，叫作"心理的适应"。特别痛苦的经历让我们难受，但是只要熬过3个月，它就慢慢变成一种适应的常态；同样，特别开心的事情，只要经过3个月，也会变得习以为常。这是人类的一种自我保护机制，让我们不会总是兴奋或者持续痛苦，这就是一种心理适应。

另外，人类的比较还有一个重要的特质，就是我们往往容易被印象鲜明的记忆所误导。比如有人问你，愿不愿意拿你自己的生命和李嘉诚的生命交换，很多人的第一反应会是"和李嘉诚换命很值"，因为在我们的印象中，李嘉诚最鲜明的特征，是拥有巨大的财富；这个鲜明的印象会让你忽略他的另一个特性——他已将近90岁，如果用万贯家财为条件让你用青春跟垂暮交换，你还会觉得值吗？所以，我们所谓的比较，往往是基于记忆中的鲜明印象，而这些鲜明印象会误导我们比较的结果。

亲密关系是幸福之源

有位心理学家做过一个有趣的研究：他把一些小猴子交给两个妈妈抚养，一个是能够给它生命支持（即提供奶水）的妈妈，一个是能够给它触摸感的妈妈；想看看是触摸产生的意义更重要，还是奶水产生的意义更重要。他的研究发现，是触摸的意义更重要。每天24个小时，这些小猴子花了18个小时躺在有接触感的妈妈怀里，只有3个小时躺在有奶水的妈妈怀里吸奶。由此可见，我们经常说的"有奶便是娘"其实是不科学的，应该改成"有摸才是妈"。

大家有没有注意到，"妈"和"摸"的发音非常接近，不光中文这样，英文也是如此。"妈妈"的英文是"mama""mother""mommy"，都是m开头，"摸"的英文最常用的其实不是"touch"，而是"manual"，动手、手工，也有摸的意思。用双手鼓掌，这就是自摸，这就能让人很开心。现场那些鼓掌特别热烈的都是眉开眼笑的，矜持地鼓掌的都是皱着眉头的，所以鼓掌的时候请你放下身段、放下戒备，热烈地鼓起来。大家听到了没有，有些人还会情不自禁发出欢呼之声，中国有句古话叫"击掌而呼"，是说击掌产生快乐，快乐通过欢呼表达出来。所以，掌声并不是献给别人的，而是献给自己的，这就是人类进化产生的接触的快乐。

人与人之间一定要有接触，夫妻之间一定要有接触，父母和孩子之间一定要有接触，我们朋友之间一定要有接触。幸福一定是与人和人之间的亲密感情相联系的。心理学家已经发现，结婚的男人比不结婚的男人平均多活7年以上。可见，男人一定要结婚，老在耍单、老在追求女朋友，其实是找死的节奏。同样的我们也发现，结了婚的女人比不结婚的女人平均多活2年。聪明的人已经意识到在婚姻过程中男性的获益远大于女性，所以全世界优秀的丈夫一定要疼爱自己的妻子，因为她把5年的生命都献给你了。

幸福可以被看到

1860年，法国有位名叫迪香的心理学家做了一个很有趣的研究，他把人请到心理学的实验室，给他的面部肌肉通上电，想看一看刺激不同的面部肌肉会产生何种不同的效果。结果他发现：每当有三块肌肉同时活动时，人就会呈现出一种特别有魅力、有感染力的微笑。积极心理学家把这种微笑叫作"迪香式的微笑"。是哪三块肌肉的活动呢？第一个，是嘴角肌的上扬，让我们的牙齿露出来；第二个，是颧骨肌提升，让面颊提高；第三个，是眼角肌挤压，产生鱼尾纹和皱纹。

嘴角肌、颧骨肌和眼角肌，这三块肌肉的同时活动，就会形成一种发自内心的微笑。这种微笑，反映出特别愉悦的、积极的心理体验，它就是"可以被看见的幸福"。

很多时候，人会出于各种原因或目的去装笑，但装笑是可以被

这三张笑脸，哪一个是"迪香式微笑"？

看出来的。因为人可以控制嘴角肌和颧骨肌，但控制不了眼角肌，所以，你装笑时眼角肌是没有笑的。中国人有句古话叫"皮笑肉不笑"，这种描述其实不太科学，皮肉相连，皮笑肉肯定在笑；科学的心理学表述应该是"皮笑眼不笑"。

愉悦的感受、积极的情绪，其实是可以看出来的。所以，科学就是生活，就是我们生活的本领，很重要，很有意思，一点都不玄，一点都不虚，一点都不宽泛。幸福就是我们愉悦情绪的一种体验。

幸福中蕴藏着人性的光辉

人类的幸福除了愉悦的情绪体验之外，还有一个特别重要的要素、要求，就是人性的感悟，就是我们中国人提倡的慧眼禅心的修行。

这个修行跟一般的愉悦体验是不太一样的。有心理学家已经发现，当我们感受到人性中美好、善良、崇高、道德的意识之后，会有一种心领神会、悟透人生的感觉，这感觉会让我们觉得全身温暖进而心胸开阔、心旷神怡，甚至让我们激动得无以言表、喜极而泣。这是因为人有一种特别伟大的能力，这个能力被称为"同理心"，它是人类进化选择出来的特性。小孩两岁半就具有这样的同理心，他看到妈妈回家东张西望，会问："妈妈你在找鞋子吗？"别看这句话很简单，但到现在为止没有任何人工智能可以问出这句话。在学习能力、记忆能力、博弈能力上，人工智能已经可以战胜人类高手，但在这样简单的人性问题、感情问题、愉悦问题、幸福问题上，人工智能距离人类还很远很远。

为什么人类有这样独一无二的伟大的同理心？1995年，意大利帕尔玛大学的教授里佐拉蒂发现，人类大脑的前额叶有一组特别神奇的神经元，他将其称为"镜像神经元"，它们的作用印证了，中国的那句古话"心心相印"是有科学依据的。人类的肌体，让人具备了心心相印的能力，让我们能够感受别人的痛苦和快乐，这样的能力使人性拥有了伟大的光辉。

幸福绝对不是简单的愉悦，或者欲望的满足，它是一种人性的感动。美国心理学家乔纳森·海特曾做过一系列研究，他想看一看，当人感受到伟大人性时会产生什么样的身心活动。他把一些正在哺乳期的妈妈请到心理学实验室中，给她们连上各种各样的测量身心反应的工具，然后让她们看着不同的视频给孩子哺乳。这些视频包括娱乐视频、一般视频，以及感人的视频。感人视频描述的是人间最美好的感情、最崇高的愿望，最善良的行动。他发现，当这些母亲观看感人视频时，会嗓子发紧、流泪，同时全身发热、乳房发胀，她们的奶水孩子吃不完，全部漏在吸奶垫上，她们所表现出的这种状态就是一种幸福的状态。可见，这种幸福的状态恰恰和人类的感动神经通道重叠。所以，人类是一种伟大的生物，我们把自己最美好的幸福体验和感动的体验重叠起来，这正是人性的光辉所在。

幸福到底是什么

科学的心理学已经发现：幸福其实是一种有意义的快乐。它不是简单的口腹之欲，也不是简单的愉悦，它一定是一种有意义的快乐。

我们看见水、看见云，我们不是简单地描述水和云，我们想到的是王维的诗"行到水穷处，坐看云起时"；看到云卷云舒、潮涨潮消、日起日落时，我们所产生的有意义、有价值的体验，都是特别重要的幸福体验。美国心理学家米哈伊发现，凡是能够体会到这种有意义的快乐的人，他的生活质量一定比别人高，他的愉悦体验一定比别人多，甚至他的成就也比别人大。

○ "福流", 成就幸福人生

1975年米哈伊教授发表了他15年的追踪研究。在这份研究中,他向世人揭示出: 那些生活幸福的人、成功的人到底和其他人有什么不同? 他追踪了一批科学家、企业家、作曲家、运动家、攀岩家,他发现,和普通人相比,这些人类社会顶尖的成功人士,他们的学历、智商、情商都未必高出常人,但是,他们经常能让自己体验到一种极度愉悦的心理状态,而这种心理状态,普通人很少能体验到。米哈伊教授把这种心理状态称为"Flow"。我把它翻译为"福流"。

什么是Flow(福流)? 其实中国人很早之前就意识到了,中国哲学家庄子的《南华经》描述过屠夫庖丁的"福流"状态: 庖丁为文惠君解牛,他解牛时,每一次碰撞发出的声音都像音乐般动人,每一个动作都像舞蹈般优美。文惠君看了以后,非常震撼,他问庖丁怎么能把杀牛剖牛这种俗事做得如此出神入化、行云流水? 庖丁说,三年前解牛,他眼前只见牛; 三年后解牛,他眼中无牛,只有心中澎湃的"福流"。

所以,"福流"其实最早是中国人创造的概念,也是中国文化早就提出来的概念。我自己也体会过这种澎湃的福流。2007年我去拉萨参加学术活动,之后我匆忙前往布达拉宫,在我即将离开布达拉宫的时候,我回首一望,看见了令人震撼的景象: 在布达拉宫金顶红墙的辉映之下,一个普通的僧人,正在慢慢悠悠地清扫着散落在地上的香火钱,那些钱对他犹如尘土。这景象顿时让我产生了一种醍醐灌顶的愉悦感,我突然看清了一条很重要的道路——我一定要做幸福心理学、积极心理学,因为它跟金钱无关、跟财富无关、跟地位无关、跟权势无关,它和我们人生的境界、人性的体验密切相关。

对于福流的体验，我总结出以下几个重要的特点：

· 达到全神贯注，沉入其中，甚至是物我两忘、天人合一的状态；

· 时间意识、空间意识、自我意识暂时消失，此时不知是何时、此身不知在何处；

· 完全不去担心结果、担心评价，全身心地感受自己行动的快乐、幸福和愉悦；

· 有一种酣畅淋漓的快感。

这就是澎湃的福流。

○ "澎湃的福流"在哪里

通过大数据研究，我们发现，"澎湃的福流"其实并不玄奥、虚伪、抽象，也不是空洞的、遥远的，它就在我们的生活中。当你读一本书读到手不释卷时；当你听音乐、看电影、聊天忘掉时间、空间，忘掉自我时；当你做自己喜爱的事，全身心投入时；当你沉浸在爱情中无比甜蜜时；当你听到自己孩子的第一声啼哭，喜极而泣时；当你看到自己的作品被人认可、赞许，深感欣慰时，你心中的激动、温暖、愉悦……都是澎湃的福流。生活中其实处处有福流，关键是你要有慧眼禅心去体会。

培养发现"福流"的慧眼禅心

如何在生活、工作中去体会这种澎湃的福流，体会这种有意义的快乐？

中国有个伟大的思想家王阳明，他曾经提出，人人皆可为圣贤，关键是知良知，知行合一。其实幸福也是人人都可以获得的，关键是要"知良知，知行合一"。

○"知良知"——释放痛苦、拥抱幸福

什么叫"知良知"？就是要掌握关于人性的正确知识，了解人类到底有哪些与众不同的特性。很多哲学家、思想家把人类"动物的共性"说成是"人类的特性"。比如我们常说的：人是自私的、吝啬的、小气的、凶猛的。其实，这些都不是人的特性，而是人天生的动物本能。但是，人类之所以能成为地球上的万物之首、万物之灵，靠的肯定不是动物的本能，而是有别于动物的人的特性。

人的特性是什么？这是积极心理学过去几十年的课题之一。即，什么是人类进化过程中选择形成的、人类所独有的特性。我们发现人类进化选择出来的人性基本上都是积极的。

我们来做一个简单的心理实验。首先请放松、坐直，抬头挺胸，心胸开阔，然后把自己的双手往前狠狠地一甩，喊一声——好！多做几次，是不是立刻觉得自己身体里充满一种正义凛然、朝气蓬勃的积极感受？然后再用另一种方式来做，请你双手交叉，扶着左右上臂，低下头再喊一声——好，这样憋着胸喊"好"，是不是明显感觉身体、心里都不痛快、不舒服？

为什么会这样？因为我们的身体里有一条最古老的、也是最长的神经通道，叫作"迷走神经"。它发育出人类最古老的脑区——"脑干"，通过我们的咽喉、颈部到心肺内脏，再到躯体的前端。长期以来，科学家只知道这个迷走神经跟呼吸、消化、运动、腺体感受有关系。但现在发现，其实它跟人类的道德感和幸福感也密切相关。当迷走神经舒展时，我们会感到特别开心；当迷走神经紧缩压迫时，我们会感到很不开心。比如你的手被针扎了一下或者被火烫了一下，你会怎么喊？你绝对不会喊"好"，你一定会喊"哎哟"或者发出"嘶"的一声；这个"哎哟"和"嘶"，都是迷走神经紧缩压迫时的反应。

迷走神经的这种自然反应，表明人类进化所选择的生理特性，是趋向积极心态的。迷走神经放松、舒展时，生理和心理都是愉悦的，所以，我们会向往高山仰止，当我们看见美好、崇高、伟大的事物时，会抬头挺胸，产生崇敬的、伟大的、神圣的感受。

这是生理进化所创造出的独特的人性，所谓"知良知"，就是要把这种特性弘扬到极致、张扬到极致，从而获得快乐、积极、愉悦的感受。

当人类特别开心的时候，或是要释放痛苦的时候，一定是让自己舒展双臂、仰天长啸的，这是一种获取幸福体验的、自然而然的动作。美国电影《肖申克的救赎》中，银行家安迪蒙冤入狱，他通过千辛万苦的努力逃出牢笼时，大家还记得爬出长长的下水道后，他做的第一件事情是什么吗——他在暴雨中抬头挺胸，伸展双臂，把自己的迷走神经充分地打开，做出仰天长啸的动作。这个动作让观众也充分感受到剧中人重获自由的激动心情，沉浸于澎湃的福流中。这样的肢体动作展现了一种人性的张扬，它也是幸福的重要源泉。

仰望星空与思想的境界

哲学家康德曾说：我对两种东西的思考越是深沉持久，我对它们的惊奇和敬畏越多，它们就是天上的星空和心中的道德。为什么"仰望星空"与"思想道德"会发生联系？心理学研究表明，这正是人体迷走神经在发挥作用。

○真诚助人，收获幸福

中国有一个文人，他的名字叫梁漱溟，他发誓要写一本给中国人看的心理学著作；他从1935年一直写到1975年，这本书终于出版，书名叫《人心与人生》。这本书里汇集了他对中国人心理的研究分析和理解，其中有一段话的内容是：人们经常有这样的体验，当你为别人服务时，会感觉心里特别开朗、舒展、痛快；当你藏着力气不为别人所用时，好像是没吃亏应该窃喜，但事实上反而会觉得揪心、苦闷、别扭。这些话当时看是一种精神境界，但在今天看来，是有科学依据的。在为别人服务时，迷走神经更容易打开，更容易让我们感受道德的光辉、感受人性的召唤；当力气不被他人所用，表面看好像得了便宜，但人的迷走神经是紧缩的、憋屈的，人的内心感受自然就是苦闷的、别扭的。所以，我们的梁先生很早之前就揭示出了人性的奥秘——当我们以助人为快乐之源时，我们的身心注定会被积极愉悦的力量所滋养。

雷锋为什么要做好事，为什么做了好事还一定要写在日记本上？因为这是他感受幸福的方法。当我们看到自己做的好事成全了别人，一定会感受到一种发自内心的愉悦、快乐和积极向上的力量。

○产生"福流"的其他方法

我曾经做过很多的调查，发现有很多看似平常的事情、动作、习惯，都可以让我们产生澎湃的福流。比如做运动、听音乐、闻香气都可以让人产生实实在在的愉悦。坐禅、冥想、八卦、形意、太极，这些在中国历史悠久的养生方法，其本质上都有养心的作用。从科学角度分析，人体有一个血脑屏障，它使得大脑的意识（心理状态）可以轻易影响生理反应，但是大脑意识却很难被生理反应所影响；简单地说，就是我们可以通过大脑的平静和心理的愉悦，来使身体保持正常功能、健康长寿，但如果大脑意识烦躁不安、惊恐焦虑，想靠吃药来进行生理调整进而控制大脑意识，是非常难的。

所以说"养生先养心"。心理学已经给出了科学的论证。

创造幸福就是创造未来

幸福并不遥远，关键是我们得去做，得去体验。中国伟大的文学家陆游，曾经写过一段特别优美的诗——"小楼一夜听春雨，深巷明朝卖杏花"。我对这句诗的感悟是：当我们体验当下的美好时，其实也正在憧憬更加美好的未来。积极心理学已经发现，人在积极的时候容易去构想未来，人在快乐的时候容易去行动未来，而人在憧憬未来的时候，也特别容易感受到幸福的能量。所以，让我们一起憧憬未来、感受幸福，让我们一起创造幸福、创造未来。

互动问答

| 第一问：得不到的永远骚动？ |

张庆男（学心理学的数学老师）：关于幸福，我们经常会有这样的感觉，比如大学生说不幸福，因为没有工作没有钱；上班族说不幸福，因为忙着挣钱忙到没时间；单身说不幸福，因为太孤单；有爱人的说不幸福，因为不自由……幸福好像永远存在于我们走不到的地方。这样的心态是我们东方人所独有的吗？

彭凯平：心理学家会把得不到的事情归纳为两类：一类是欲望，一类是需求。需求，是所有人都有的。就像我们需要喝水、吃饭，就像我们需要爱情，得不到的时候一定会产生骚动，这叫作"需求不足"。需求不足，人就会出现心态不平衡、生理不平衡，所以我们一定会去追求并保证得到。欲望（包括梦想、志向），并不是所有人都有的，有些人有大志、有梦想，有些人则没有。把欲望和需求等同起来的人，可能永远会心存骚动。能清楚界定这两者的人，在需求满足之后，会产生一种更高级的追求，去实现自己的志向、梦想，但这种追求不是一种骚动，它可能是一种淡定、向往、憧憬。所以，它比我们想象的要复杂一些。你讲的都是人类的基本的需求，不是那种更进一步的伟大的志向。这种"得不到"的骚动和幸福还不太一样。

| 第二问：对幸福的判断，人工智能和心理学哪个更准？|

杨霞清（网易科技中心副总监）：未来，机器也许能够算出谁跟谁结婚，或者算出一个人怎么才能更幸福。那么关于我未来的幸福状况，是应该依靠人工智能的机算，还是应该依赖于心理学的各种感受和方法？

彭凯平：这是一个很有趣的问题。长期以来，人工智能专家有一个假设，就是假设人是一个智能的机器，只要把人解决问题、思考问题、判断问题的方式交给计算机去运算，机器就能具备像人一样的智能判断，它运算的精确度甚至可以超越人。对此，我们心理学家已经有了一个新的认识，就是这个假设可能是错误的。人一定有和机器不同的地方，在多方面人的运行要比机器的运行复杂得多，感情就是一个特别重要的方面。

虽然现在人工智能的算法可以让我们决定跟谁结婚，但那是建立在大数据的基础上。人有很多的意外，人有很多非常态，人有很多的关于结婚的特定倾向，这些都不是机器能够预测的。而且机器的运算，是以历史数据为基础的，人的极为重要一个的特性是向往未来、憧憬未来，很多时候，结婚并不是因为过去想怎么样，而是因为未来想怎么样。所以，作为心理学家我始终坚信：心理学只要与时俱进、不断完善，只要建立在科学基础之上，它一定比人工智能算得更准确，至少会算得更有意义。

| 第三问：如何辨别心灵鸡汤和毒鸡汤？ |

王国燕（中国科技传播学会副秘书长）：随着新媒体的发展，我们每天都能接触到各种各样的信息，我们的周围、我们的朋友圈里可能充斥着各种各样的心灵鸡汤。这其中会有一些毒鸡汤，有什么办法可以去识别？

彭凯平：在我们心理学，甚至在人类的哲学里，有一个特别重要的概念，叫"道德运气"（Moral Luck）。它的意思是，我们判断任何事情不能看过程，也不能看结果，一定要看动机。这个事情虽然看起来是为了实现好的结果，但是如果它动机不纯，那么这件事情就是不可信的、也是不能做的。所以，判断心灵鸡汤和毒鸡汤，主要是看动机。如果动机是想滋润你、温暖你，让你快乐、积极、幸福，那就是心灵鸡汤；如果动机是想困惑你、迷惑你、控制你、玩弄你，那就是毒鸡汤。

| 第四问：如何利用心理学判断，我喜欢的人是否喜欢我？ |

陈伟鸿（主持人）：如果很喜欢一个人，但是又看不透对方是否喜欢自己，心理学上有没有解决这个问题的读心术？

彭凯平：这是一个很好的问题。其实我们心理学家也做过很多这样的研究。有几个很有意思的技巧可供大家借鉴。首先是看眼神，我们常说的含情脉脉，就是通过眼睛来传情达意的；你留意对方看你的眼神，当你盯着他看时，对方是不是也在看你，是不是微笑地看着你，是不是充满柔情蜜意地看着你，这是第一招。第二招是身体的接触，就是去拥抱、去握手，去测试你跟对方心理空间的大小，如果喜欢你，对方一定愿意跟你零距离接触，如果不喜欢你，对方一定会跟你保持距离。有一个社会心理学家叫爱德华·霍尔，他专门描述过如何从距离感判断相互间的生疏和亲密程度，这是第二招。第三招是看言语表达，一个喜欢你的人一定愿意跟你说话、交流，如果对方跟你无话可说，那一定不喜欢你。

| 第五问：科技会让人更懒还是更聪明？ |

郝义（长城会CEO）： 有一种说法是，人类的创新基本上都来自人类的懒惰，包括科技——不想走路才发明了汽车。从发展的角度看，是因为人越来越懒，所以他的科技越来越强大。导致有种说法是，人更频繁地用脑子，可能大脑会变得越来越大，四肢越来越萎缩。但现在随着人工智能的发展，人类可能连想都不想了，这会导致什么样的终极发展？

彭凯平： 经过几千万年的演化，人类其实已经确认：只有那些行动的、奔跑的、跳跃的人更容易活下来，那些智慧的、聪明的人更容易活下来。换句话说，人类生存进化依赖两大本领：一是行动的本领，就是体能；二是思想的本领，就是智慧。这两大本领对于人类而言都是特别重要的。随着科技发展，人类好像可以省略很多事情，但是现在科学家发现，即使我们什么都不想、不做，也还是在消耗大脑20%的养分，这在科学上叫作"默认网络系统"。换句话说，人类在思想上很难懒下来。我觉得在某种意义上讲，人其实是思想上更勤奋，体能上更迟缓，这个"迟缓"是不是"懒"，我觉得仁者见仁、智者见智。我个人认为人是会变得更聪明的。

| 第六问：人工智能会产生感情吗？ |

顾险峰（美国纽约州立大学石溪分校计算机系终身教授）：人工智能发生得非常迅猛，很多人相信人工智能会带来第三次产业革命。同时它给很多人带来一些担忧，比如阿尔法狗战胜柯洁，使很多棋手产生了幻灭感。所以很多人担心人工智能会不会产生自我、产生各种各样的感情，很多人预言说我们这一代是最后一代人类，未来我们将会被机器统治，您对这问题怎么看，您觉得人工智能会产生感情吗？

彭凯平：人工智能可能产生意识，这是毫无疑问的。人类的自我意识就是如何去保护自己、如何去升华自己、如何去快乐自己，在这一点上，机器可以向人学习。但是感情是一个特别复杂的现象，它是人类通过几千万年的进化，所选择形成的一种生存策略和生存机制。人工智能可以学习人类表达感情、沟通感情、体验感情，但是让它自发地产生感情，我个人感觉还有很长的路要走，我们有生之年恐怕是看不到的。至于未来人工智能是不是会产生感情，我觉得现在无法做出任何预测和判断。

陈伟鸿（主持人）：我们现场调查一下，如果人工智能有感情了，你有可能跟它开始一场轰轰烈烈的恋爱吗？有可能的请举手——还是有几位勇敢者的，即便完全不知道未来会怎样，他们还是举手了。

彭凯平：我觉得人类不光是能对人工智能产生感情，我们对很多非生命的事物都会产生感情，因为感情是人类的特性，不是机器的特性。因为你爱机器人所以你有感情，而不在于机器人能不能爱你，所以在座的人都会对机器人产生感情，就像我们能够去爱鲜花、去爱动物，甚至去爱书，这种感情是真实存在的。所以，其实我们在座的每一个都有可能爱上机器人，因为是你感情的投射。

主持人： 这种爱，跟我们传统的男女之爱是否会很不一样？

彭凯平： 很难说。都是我们人心的产物，都是我们感情的产物。

未来架构师
Weilai Jiagoushi

吴军
Wu Jun

他身兼多重身份。作为计算机科学家，他和谷歌的同事一起开创了搜索反作弊研究领域；作为风险投资人，他成功投资了硅谷数十家高科技企业；作为学者作家，他著有《数学之美》《浪潮之巅》《文明之光》等多部跨界畅销书，付费专栏"硅谷来信"拥有极大订阅量，让他成为新时代的知识网红。

用正确的打开方式，看见科学之光

吴 军 | 计算机科学家、学者、投资人

今天，"科学"已经成为一个很通俗的话题。但什么是科学？很多人还是讲不清楚的，甚至会有一些误解；比如，我们经常会说"你这种做事方法不科学"，但到底是不是真的不科学，并不知道。所以，在这里，我要讲一讲什么是科学，它是怎么产生的？为什么科学的出现会让我们拥有今天这样的美好社会、美好生活？科学和我们每个人有什么关系？

首先，我要指出几种很常见的、对科学的误解。

大众对科学的误解

○误解一：科学代表知识

科学知识是一种知识，但除了科学以外还有其他的知识。所以，大家常常以为的"科学家一定掌握了特别多的知识"，其实是一种误解。事实上，有一些人不是科学家，但所掌握的知识也会很多。

○误解二：科学代表正确

科学和正确是两回事。一个科学的结论，它未必正确；反之，一个正确的结论也未必是科学。对此，我会在后面举一些有趣的例子来解释。

○误解三：科学是一种结论

比如，关于女生喜欢的美容话题——"吃燕窝对皮肤有没有好处"，大多数人对科学家的要求是，给出一个结论——有好处还是没好处——就行。其实科学不是一种结论，它是一个过程，过程非常重要。

○误解四：科学等于科技

这也是人们容易混淆的概念。科学和技术有紧密的相关度，但不是一回事儿。可能很多人都曾听过这样一句话（是英国近代学者李约瑟说的），这句话的大意是：中国古代很长的时间里——几千年的时间里——科技水平在世界上是领先的，但中国却没能诞生现代科学，也没有产生工业革命，这是为什么？李约瑟虽然是个英国人，但他在中国非常有名，他也是研究中国科学史的专家。针对他提出的这个问题，有不少人专门开展研究，想搞清楚为什么科技领先的中国没能产生现代科学。事实上，李约瑟的这句话里用了两个不同的概念，甚至可以说有点偷换概念——用"科技"来推导"科学"。其实，这个提问恰恰能让我们清楚地看到，"科学"和"科技"是两个不同的名词。

如何正确理解科学

○什么是科学

科学有两种定义，广义的与狭义的。

广义的科学，是指所有能够自圆其说的理论。比如，《易经》

中的八卦，在广义层面也可以称为一种"科学"；但是，今天的科学家们大都不承认这一点，因为他们认可的"科学"，是狭义的科学。

狭义的科学定义是怎么来的呢？它起源于古希腊，是用一套科学方法——稍后，我还会讲什么是科学方法——建立起来的一个完整的、自洽的、符合逻辑的体系，这个体系中的任何一个结论都既可以证实、也可以证伪。

什么叫"可以证实"，什么叫"可以证伪"呢？

举一个"不可以证实"的例子，比如关于"上帝是否存在"的结论，就不可以证实——你无法证明它存在；也无法证伪——你无法证明它不存在。所以，关于"上帝"的命题和结论就不是科学，而是一种宗教。有时候我们还会听到"我信仰科学"这样的说法，"信仰科学"其实是一件很不科学的事情。科学，应该是一种对旧事物的怀疑态度，它不应该是一种信仰。

接下来我们看一看科学是怎么诞生的，它和其他传统的技术知识体系有什么差别。

○科学的诞生——从个别现象到普遍规律

科学的诞生源于古希腊，但在古希腊以前，很多东方文明中已经有了一些科学发现和科学结论，只是没有形成体系。这些早期发现和结论是什么样的？下面，我举一个大家都知道的例子。

大家在中学的数学课上都学过"勾股定理"，即一个直角三角形，它两条直角边的平方和等于斜边的平方。根据我们能找到的证据，最早观察到这个现象的是古埃及人，在现存的埃及大金字塔里，有一些墓室的尺寸就是按勾股定理设计的，那是勾股定理在4500年前的运用；3800年前的美索不达米亚文明中，有一些泥板上画着勾股定理；3000多年前，中国人也提出了"勾三股四弦五"……但是，这些早期的发现和结论，并没有构成一个知识体系；真正对勾股

自洽

指某个理论体系或者数学模型的内在逻辑一致，不含悖论。

美索不达米亚文明遗迹——泥板上的勾股定理

定理进行准确描述，提出"直角三角形两直角边平方之和等于斜边平方"的，是古希腊的哲学家和数学家毕达哥拉斯（因此，这个定理又被称作"毕达哥拉斯定理"），他让它从一种个别现象上升为普遍规律。

○科学与传统技术的区别——经验 VS 方法

传统的技术，比如工匠做东西用尺子量一量，好像是准确的，但这只能称为"工匠的经验"，不是一个科学证明。通过经验的积累或传授所掌握的"知识"跟"科学"相比较，这两者之间存在着很大的差异——这个"知识"没有太多的逻辑性，而"科学"有很强的逻辑性。这种差异会带来什么结果呢？结果就是：这样的"知识"难以传承、发展。打个比方[注]：有一个师傅烧瓷器的手艺非常好，但他的徒弟未必烧得出来，因为他不知道其中的原理，师傅给他传授了一些要诀和技法，但他照着做出来的瓷器，还是跟师傅的有所不同，因为其中还有很多关键点要靠个人的经验，以及外在的自然条件来决定；但如果有一个很严格的配方，有一个很严格的条件控制，比如温度、烧制时各个时间段不同的进氧量……烧出来的

注：此例仅用于帮助理解技术经验与科学方法在逻辑性上的差异。

334

瓷器，其品质就会非常稳定，徒弟想烧出跟师傅一样的瓷器，只要按照这个配方操作就可以了。

○科学体系讲究逻辑

前面说到，科学的方法很重要、体系很重要。那么，世界上第一个被广泛认可的科学体系是什么呢——是古希腊人总结出来的几何学知识体系。

我们都知道，今天的几何学很复杂。我估计大家高中毕业后，如果没有继续学习或运用几何学知识，现在再遇到几何题，可能就做不出来了，这说明它实在是太复杂了。但是，如此复杂的几何学，其实只建立在5条非常简单的几何学公理上，比如，其中一条公理——所有的直角都是相等的。仅仅5条类似这样的、简单的公理，就构建出整个几何学大厦。由此，我们可以看到科学的魅力所在：它不需要有太多的基础，但它很讲究逻辑，即仅靠很简单的基础，通过逻辑就能发展出非常多的知识。

这进一步显示出科学和传统的工匠式技术的差异所在。工匠式的技术，每得到一点技术，都需要花很长的时间来总结经验，而且它和以后的技术之间，不能像科学那样通过定理进行推导。这也进一步体现了科学体系的重要性。今天，大家可能已经忘了怎么做几何题了，但只要再拿起《几何原本》看一遍，所有的几何学你就都知道了。欧几里得早已离世，但他的这本书流传下来了，后人看这本书就能学会几何学。但是，如果不是这种科学的知识体系，其他的知识体系不一定能做到这一点。举个例子，王羲之的《兰亭集序》写得很漂亮，即使他当时记下自己书写的心得和经验（当时是什么心情，怎么写的），别人照着他的经验也无法写出他那种漂亮的书法，因为这种经验无法复制，它不是一种科学的体系。

当然，世界上除了科学还有很多很美好的东西。

《几何原本》，为古希腊数学家欧几里得所著，既是数学巨著，也是哲学巨著；是欧几里得几何的基础，在西方是仅次于《圣经》流传最广的书籍。

五步循环 —— 科学研究的方法

狭义的科学诞生于古希腊，然后传播到世界各地。欧洲进入中世纪时，科学有过很长时间的停滞，直到"文艺复兴"以后才又重新发展起来。大约从伽利略到笛卡尔，再到牛顿，好像科学开始大爆发了。应该就是因为在这一阶段，人类找到了一种科学研究的方法。这种方法简单地讲也只是五条，五个步骤，是笛卡尔总结出来的。

第一步：提出问题。提出问题是科学研究的第一步，这个很重要。

第二步：假设结论。根据问题，提出一个假设的结论。

第三步：验证结论。针对假设结论，通来实验来验证，这就是科学所说的"可以证实"。

第四步：解释结论。得到结论以后，这个结论对不对，需要一个解释，让它能够和以前的科学原理相一致，即能够自洽。这个解释也很重要。

第五步：推广解释。要看这个结论的解释，能不能推广并应用于别的地方。

经过这样的五个步骤，解释得以推广之后，可能又会发现一些新的矛盾之处，这就是科学所说的"可以证伪"，然后再提出新的问题、再解决问题。这样一圈一圈循环，就是笛卡尔提出的科学方法。

举一个简单的例子。"温度低到0℃时，水就会变成冰"，这个事实中国很多古人都观察到了，但没有人对此写出一个科学的结论，所以，它是一个很模糊的认知，不是一个科学。如果用科学的方法来研究，你就需要先提问：是否只要到了一个特定的温度（0℃），液态的水就会改变形态（变成固态的冰）？然后假设是这样的结论，再通过做实验来证实，获得结果，写出解释，就是一个科学结论。通过方法得到结论之后，再着手推广，如，在一个特定的温度下，汽油也可以从液态变固态；酒精也可以，只是温度不一样。那这就成为一个普遍结论，从普遍的角度来看又会发现新问题——二氧化碳好像比较麻烦，它没有液态，它要么是气态的，要么是固态。这就把以前的结论"证伪"了。或者在水里加点盐，变成盐水，它在零度就不会变成冰，还是水，又"证伪"了。然后，你再接着研究，会得到更多的科学结论。用你的一辈子，这些从"证实"到"证伪"，再从"证伪"到"证实"的循环可能都做不完；没关系，你放在那儿，后继者看到你的结果，会接着你继续往下做。所以，科学能够一步步地持续发展。

今天，在文学、艺术领域，很难说"某某写诗超过李白、某某作曲超过贝多芬"；但在物理研究方面，当代的物理学家却可以拍着胸脯说"我的水平就是比牛顿高"。因为，科学的这种方法使物理学研究的进步得以叠加。

有一些人问我："怎么才能让自己提升得比较快？"

我说："要保证所做的工作给你带来的好处具有可叠加性，不能像狗熊掰棒子似的，掰一个扔一个。"

近代科学的产生

笛卡尔提出的这套科学方法，推动了近代科学的诞生，比如近代医学的诞生。

我们今天说到"中医""西医"，大家可能感觉医学是按地域划分的，其实不是，它是按时间划分的。科学的说法应该是——"传统医学""近代医学"。如果大家去欧洲旅行，可以去看看那里的药铺，比如位于马德里的西班牙皇宫里，有一个地方应该是当时的皇家"御药房"，那里放着很多瓶瓶罐罐，有中草药、石头、动物内脏……很像我们中药铺的药柜子；他们做药也是一个蒸馏瓶、一个烧瓶，用火"咕噜咕噜"地煮。可见，过去东西方在医学上没有什么不同。什么时候开始有不同的？缘于一个叫哈维的人提出"血液循环论"。

以前，无论是中国还是西方，都认为血液与心脏有关，心脏像水泵似的把血液往全身推送。哈维发现这其中有个逻辑矛盾，他观察了动物的心脏，计算心脏有多大、每分钟跳多少次、每次输多少血量……他发现，如果以他实际观察的数据推算，按照人体的重量，心脏每天要给全身推送上吨的血液。这是一个逻辑上的矛盾。由此，他提出一个猜想，因为人体内不可能有上吨的血，所以血液在人体内一定是循环着的。为了证实这一点，他又做了很多动物实验，最后证明这个结论是正确的。于是，他写了《血液循环论》一书。然后，他用这种理论解释了人类很多生理上、病理上的问题。在这一科学发现之外，他还给世人留下了两个非常重要的精神财富：一是没有实验就无法得到结论；二是凡事要做定量分析，只是知道性质是不够的。

科学对技术的推动

近代科学诞生之后，快速发展，对技术的发展也产生了巨大的作用。

人类历史上最重要的事情，在你们心目中是什么？在我的心目中，以及大部分科学史家的心目中，人类历史上最重要的事情，不是秦始皇统一中国，不是第二次世界大战或任何一场战争，而是工业革命。

在工业革命前的两千多年中，无论是东方还是西方，人均GDP几乎没有增长。古罗马时代，人均GDP大约是650美元；英国工业革命之前，英国的GDP是人均800美元；在中国，汉朝时人均GDP有

450美元，到1949年新中国成立时，中国人均GDP还是这个数字。而工业革命之后，全世界的GDP数值都有了很大的增长，人类的生活变得越来越方便、舒适，所以，工业革命非常重要。今天，我们中国的人均GDP已将近9000美元，从450美元到9000美元，可以说是托工业革命之福。

工业革命中最重要的事件是什么？是蒸汽机的发明。工业革命中最重要的人物，自然就是发明了蒸汽机的瓦特。其实，瓦特的作用不仅仅是发明了蒸汽机（准确地说，应该是他改进了蒸汽机，发明了一种万用蒸汽机）。他改良的蒸汽机为工业革命提供了动力，这是他的一个直接贡献，但他还有一个更大的贡献，就是提供了一种思维方式。对此，我们该怎么理解？或者为什么会有这样的说法？

在瓦特以前，世界上出现的那些发明是怎么产生的？它们的产生方式通常是：一个工匠学到了师傅的经验，发现师傅做的东西有一些不足，他可能很聪明，善于总结师傅以及前人的经验，于是把师傅做的东西进行了改进，又形成一个新的经验。当时的发明，就是这样一代一代经验积累的成果。所以，工业革命之前，发明创造并不多，那时对某种技术或工具的改进是非常缓慢的。发明蒸汽机的第一人，并不是瓦特，而是一个叫纽卡门的苏格兰铁匠，他发明了一种"纽卡门"蒸汽机，但它有许多缺陷，比如燃料耗费太大、笨拙、应用范围有限（只能用于矿井抽水和灌溉）、效率低、容易损坏，等等。

纽卡门蒸汽机发明了50多年后，到了瓦特那个年代还在使用，虽然大家都觉得它不太好用，但没有人知道该怎么改进，因为相关的经验没有积累到一定的程度。但瓦特与众不同，他曾经系统地学习

蒸汽机的发明

1688年，法国物理学家德尼斯·帕潘，曾用圆筒和活塞造出一台简单的蒸汽机，但没有实际运用到工业生产上。10年后，英国人托易斯·塞维利发明了蒸汽抽水机，主要用于矿井抽水。1705年，纽卡门经过长期研究，综合帕潘和塞维利发明的优点，创造了空气蒸汽机。

了力学、热力学等科学原理。在一些有关瓦特的资料中，说瓦特没条件上大学，他是通过自学成为了不起的发明家的。这样的名人传记非常励志、很有故事性。其实，瓦特虽然没上过大学，但他出生在一个知识分子家庭，从小就接受贵族化的良好教育，到了该上大学的时候父亲破产，他才不得不开始做仪器修理学徒谋生；学习仪器修理、制造几年之后，他幸运地进入大学工作，所以他有机会去学习力学、热力学等课程，跟教授们进行了大量的沟通。当时，当地的蒸汽机坏了，如果送到工厂修，费钱又费时，瓦特就提出让他先试着修一修，他修好了蒸汽机并有了改良的想法，之后还申请了一个专利。瓦特研制出来的改良蒸汽机非常好用，很快就卖到全世界，给工业革命带来了动力。

很多人说："牛顿，找到了开启工业革命大门的钥匙；瓦特，则拿着这把钥匙打开了工业革命的大门。"瓦特之所以能对工业革命做出巨大的贡献，是因为他掌握了牛顿的科学理论。这也正是瓦特更大的贡献，即：他让我们看到，那些推动技术快速发展、广泛应用的发明创造背后，都是以科学理论为基础的。在瓦特之后，人类很快又发明了蒸汽船、火车……很多东西，它们的发明都是有理论指导的。当电学产生，有了电磁学理论之后，人类很快就发明出了电话、发电机……

由此，我们可以看到，科学和技术的关系，以及科学和技术对人类社会的重要性。

科学发展需要耐心与信心

科学能带来巨大好处。今天，我们研究科学，尤其要注意两点：第一是要有耐心，第二是要有信心。

为什么要有耐心？因为一个重要的科学发明，从诞生到广泛应用，这中间的周期往往很长，常常需要20年左右。

例如,现在几乎人人都用手机,而且基本上都是触屏的智能手机。大家知道触屏智能手机的技术发展和实际应用花了多长时间吗?苹果公司乔布斯设计的iphone手机是触屏智能手机的代表,iphone触屏智能手机大概是2007年上市的,正好是10年前;而关于触屏技术的理论,最早的科学论文是在20世纪80年代发表的,和iphone手机问世相差了大约20年。

又如,现在大家都很关心健康问题,很多人都会抱怨:"为什么药品卖得这么贵,尤其处方药卖得这么贵?"那是因为药品尤其处方药的研制太困难了。医药行业都知道"20+20",什么意思呢?就是任何一款处方药的研制,从最重要的科学论文发表到大众能买到这个药,需要20年的时间,其间,需要投入20亿美元。

再如,2014年有三位日本科学家因为蓝光二极管(LED)得了诺贝尔奖(这项技术之所以重要,是因为人类之前已经合成出红光和绿光,如果再有蓝光,就能够合成任何颜色了);蓝光LED是在1994年制出的,20年之后的2014年,他们才因此获得诺贝尔奖。

其他还有很多这样的例子。

蓝光 LED 研究者们的耐心

赤崎勇 (1929年—)	20世纪60年代末,开始研究蓝光LED	近40岁
	20世纪80年代末,利用高质量氮化镓研究出实用的蓝光LED	近60岁
	1994年,以其研究为基础的高亮度蓝光问世	63岁
	2014年,获诺贝尔奖	85岁
天野浩 (1960年—)	20世纪80年代末,和老师赤崎勇一起在实用蓝光LED基础上深入研究	近30岁
	1994年,以其研究为基础的高亮度蓝光问世	34岁
	2014年获诺贝尔奖	54岁
中村修 (1954年—)	1994年,以前两者的成就为基础,用铟氮化镓制出了亮度很高的蓝光LED	40岁
	2014年,获诺贝尔奖	60岁

对科学，尤其对中国科学要有信心，该如何理解？我接触过很多投资人，他们对中国的科学创业者缺乏信心，跟我抱怨说：你看，硅谷的科学创新都是原创性的，比如特斯拉，解决了那么多电动汽车的问题，一个小公司还能回收火箭，技术多厉害；而中国的好多创新却都是概念式的创新。这种担心其实是没必要的，有两个原因。

第一，中国的科学发展前景让人有信心。我刚才已经说明，科学需要经过20年的时间来发展；以前，中国对科学的投入不是很大，但10年前，中国已经开始对科学加大投资，给很多大学拨了大量科研经费，再过10年，应该就能看到结果，那时中国的科学创新公司就会有很多原创。

第二，中国的科学实力让人有信心。今天，中国的科学成就在世界上处于一个什么地位呢？有一个重要的衡量指标：中国科学论文的发表数量大概全世界第二；只是目前论文被引用的数量还不够多，这说明我们原创的发明、发现还不够多。可能有人会说：论文发表数量世界第二算什么，中国在自然科学诺贝尔奖获得者人数上的排名，在全世界大概才排到50多位，好像还要再靠后一点。对此，我认为这只是时间上的延时反映。今天，科学界公认的两本权威杂志——《自然》《科学》中，中国人发表的论文数量非常多，由此即可预测出，二三十年之后科学领域的诺贝尔奖获得者中，中国人将占据很大的比例。

让科学素养成为中国人的基本素养

可能很多人会问："科学，应该是科学家或工程师的事，和普通人有什么关系？"其实，科学与每个人都息息相关。简单地说，科学，能够提升我们的认知，突破我们认知上的局限性。

在我们的生活中，有很多"科学的说法"，比如前面讲到的那些。林林总总的"科学说法"让很多人无所适从，不知道该如何面对、如何判断、如何选择……这种情况下，具备科学的素养，就非常重要了。我认为必备的科学素养有以下两条。

○ 1. 不要迷信专家权威

这一条有两层意思。一是专家权威个人，并不是正确的代表；二是专家权威的已有结论，并不代表能符合今天最新的科技潮流。

○ 2. 不要轻信任何结论

在科学上，我认为结论并不重要，因为结论会不断被推翻；重要的是过程。举一个例子，曾有文章提出"喝咖啡能够长寿"这一结论，文章中有理有据地写道：经过统计，有相关数据表示喝咖啡的人比不喝咖啡的人多活两年（具体的数据记得不太准确）。这样的结论乍一看让人觉得很有科学道理，但如果再仔细想一想，琢磨一下这个结论是怎么得来的，就会产生以下疑问：可能是有些人有钱有闲，有喝咖啡的习惯，恰恰他们又长寿，但其实他们的长寿跟喝咖啡并无因果关系，只是偶然现象；这样的结论，可能是由咖啡生产机构支持的，是为了证实"喝咖啡能够长寿"这一说法而做的指向性研究。这样一来，"喝咖啡能够长寿"的可信度就不足了吧？

质疑，就是一种科学的精神。以质疑为基础，才能做出更为科学的判断。

再举个例子，"癌症早期发现比较容易治愈"，是美国医学科学领域几十年前就提出的结论。因为这一结论，医学界开始倡导"癌症筛查"，大众也越来越重视"癌症筛查"，比如针对女性高发的乳腺癌、男性高发的前列腺癌，通过拍X光片或做CT等手段来进行相应的癌症筛查，往往价格不菲。但是，在癌症筛查被推崇了几十年之后，今天，我们开始反思"它的必要性是否真如想象中的那么大"。

对于这样一个源于科学结论的行为，为什么还要进行反思？

关于美国女性乳腺癌筛查结果的数据统计分析，开始让我们质疑癌症筛查的必要性。美国女性大约50岁以后就会开始每年做一次X光检查，进行乳腺癌早期筛查。按10年会做10次计，以每1万人为单位基数，10年下来，1万人中乳腺癌筛查的数据情况简述如下——

3568人（约35%），每年的检查都呈阴性，都没有问题。

6100多人（约61%），10年中会出现一次"假阳性"，即实际上没问题但检查结果显示"可能有问题"；这会产生副作用，比如，让人产生不必要的担心，甚至为此做皮肤穿刺进行细胞检验。

302人（约3%），确实通过筛查发现癌症：其中173人（约1.7%）是良性肿瘤，是否查出对结果没有太大影响；其中57人（约0.5%）属于"过度诊断"，即癌症病灶不严重且发展慢，本可以被忽视但却被诊断出来，让人过度担心；其中62人（约0.6%）属于恶性癌症，即便早期发现也无济于事；其中10人（约0.1%）因为早期筛查，及时发现及时治疗，得以有效救治。

以上数据显示：乳腺癌早期筛查的有效性，只有1‰——每1000人中只有1人因此获益，其他人查与不查似乎对健康及寿命的影响并不大，每年一查反而显得耗时费钱，甚至带来不必要的副作用。

可见，科学跟每个人都有关系，科学素养是人人都需要的基本素养。比如，邻居大妈听医生说了癌症早期筛查的好处，又听说中国现在有种派特CT，做一次要花20万元，但检查效果很不错；那么大妈要不要去做癌症筛查，要不要去做这种派特CT？如果具备一定的科学素养，知道科学的方法，通过科学论证的过程就能够让自己更好地进行判断。

　　科学, 是有一整套方法的。虽然探求知识还有其他的方法, 但到目前为止, 我们已经发现: 科学方法是让人类获取快速进步的高效途径, 即不断提出问题, 解决问题, 并以怀疑的态度不断地证实、证伪……科学, 可以通过积累实现进步, 用科学的方法来面对别人的结论或反思我们自己, 让我们每一天的进步能够叠加, 这样, 每个人都有机会走到自己那座金字塔的顶尖。

　　科学可以极大地提高技术发展水平、提高生产力, 使我们的生活变得更好。在过去20多年里, 中国在科学上的进步速度非常快, 我坚信, 在不远的未来——10~20年后——中国就会涌现出大量的诺贝尔奖获得者。但是, 中国的科学发展不能仅靠这些科学精英, 还需要每个人都提高科学素养, 共同来支持科学、拥抱科学。谢谢大家!

互动问答 🔍

| 第一问：科学家和科学本身哪个更有趣？|

郝义（长城会CEO）： 最近我们在硅谷采访了张首晟教授。当时，网友在线上提出很多问题。但大家更关注张教授有没有可能得诺贝尔奖——更关注科学家的获奖情况，而非"天使粒子"本身。

吴军： 我个人的观点是"科学本身更有趣"。世界上很多重大的科学发现并不是来自科学家；"科学家"这个词大约19世纪初才有。举一个例子，大家都知道"能量守恒"是一个重要的发现，它的发现者是焦耳。今天，我们说焦耳是大科学家，这没问题，他当时是英国皇家学会的会员，相当于我们今天的院士；但在焦耳那个年代，没人认为他是科学家，因为他当时的身份是啤酒商，他啤酒卖得还不错，做的是很有影响力的家族生意。焦耳之所以能发现能量守恒定理，首先得益于他学了科学，但他酿啤酒的职业也起到了关键性的作用。他提出能量守恒定理时，当时传统的主流科学家都不认同，因为做这项研究的前提是，要测量出百分之几的温差（热量），这样的测量当时科学界没人能做到；但这些科学家们忽略了一点——啤酒商为了把酒酿好，需要精确地控制温度，焦耳能完成这样精细的温差（热量）测量，得益于他家传的酿酒技术。我觉得对于焦耳来说，科学是他的信仰、追求，科学家的身份对他而言并不重要。

陈伟鸿（主持人）： 请问郝义，如果你进入一个全新的科学领域，从你个人来讲，会觉得是科学研究更吸引你，还是成为一名科学家更让你觉得有趣？

郝义（长城会CEO）：那一定是科学本身更好玩、更有意义。但是现在，可能大家还是会觉得科学有点无聊；或者对于科学家发表的成果，大家更关注这一成果能否让科学家得奖，能得奖才显得好玩儿，对这个成果本身是否跟自己切身相关，并不重视。所以，我觉得如果希望科学能被更多的人了解，需要把它的这种好玩、有趣发掘出来，让大家被感染。这也是我们开展"科学复兴"的宗旨，通过"科学复兴"让更多的大众感受到科学的力量，感受到科学本身蕴含的趣味和意义。

陈伟鸿（主持人）：吴军博士其实就用了很多大众喜闻乐见的方式，包括现在流行的互动方式，比如直播，把科学和科学迷人的光芒呈现给大家。

| 第二问：数学算不算科学？ |

王国燕（中国科技传播学会副秘书长）：吴博士在刚才的演讲中提到，科学的发展是相对的，是在证伪的基础上不断发展起来的；我们知道，物理、化学、生物，都是如此。但是，数学好像不太一样，它是基于相对的假设和公理之上，凭空建起一座大厦，这个大厦非常精致、坚固，以至于我们似乎没听说过"某个数学的重要结论后来被证实有错"。所以，数字好像是以逻辑为基础产生的，那它到底算不算是科学呢？

吴军：这是一个非常好的问题。确实，我曾经就此问过很多美国的数学家，尤其是搞理论数学的，他们大部分都不承认数学是科学，他们认为与科学相比，研究数学更让人感觉自豪，因为对于科学来说，数学是一种更加形而上的必备工具，数学更牛一些。

对于科学，我在刚才的演讲中说了它有两个定义。广义的科学，是说任何一个能自洽的知识体系都可以定义为科学，在这个层面上数学可以算作科学。但是，如果从狭义的科学层面（即以实验为基础、既能够证实又能够证伪的定义）来看，数学又不能算科学。

不过，数学另有它的特别之处——它虽然是基于公理的，但有时会出现一些"悖论"。也就是说，数学虽然不存在"证伪"，但它会出现"悖论"。比如有一个很有名的悖论，可能大家都听说过，叫"芝诺悖论"。

芝诺悖论

是古希腊数学家芝诺提出的一系列关于运动的不可分性哲学悖论，它基于"无限概念"。"无限概念"是人类认知从"有限"到"无限"的一大提升，认识了过程的无限性和量可以无限分割，即对事物的认知从静态发展到动态。

这个悖论中说：假设你跑步的速度是乌龟的10倍，但只要乌龟先跑出10米，你就永远追不上它；因为它跑出10米之后，你追了它10米它还在你前方1米处，你追了它1米，它又在你前方0.1米处……我们可以说这显然不成立，肯定多跑两步就追上了；但是如果按芝诺悖论的逻辑来看，就是成立的。到底错在哪里？在很长一段时间里大家都解释不了。直到牛顿提出"极限概念"，这个悖论就可以解释了，即：虽然把那个时间分得足够多、足够细，并不等于它的长度可以无限大，它会有一个极限值。微积分的"极限概念"就是这么出来的。而牛顿提出"极限概念"之后，它在运用于计算速度的过程中，要除以一个无穷小的量，一个叫贝克莱的人又因此提出了"贝克莱悖论"，于是，柯西为了解释这一悖论又提出了新的公理化的数学体系，这才完完整整地解释清楚，形成了数学中极为重要的"极限思想"。

极限思想

"极限"是数学中的分支——微积分的基础概念。极限思想是一种具有哲学智慧的数学思维，它揭示了变量与常量、无限与有限的对立统一关系，是唯物辩证法的对立统一规律在数学领域中的应用。

所以，数学的发展过程中会出现很多悖论，而这些悖论的解释会产生出新的工具、方法，从而推动数学往前发展。从这一角度来说，我认为"数学应该算是科学"。

| 第三问：科学是不是这个世界的最优解？ |

吕强（"问号青年"）：现在，我们总把科学当成对世界的权威解读，但当一个事情变成绝对的权威时，其实是危险的。科学是这个世界的最优解吗？我们应该用科学去解释一切吗？

吴军：刚才我在演讲中也说到了，人类有很多知识体系，只是到目前为止证明：科学的知识体系完善地解释了宇宙中、生命中的所有现象，它是一个自洽的体系。作为一个科学家，其实意味着"我是科学家，我发表一篇论文，是让大家在其中挑毛病找到问题，从而推动科学的发展"，而非"我是科学家，我不能被反驳"，那是"学霸"（霸道的霸），不是科学家。

吕强（"问号青年"）：是否所有事都要先考虑用科学来解释？

吴军：这是做不到的。我换一个角度来回答这个问题，今天很多人问我："机器智能最终是否会取代人？"我说，其实机器智能有很多做不到的事情。比如，今天所有计算机的设计，不管它多么复杂，它最基本的原理就是"图灵机"，这是一个数学工具。艾伦·图灵发明图灵机，是受另一个数学家希尔伯特的启发，图灵说："这个世界上有两类问题，一类问题是可计算的问题，一类问题是不可计算的问题；对于不可计算的问题，我发明的这个机器不涉及。"希尔伯特也证明说，世界上确实存在不可计算的问题。

举个例子，比如有新闻说：一个"渣男"，他骗女朋友、骗爸妈，他拿爸妈的钱、押爸妈的房，去赌、去玩游戏；但他的女朋友还是喜欢他，非要跟他在一起。这是怎么回事？这样的问题就属于不可计算的问题，也不需要用科学去解决。

再打个比方，如果说世界上的问题都放到了我们现场这个空间里，那么科学能解决的问题可能只有指甲盖那么大的区域。

| 第四问：从小背标准答案的孩子还有救吗？ |

李晓光（Techplay创客教育创始人）： 刚才吴老师说科学需要怀疑的精神，但是我们的孩子是从小背标准答案长大的，他们进入科研院所以后，进入这些需要质疑、需要创造力的岗位时，他们还有没有能力做出突破性的研究？

吴军： 笛卡尔把科学知识的获得分为三种。第一种是亲身感知，比如把手伸到很热的水里被烫到，就记住了"烫"；第二种是他人告知，比如你的父母告诉你"冒热气的水很烫、别摸"，这就是背标准答案，其实也是有用的；第三种是逻辑推知，即通过做实验或者类似数学的推理获得知识，这一种很重要，也是我们最为推崇的学习方式。背标准答案的弊端在于，它会对第三种学习能力产生不利影响。我认为这种不利影响会表现在两个方面。一个是使人的思维受限，另一个是使人的知识受限。

使人的思维受限，比如对科研的不利影响，大家都能理解，但它不只针对科研领域，对研究历史之类的人文领域也有影响。举个例子，美国的历史老师布置作业，不是让学生去背某年某月发生了什么历史事件，而是让学生写论文，比如让学生分析华盛顿是一个什么样的人——可以写他是伟大的"国父"，只要你找出证据来证明这一点；也可以写他是英国人的叛徒，比如他从英国人那里学习军事知识之后，就造反、搞独立——可以从任意角度给华盛顿下定论，只要论据是站得住脚的、能够自洽的。用这种方式学习历史能培养一种看待问题的思维方式，以及掌握解决问题的能力。

使人的知识受限，比如历史老师给你一个结论，你对这个结论其实心存疑问，你不想背但不得不背，因为考试你不按这个标准答案写得不了分。所以，你记下来的知识可能不是你想要的。

虽然背标准答案会有不利影响，但我想强调的是，人是有自我主动意识的，也有自发向善的原动力，以及主动改变的能力；所以，即便是从小背标准答案，你还是可以通过自己的努力来打破这些不利影响，不受定式思维的限制，学会思考问题、解决问题。

陈伟鸿（**主持人**）：所以应该更积极地看待我们背过的标准答案，不管那个答案有没有用，至少在那个时间段它训练了我们的记忆力，让我们记住不少东西。

| 第五问：科学强大，国家一定强大吗？ |

米磊（**"硬科技"提出者**）：吴老师讲到科学是诞生在希腊，但希腊现在并不强大；也讲到人类历史上最重要的事件是工业革命，讲到关键人物瓦特，但瓦特并不是科学家，力学原理不是他提出的，蒸汽机也不是他发明的，他只是做了改良；另外，美国在20世纪超越英国的时候，当时科学的中心并不在美国，而在欧洲，所以有人说，美国是"山寨"了欧洲的技术才强大起来的。对此，您怎么看？

吴军：应该说科学和国家强大没有因果关系，但有相关性。今天的希腊和诞生科学的古希腊，可以说是完全不同的状态。古希腊在当时仅凭几个小岛就能够对抗整个波斯帝国，应该算是强大的，不能不承认科学在其中所起的作用。瓦特不是科学家，但他的科学素养非常好。

英国这么小的一个岛国为什么能在世界上领先？英国工业革命时，不是只有瓦特、蒸汽机，当时的科学支持是配套的，搞科技发明的还有发明了火车的史蒂芬森等一大批人，搞科学研究的当时也不只牛顿一个，还有提出"玻义耳定律"的玻义耳，发现"哈雷彗星"的哈雷等一大批人。著名的科学团体英国皇家学会也是在英国诞生的。英国的领先，科学起了很重要的作用。

英国皇家学会

成立于1660年，全称为"伦敦皇家自然知识促进学会"，以促进自然科学的发展为宗旨，是世界上历史最长且从未中断过的科学学会。自1915年起，历任会长均为诺贝尔奖获得者。截至2017年2月26日，该学会内有5位中国籍会员。

"美国山寨欧洲技术"的说法，其实是一种误解。从1850年开始，世界上最重要的一些发明，比如莫尔斯的电报、汽车、电话……跟电有关的所有东西，即推动第二次工业革命的那些发明，很多都起源于美国以及德国，虽然那时美国人发表的科学论文不是很多。之所以人们会感觉当时的美国科学家不多，是因为隔一个大洋，美国人跟欧洲人没有太多的来往。比如，电感的国际单位叫作"亨利"（H），就是以它的发现者、美国科学家约瑟夫·亨利命名的（他发现电磁效应在法拉第之前，欧洲人之所以知道他，是因为他曾到欧洲与法拉第共同工作，而法拉第受到了他的启发，所以现在说电磁感应是他们俩共同发明的）；最早提出电学、对电学贡献最大的，是美国的国父富兰克林，他发现了电流是从正极到负极双向流动，定义了正电、负电……所以，美国不是没有科学实力。中国改革开放以前，在海外杂志上发表论文也很少，但并不等于中国没有科学。

再说说德国，德国在"二战"前得了一大半的诺贝尔奖，可以说，德国的崛起跟他的科学发现是紧密相关的。所以，科学强大和国家强大，这两者之间确实没有必然的因果关系，但它们的相关性还是很强的。对于中国的科学发展，我们现在不用着急，过些年就会产生大量诺贝尔奖了。

米磊（"硬科技"提出者）：科学很重要，但更重要的是科学技术的应用。比如瓦特，他把蒸汽机改进了，让它更好地应用，才推动了英国的强大。美国人特别重视科学技术的应用，是实用主义者。我觉得中国提倡科学，中国现在积累了很多的科学技术，需要重视成果的产业化，把科学成果应用到经济中，才能更好地推动中国的强大；大家需要关注和重视科学的应用。您怎么看？

吴军： 我觉得中国现在积累的科学不是太多而是太少，反而中国对于科学的应用在世界上是最快的。中国之所以发展这么快，就是应用上很快。但其实积累很少，好像没有提出什么特别重要的科学发现。以人工智能为例，"阿尔法狗"出来之后，中国人在这方面的论文也很多，但这些论文的重要程度肯定比不上谷歌发表的那第一篇论文。人工智能之所以成为全世界的热门，因为谷歌的阿尔法狗做成了，没有阿尔法狗的成功，人工智能方面的研究就是零。中国现在缺乏这种真正具有开创性的科学成果。

未来架构师 Weilai Jiagoushi

Lu Bai

鲁白

　　享誉世界的著名神经科学家、移动新媒体平台——《知识分子》主编。十几年来，他在大脑发育和精神健康领域取得了一系列重大科学发现。2003 年，他所做的关于人类基因与记忆的研究，被《科学》杂志评为"世界十大科技进展中的第二大进展"。从科学家到新媒体主编，他始终坚信科学传播是他应有的使命；科学，也是一种独特的生活方式。

科学≠科技，科学是更深沉的力量

鲁 白 | 著名神经科学家、清华大学教授

很多年来我一直深信这样一个逻辑关系：科学研究引发技术创新——技术创新带来经济的发展——经济的发展推动社会的进步。

但是，最近我开始思考：这个逻辑可能有些问题。请大家先思考一下，你认为爱迪生是科学家吗？

我想，爱迪生是不是科学家这个问题，可能会让很多人产生迟疑。爱迪生可能是人类历史上发明成果最多的伟大发明家，他发明了电话、电报、留声机、蓄电池……他有1000多个专利。

思考：你认为爱迪生是科学家吗？

☐　　　是

☐　　　不是

但在一个活动当中，中科院的张双南语惊四座，他说："爱迪生不是科学家。"对此，我同意。

我们再找一位"姓爱"的，爱因斯坦。爱因斯坦没有什么发明，但他给人类带来了一个简单的公式，那就是$E = mc^2$（爱因斯坦质能方程）。就是这样一个简单的公式，解释了物质与能量之间的最根本的关系。它把人类带入了一个全新的时空观，这是一个伟大的思想。他在100多年前，就为我们描绘了一个未来的架构。

爱因斯坦是一位科学家，爱迪生是一位发明家。

我们再来看一组，牛顿和瓦特。

人类第一次工业革命，因为瓦特改良了蒸汽机而拉开了序幕，而瓦特的蒸汽机用到了牛顿的"三大力学定理"。

牛顿是科学家，瓦特是工程师；牛顿做的是科学，瓦特做的是技术。

科学≠技术

可见，科学往往先于技术出现，科学也可以不靠技术而独立存在；技术必须要有科学的原理作为前提。所以，科学和技术有很大的不同。

200多年前，人类走上了一条不归路，那就是从瓦特蒸汽机的诞生起，我们开创了"第一次工业革命"，后来又出现了以电气为代表的"第二次工业革命"和以互联网计算机为代表的"第三次工业革命"。现在，我们正处于以人工智能为代表的"第四次工业革命"。我今天想跟大家强调的是：所有这些工业革命中的发明创造，都不是科学，它们是由科学发现衍生出来的一系列技术突破。

○什么是科学？

简单来讲，技术背后的道理就是科学。牛顿的"三大力学定理"，爱因斯坦的"相对论""量子力学"，DNA的双螺旋结构……这些是科学。科学是规律，是理论，是思想。

○什么是技术?

规律的应用就是技术。

○技术和科学有很大差别

科学帮助我们认识自然，技术帮助我们征服自然；

科学解决一个为什么的问题，技术解决一个怎么办的问题；

科学要靠独立思考、要有批判精神、要有自由探索，技术要有纪律性、团队精神；

科学研究常常有不确定性，而技术的开发往往需要有一个计划，而且非常注重实用性。

今天，我要通过三个观点，让大家理解"科技不等于科学"。

观点一: 技术，离不开科学的有力支撑

所有的科技背后都有科学的支撑——我用自己的科学研究来阐明这个观点。

我的研究领域是学习记忆。学习记忆发生在我们的大脑中。大脑中有很多神经细胞，神经细胞里有细胞核，细胞核里有染色体，染色体里可以展开长长细细的两条链——那就是DNA。在基因层面，我们大家的DNA99.999％都是一样的。但是，在少数单个核苷酸上，有一些细微的变化正是由于这种单个核苷酸的变化，造成了人与人之间的差别——长相不一样、身高不一样、个性不一样……

那我们的记忆是否也不一样? 如果记忆是不一样的，是不是基因的单核苷酸的变化造成的? 什么基因会对记忆造成影响?

我研究的一个基因，叫作"脑源性神经营养因子"（Brain-derived Neurotrophic Factor，简称BDNF），它是调控记忆方面最重要的一个基因。我们发现在这个基因上，也有一个单核苷酸变化。这种变化把一部分人的BDNF基因变成V型，把一部分人的BDNF基因变成M型；V型和M型是很常见的变异。中国人大概有一半是M型。

于是，我们开始研究，这个差异到底是怎么造成的，下面我向大家简单介绍一下我们的研究发现。

首先，我和同事用磁共振发现了一个现象，以下是简单说明：人类的记忆分好多种，其中有一种叫作"场景记忆"（大家现在听我的演讲，然后记住我的演讲，用的就是场景记忆）；人的大脑里有一个结构叫作"海马体"，当我们使用场景记忆的时候，这个海马体里的神经细胞会被活化，并在活化之后释放脑源性神经营养因子（BDNF）；我们发现，M型人海马体的活化比V型人的要弱一点。

接着，我们进一步研究发现：M型人的场景记忆比V型人的要差一点。而这正是因为M型人的海马体被激活以后，释放的脑源性神经营养因子（BDNF）比V型人的要少一点。

这一科学发现属于基础研究，但它让我兴奋不已，因为它在基因层面解释了：为什么人类的认知和记忆是可以不一样的。

我做这个研究原本是出于兴趣，并没考虑它是否有用。但若干年后，当我在制药企业做药物研发时，这个发现发挥了巨大作用。当时，我们准备做老年痴呆药物的研发，老年痴呆的临床研究需要巨额投资，一个临床试验可能就要花1亿美元。研发部负责人对我们说："这个研发太贵了，你们只有一次机会。"因为之前得出过V型、M型的研究结论，我问他："如果费用降低10倍，我们是不是有10次机会？"，并就此引发了一场技术研发，下面做一简单说明。

首先，我们将V型老年痴呆病人跟M型老年痴呆病人做比较（见右图），在这张图片里的大脑上出现了一些色块，它们就是所谓的"老年斑"，也是造成记忆下降的原因。图片里左边的大脑是V型老年痴呆，右边的大脑是M型

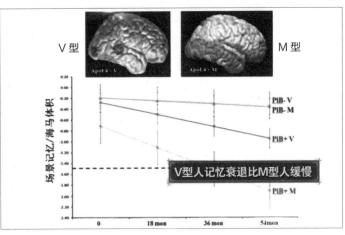

研究显示，V型人的记忆衰退比M型人缓慢

老年痴呆；M型老年痴呆的老年斑更多一点，而且分布于大脑的颞叶和海马的位置。所以，M型老年痴呆比V型老年痴呆严重一些。

接着，我们用两个指标分析两类老年痴呆的发展情况：一个是海马体的大小，因为老年痴呆越严重，随着时间变化，大脑海马体的体积会萎缩；另一个就是场景记忆，场景记忆是可以检测的。我们发现，场景记忆随着时间的变化也会下降。有趣的是，V型老年痴呆病人的场景记忆，是缓慢地下降，而M型老年痴呆病人的场景记忆，是快速地下降。

于是，我们就利用这个差别来做临床试验。如果只选M型老年痴呆病人，临床试验的时间可以减少一半，需要的试验人数也可以减少一半，这就能让研发费用压缩到原来的1/4；如果在中国做，中国的研发费用只有美国的1/3，而且中国的M型病例又特别多，研发的经费差不多就可以降到原来的1/10了。

观点二：科技强国≠科学强国

一个强国，不能只有科技，还必须要有科学。比如，一提到日本，大家马上就会想到日产汽车很先进，日本的电冰箱、电视机，以及各种家电也很先进。那么，日本是不是一个科学强国呢？不久

前，我看到一篇文章，列举了影响世界的1001个重大发明，其中日本只有极少的数量；很遗憾，中国一项也没有。

在2017年夏季的达沃斯论坛（世界经济论坛）上，我主持了一个研讨会，其间，专门讨论了一个主题——"中国怎样才能成为科学强国"。大家一致认为：要成为科学的强国，只在科研上投入巨额资金是不够，让更多的人参与科研也是不够的，甚至产生了大量的科研成果——比如发表了很多论文、有了很多专利——也不能被看作科学强国；真正的科学强国，要有影响世界的、伟大的科学发现，要有能够引领世界科学潮流的科学大师，还要有有利于科学发展的文化氛围。这其中，良好的文化氛围尤为重要。因为有了良好的氛围，才能鼓励原创研究、鼓励独立思考，鼓励批判精神；只有在这样的环境中，才能孕育出伟大的科学家、伟大的科学发现，国家才能成为真正的科学强国。

观点三：科学不一定要有用

很多人会问科学家，你做的这个研究有什么用？你的研究成果可不可以转化？这其实把科学庸俗化了。科学的价值在于探索未知，它不一定要有用。我们也许要用一种不同的看法来看待科学，科学本身是非常美丽的。

埃米

是晶体学、原子物理、超显微结构等常用的长度单位，音译为"埃"，符号为Å，1Å是1纳米的1/10。它是一个历史上的习用单位，不属于国际单位体系。

碱基对

是形成DNA、RNA单体以及编码遗传信息的化学结构。形成稳定螺旋结构的碱基对中共有4种不同碱基：A（腺嘌呤）、T（胸腺嘧啶）、C（胞嘧啶）、G（鸟嘌呤）。

举一个例子，DNA双螺旋结构，它是在20世纪50年代由沃森和克里克发现的。它是两条双链，一条向下走，一条向上走，两条链螺旋地交织运动着。从DNA双螺旋的数值上我们就可以看出大自然的设计多么精妙：它的直径恰好是20个Ångstrom（埃米），既不是19个也不是21个；它每转一圈，恰好是10个碱基对，既不是11个也不是9个；它一共有4个碱基——A、T、C、G，这4个碱基构成不同的排列组合，编导出各种各样的基因。DNA双螺旋结构体现出大自然的绝美造化。

再举一个例子，这是发生在我们身边的科学。我们清华大学的俞立教授，在最近几年的研究中，偶然发现了一个新的细胞器叫作Migrasome（迁移小体），它是细胞在迁移过程中释放出的一个个带有细胞浆的细胞器，它就像是细胞走路时留下的一个个痕迹，像天女散花一样，非常美。

展望未来，我希望看到一个崇尚科学的、而不只是强调科技的中国。科学，不仅可以用于技术转化，还可以成为每一个人的生活方式。我常常把科学和足球做一个比较：有很多人本身并不是足球高手，却非常喜欢足球这一运动，因为足球场上的激烈竞技、精彩画面，足球运动员、教练的励志人生、体育精神……让足球不仅仅是运动、是输赢，还有有趣的故事、丰富的情感，足球能成为你生活的一部分、成为你的一种生活方式；其实科学也是如此。

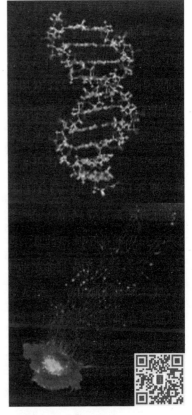

扫码观看：科学的动态之美（上图为DNA双螺旋，下图为迁移小体）

科学的发现也是跌宕起伏、充满戏剧性的，也不时出现让人备受挫折或是兴奋雀跃的时刻；科学家也是非常有趣的人，他们也有梦想、有感情、有竞争，有丰富多彩的人生故事。同时，科学还有一个特别之处，与每个人都密切相关——了解自然、了解自我，是人人生而有之的欲望，而科学可以满足这种欲望。

最后，我要用美国科学家理查德·费曼所写的一本书的书名《发现的乐趣》（*The Pleasure of Finding Things Out*）作为我今天演讲的结束语——科学是真的、是美的、是善的。希望大家一起来享受科学，享受发现的乐趣。

互动问答 🔍

| 第一问：科学要有经济思维和成本意识？|

米磊（"硬科技"提出者）：很荣幸，我也是鲁教授《知识分子》的投资人。我认为驱动科学进步的有三大因素——一是好奇心；二是功利心，即要推动经济发展；三是恐惧，即战争会促使人类投入科技。科学发展会有很多可探索的方向，但科学研究非常烧钱，如果没有经济思维和成本意识，随意选择科研方向，可能钱烧光了却没有推动经济发展。比如前段时间，关于是不是开发大型电子对抗机有很多争论，杨振宁教授就反对做，他认为中国现阶段不应该花这么大的代价去做这个方向的研究，也许把钱放到别的方向带来的回报更大。做科学是不是应该有成本意识？

鲁白：科学的投入要基于国家的经济实力，这个我同意；但是我不赞成在投入科学时去考虑经济思维、考虑成本。首先，做科学无法计划，尤其原创性的科学；其次，做科学不能指望在什么时间产生什么样的成果；最后，科学是作为一种知识、一种文化产生的，不能把它当成一种消费。

这个问题里把两个概念混淆了。一个是钱应该投到哪里去、怎么投，比如在《知识分子》平台上的大型争论，大家各说各的道理，这种讨论是可以的；另一个是"科学即成本"，这个说法不太合适，它跟钱怎么投应该是两回事。

陈伟鸿（主持人）：在中国今天的科学生态环境中，您觉得什么类型的人多一点？是耐心期待出成果的多一点，还是急功近利的多一点？

鲁白: 我觉得急功近利的人多一点。其实,我个人对科学成果的转化很有兴趣,也做了很多转化的工作;但我之所以要选这个题目,就是觉得现在的社会中,不光是普通老百姓,即便投资人、企业家,对于科学,都更关注它能对经济产生什么影响、对生活有什么改善,而对于科学的根本价值——创造知识、创造人类的文明——关注得不够。

我觉得,随着我们国家的日益强大,我们要有责任感,要给人类的文明做出贡献,要给子孙后代一个交代;只有我们在科学上站得住脚了,产生了伟大的大科学家、有了足够的科学贡献以后,我们才能有真正的民族自信心。

米磊("硬科技"提出者)**:** 我解释一下我的观点,我想强调的经济思维、成本意识不是那种急功近利。我想说的是,不能认为"只要是针对科研的投入就是对的";投入的时候应该考虑哪些对我们科学的发展更有价值,能让中国产生世界级影响的科学成果,能让中国为世界文明做出更多贡献。

陈伟鸿(主持人)**:** 米磊是投资人,我认为精打细算也是你的本职工作之一。那你对投出去的钱,比如投在《知识分子》上的钱,有没有测算过回报?

米磊("硬科技"提出者)**:** 我给《知识分子》投资,是因为这个事是我们必须要做的。我不太考虑经济回报,我考虑的是它的社会价值——对中国科学的带动作用、对科学文化复兴的引领作用,我投资是想让它实现这一价值,投资回报不是那么重要。

陈伟鸿(主持人)**:** 我们谢谢米磊。

鲁白: 大家给米磊鼓掌。

| 第二问：科普是科学家的必要责任吗？ |

吕强（"问号青年"）：我是《知识分子》的读者，但我最熟悉的科学家只有三位——饶毅、您和谢宇，因为你们走下了科学神坛、进行了科学普及。但我感觉普及科学不是一个科学家的必要责任，您认为科学家是应该像您一样来给大家做科普，还是应该把时间花在科研上？

鲁白：首先要说明一下，我其实不太喜欢用"科普"这个词，我喜欢用"科学传媒"。简单地说，是考虑到以下两点。首先，我们是试图通过《知识分子》这样的"科学传媒"平台，逐渐地影响三个层面的人——一是普罗大众，我们把科学发现、科学知识传播给大家，让大家在获取新知的同时提高科学修养；二是同一层面的人，不是指搞科研的，是指相关的企业家、投资人，以及各行各业中与科学有些关系的从业者，他们都是有影响力的人，与他们沟通可以把我们的影响力放大，我们说这是在"影响有影响力的人"；三是上一层面的人，即做决策的领导人，他们做决策时需要对科学的发展有更深刻的了解。其次，关注《知识分子》的读者应该知道，这上面的文章有相当一部分不是科普，还有关于科学政策的讨论、关于伦理的辩论，以及各种跟科学有关的理念。所以，我觉得用"科学传媒"更准确。

那么，说到科学家要不要做这种科学传媒或是科普，我觉得要看个人的倾向。有些科学家非常专注，整天泡在实验室里，这无可厚非；而有些科学家的兴趣爱好会比较广泛。我们三个人有着共同的特点——我们的兴趣爱好比较广，喜欢交朋友、读书、旅行，喜欢去各种地方接触各种人，只要产生了新的感受就会有分享的欲望，所以我们才会做这样一个科学自媒体。

吕强（"问号青年"）：再追问一个问题。《知识分子》公众号里的文章，说实话我有些看不下去，因为有的文章太长；我更喜欢去"知乎"或其他平台上，去看那种对科学感兴趣的博主的回答。《知识分子》里有一句话是"知识分子追求更加志趣的生活"。在"志"这方面《知识分子》的确做得很优秀，但是"趣"这方面——就是有趣地传播科学——《知识分子》没太让我感受到。而且每期文章的题图都是一样的，都是《知识分子》那个白色的LOGO图，为什么要这样设置？

鲁白：这是对我们的批评，好，接受批评。我们以后也想办法把"知乎"上的博主请到我们的《知识分子》里来，然后把更多的科学大家请过来。我们有这样的一种打算，就是发动更多的人来做《知识分子》。

| 第三问：科幻小说对科学家有刺激作用吗？ |

陈楸帆（科幻作家）：您刚才说要营造一种科学文化氛围。很多人吐槽科幻小说是"伪科学集散地"。您觉得科幻小说对科学家或科学的文化氛围能产生刺激作用吗？您自己看科幻小说吗？您喜欢哪一部？

鲁白：一定是有刺激作用的，我非常喜欢读科幻小说。我喜欢的一个作家罗宾·库克，他写了20多部科幻小说，好多都被拍成电影。科幻小说能给我提供一个场景，刺激我的想象力。罗宾·库克写的《基因突变》，对我做BDNF的研究就产生过影响。之所以会有人吐槽，可能是我们中国的科幻小说里科学成分少了一点，逻辑上不够严谨。在中国，几乎没有科学家写科幻小说，但在国外相当普遍。说不定哪天我也会写本科幻小说。

陈楸帆（科幻作家）：美国著名科学家卡尔·萨根就是著名的科普、科幻作家，他的很多作品都非常经典，所以也希望像您这样的科学家能够投身到科幻小说的创作中来。

陈伟鸿（主持人）：我想问一下楸帆，你自己是从哪个年龄段，或者是出于什么考虑，开始进入科幻小说写作领域的？

陈楸帆（科幻作家）：我从幼儿园就开始看科幻方面的内容了。最早看的是《知识就是力量》《科学画报》，里面的科幻作品让我产生了对科学的热爱跟好奇心。

武巍（80后创客、科技公司CEO）：我也是一个科幻迷。2016年有一部特别火的电影《星际穿越》，里面有个镜头让我印象深刻。那个镜头应该是我见过的、第一次在电影里对黑洞的图形化描述。这个镜头的背后其实包含了大量工作，比如做了很多数值的模拟——光线怎么逃离黑洞、黑洞周围的光以怎样的图形方式来呈现……我非常赞同陈楸帆刚才的提议，科研工作者更多地支持、参与，能让科幻作品看起来更有说服力、更有展望力，会让科幻作品更有意思、更精彩。

米磊（"硬科技"提出者）：我有不同意见。我觉得，我们期待的科幻小说需要有海阔天空的想象力，而科学家的理论体系和知识体系已经成形，科学家写的小说可能会有一种论文的味道。

陈楸帆（科幻作家）：不会是这样的。凡尔纳是著名的科幻作家，他写的小说在200年后80％都变成了现实，这是为什么？因为他跟科学家一起探讨问题。事实上，把科学家在实验室里所做的工作再延展一下，就是科幻。科学家是最具有想象力的。

鲁白：我刚才说的科幻作家罗宾·库克，他其实是一个医学博士，他毕业于哥伦比亚大学。他发现做科学研究的时候，想象力就变得很丰富。他写的科幻小说是在科学研究的基础上加一些想象，再加一些爱情之类的元素，写得很精彩。

陈楸帆（科幻作家）：鲁白教授，咱们一起写一部小说吧。

鲁白： 好。

陈伟鸿（主持人）： 祝你们合作愉快。其实科幻小说留给人们的印象很深。当若干年之后，我们发现曾经看过的科幻作品里的一些桥段居然成为现实，会发自内心地佩服这些作品的创作者；因为他们把科学做了普及，让科学更容易被理解和接受。希望尽早读到鲁白教授和科幻作家携手合作的科幻作品。

| 第四问：人无完人，如果都成为完人，会怎样？|

王吉伟（互联网观察者、专栏作者）： 未来，如果随着基因技术的不断发展、成熟，能做出完美的、没有缺陷的基因。那人是不是就没有性格缺陷、疾病，大家都成了"完美的人"？那会是一个怎样的社会？

鲁白： 我并不喜欢这种"完人"。所谓的"完人"、所谓的完美状态，让我感觉是在刻意地表演，是在强迫自己做某些事情。我觉得，人之所以是人，就是因为有缺陷、不完美。所谓"缺陷就是美"，艺术领域尤其欣赏缺陷之美，比如，断臂的维纳斯。

王吉伟（互联网观察者、专栏作者）： 我同意鲁老师的说法。我觉得，人能走到今天就是因为基因在不断突变。比如色盲，它其实是一种基因发展过程中遗留的特殊技能——在恐龙时代，哺乳动物只能在夜间出没，色盲是一种更适合夜间捕猎、生存的色视觉系统。可见，人就是通过不断纠错来适应物竞天择。

陈伟鸿（主持人）： 顺着这个问题，我想请鲁教授再做一个科学传播。基因是一个大家日益重视的领域，但普通老百姓不太明白基因的科学奥秘是什么？我们会听到一些说法，比如去医疗机构体检，可以做"基因检测"，甚至可以通过某种方式干预基因的排列，使某种疾病的隐患被消除掉，这靠谱吗？

鲁白： 我认为不靠谱。以现在的技术能力，是可以把人的46条染色体的基因的排序全部测出来，这是没问题的。但测出来之后怎么解读？比如说，两个人测出来的结果有很多不一样，这如何解读，这需要大量的研究积累，通过很多我们叫作"小科学"的研究，才能把每一种基因、每一种蛋白的功能搞清楚，把它们的变异影响搞清楚，现在我们的研究距此还很远。而你说到的"干预"又是另一回事。几年前，因为CRISPR（俗称"基因编辑"）技术的发现，基因干预变得可行了，这是一个伟大的发现。但是，这个"基因编辑"现在局限于体细胞，科学家们基本达成一个统一的意见——我们现在不能去做性细胞的干预；因为做性细胞的干预就意味着"可以造人""可以改变人的性质"。

| 第五问：科学本身就是一种奢侈品？|

武巍（80后创客、科技公司CEO）：我喜欢读科学家的传记，据我所知，文艺复兴之后，科学在欧洲复兴时，从事科学研究的人，比如搞冶金的，做物理实验的，做光、电早期实验的，这些科学家大多来自显赫的贵族家庭。他们做科学，可以说是有钱有闲之后，为了满足对自然的好奇心所做的高级娱乐活动。所以，我感觉科学有点像奢侈品，满足的是高层次的需求，解决不了温饱问题。今天，对科学的投入存在社会资源的分配问题。美国政府在"金融危机"之后，就开始想办法让年轻人树立对科学、技术、工程、数学等行业的信心，鼓励他们投身于相关事业；现在，中国的年轻人可能更愿意选择回报更快更高的行业，比如金融行业。您觉得如何才能让年轻人或是更多人投身到一个看起来经济回报不那么高的、关于科学技术的岗位上？

鲁白：我想可以从两个时间定位来思考这个问题。

一个时间定位，是先进——我们的时代在改变、在进步。您刚才所说的那种情况，历史上很多时期确有发生——科学是某些有钱人的奢侈品，他们花着自己的钱，去探索自己感兴趣的未知；过去是没有"科学基金"这一说的，都是拿自己的钱、朋友的钱，或是富豪的私人基金会的钱来做科学研究。但是，从20世纪50年代以后，这种情况发生了彻底的、根本的改变，美国政府、欧洲政府开始陆续介入科研投入。政府介入有两个目的：第一个目的显而易见，就是因为科学和技术有相关性，科学的发展会带动技术发展，技术发展会带动经济发展，经济发展使社会进步；第二个目的，要更深远一些，比如在美国的国家科学基金会里，专门设有一些看起来没什么用的科研项目，政府会拿出钱来资助，这背后其实有一个思想，就是我前面提到过的，一个国家的强大，不是仅仅只靠经济、技术的发展，而是要靠强大的文化、文明在背后做支撑。

> 1950年，美国成立美国国家科学基金会；1974年，欧洲科学基金会成立；1986年2月14日，经国务院批准，中国国家自然科学基金委员会成立。

另一个时间定位，是落后——今天，大家对科学的第一反应还是"它有什么用"。当我们认为"科学没有用"的时候，科学就会被认为是"奢侈品"。事实上，我们的人生到了一定的阶段时，就不会再迷恋"吃好的""有钱去旅游""要住大房子"，因为这些需求全都被满足了；其实，人类始终有一种内在的需求——想知道地球之外的宇宙里两个恒星的距离是多远、人类是哪一天出现的、人类的祖先到底在哪里……人类的这些内在需求，跟人类有吃饭的需求一样。这是人类不同于其他动物的地方。也许我们的社会还没有进步到一定的程度，所以大部分人还会想"科学对我有什么用"或"科学是一种奢侈品"。

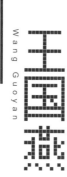

王国燕

Wang Guoyan

中国科学技术大学科技哲学博士，中国科技传播学会副秘书长。英国剑桥大学、曼彻斯特大学访问学者。

她致力于科技传播实践领域，用可视化的方式呈现科学的美丽，她的设计登上了世界顶级期刊的封面，数量超过百幅。

科学与艺术，终将在山顶重逢

王国燕 | 中国科学技术大学科技传播系研究员、
科学传播领域前沿工作者

大家好，我是王国燕，来自中国科技大学科技传播系。我和我的同事们一直致力于用视觉艺术来展示科学之美。

科学之美，需要被看见

为什么会把科学传播和视觉艺术联系起来？这里面有一段小故事。

那次，潘建伟院士来找我们——他有一篇论文要在《自然》（*Nature*）上发表，需要一张图片做封面；可是他的学术团队画出来的图都太"学术"了，不适合做封面；虽然他之前曾经和麻省理工学院的菲利斯·弗兰克尔教授合作设计并且发表过《自然》的封面，但是沟通起来很不方便。他对我们说："你们科技传播系就应该做这样的事情，中国更需要有人来做前沿期刊的封面设计。"

为此，我调研了大量的资料。我发现——能够登上国际前沿期刊的中国论文封面屈指可数，而且大部分都是国外设计师的作品。

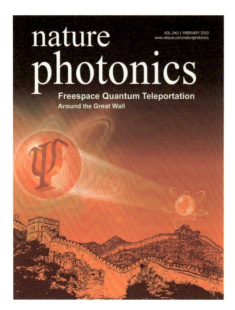

王国燕团队为潘建伟院士设计的《自然》杂志封面：自由空间量子态隐形传输

于是，我产生了一些新的想法——我们的研究方向和工作重点是"科技传播"，但是，我们一直忽略了"传播"的核心，即让更多的人尤其是普通人感受到、欣赏到科学之美。

电影，可以通过视听艺术向观众传播美感；绘画，可以用线条和色彩来展示美的细节；

音乐、文学，也可以通过特有的方式打动每一个人的内心……

为什么不让科学展示出它迷人的一面呢？

科学不应该只是冷冰冰的数据和符号，它也可以是让人惊叹的艺术品。

科学之美，可以被呈现

科学实验，包括化学反应的过程，有我们意想不到的美妙。

《美丽化学》（*Beautiful Chemistry*）是一部很受欢迎的数字电影。它是我的同事梁琰博士主创的。在这部电影中，那些冷冰冰的化学方程式变成了可以看见的化学反应，在4K高清摄像机的镜头下，这些化学反应的过程看起来就像科幻大片一样，美得令人惊叹。

图1：一股气泡拔地而起，迅速升腾，宛如神秘的"龙卷风"，在天地间激荡万物——这是锌与盐酸反应生成氯化锌和氢气时的壮观景象 $[Zn + 2HCl \rightarrow ZnCl_2 + H_2]$。

图2：乳白色烟尘从天而降，又被弹回半空，散成柔软的白雾，无数颗粒从其中飘落，拖着细密的白色丝带与"母体"藕断丝连，犹如精灵降临凡间的盛大仪式——这是硝酸银+氯化钠生成氯化银沉淀的奇幻瞬间[$AgNO_3 + NaCl \rightarrow AgCl + NaNO_3$]。

图3：蓝紫色的半透明泡囊，自内部透出的红与蓝紫交融，空灵的色彩如梦似幻；表皮上不时冒出新鲜粉嫩的小凸起及细长弯曲的枝条，是精灵的神秘花园？还是异度空间的神奇生物？——这是置入硅酸钠溶液的氯化钴在"生长"。

图4：长长的、白水晶般莹透闪亮的细管，陆续出现在漆黑的夜空下，它们轻盈地组合、构建，似乎要在这黑暗中搭出一个无拘无束的理想国——这是醋酸钠隐秘而宏伟的结晶过程。

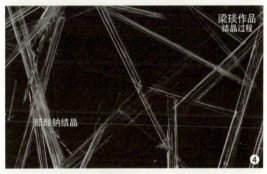

图5：干枯沉睡的枝干被惊醒了，粗糙斑驳的外表开始萌生出密密麻麻的荆棘丛，最终变成童话中的绝美丛林——这是金属锌置换为铅，铅树诞生时的华丽蜕变[$Zn + Pb(NO_3)_2 \rightarrow Pb + Zn(NO_3)_2$]。

扫码观看：梁琰博士主创的《美丽化学》精彩片段（图为此片截选画面）

这位梁琰，毕业于清华大学化学系，是美国明尼苏达大学材料学博士。他是一个充满艺术细胞的理科男，特别喜欢从审美的视角来观察化学；随着时间的推移，他越来越强烈地意识到，展示化学要比单纯地研究化学更加生动有趣，而他迫切地想让更多的人体会这些有趣和喜悦。为了实现这个理想，他毅然改行，做了一个叫"化学之美"的网站，拍摄了一系列《化学之美》的视频，他要让看到这个网站的人都爱上化学。我们应该感谢他，他让我们看见了化学方程式背后的美丽世界。

《中国青年报》曾经评论《美丽化学》"是一部风花雪月的化学电影，因为它充满了科学的浪漫主义色彩"。

艺术与科学，藕断丝连

在艺术表现力的背后，起作用的其实是科学的理性。晶体结构中有"对称之美"，化学方程式的平衡也是数学的平衡。

就像"达·芬奇密码"一样，大自然在造物的时候也留下了一些数学线索，比如鹦鹉螺。鹦鹉螺的剖面就近似一个"黄金螺旋线"，这是一种经典的美学曲线。自然界中存在许多黄金螺旋线的图案——在向日葵、在松塔里能够看到它，在宇宙星云中也能看到它……

黄金螺旋线

也称斐波那契螺旋线，是根据斐波那契数列画出来的螺旋曲线，即在长宽比为0.618的黄金矩形内先做出一个正方形，然后延续下去不断地做的正方形，在所有正方形里画一条90度的扇形，这些扇形的弧线连起来就会生成这条螺旋线。

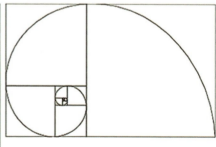

堪称完美的"黄金螺旋线"（斐波那契螺旋线）

上：大自然中的黄金螺旋线
下：经典建筑中的黄金螺旋线（图为帕特农神庙）

传世艺术品《蒙娜丽莎》中隐藏的科学规律——黄金螺旋曲线

在人造艺术，如世界名画《蒙娜丽莎》《最后的晚餐》中；在建筑艺术，如雅典娜神庙、佛罗伦萨领主广场、埃及金字塔中，都有人声称发现了"黄金分割"的身影。所以一直以来，"黄金比例"被认为是和谐美学的一个普遍标准。

自从有了智能手机，拍照成了很方便的事情。如何拍出漂亮的照片来晒朋友圈呢？完美的摄影构图要依照"黄金构图法"，也叫"三分法"，就是用两条竖线和两条横线把画面分成九宫格，这会形成4个交叉点；把要拍摄的主体放在其中一个交叉点的附近，这样的构图比较和谐、养眼。而这4个交叉点中的任意一个，就是黄金螺旋线的起点。这种黄金构图法可以运用到我们日常的摄影构图中。

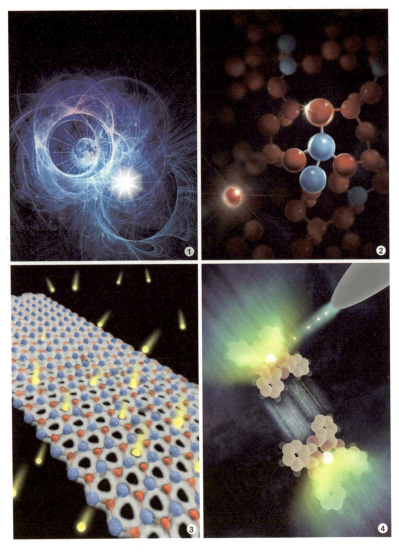

图1："新形式海森堡的不确定性原理"封面设计方案

图2："原子尺度的结构分析"封面设计方案

图3："类石墨烯膜的运输特性"封面设计方案

图4："分子偶极间相互作用"封面设计方案

图5："单蛋白质分子的自旋共振光谱"封面设计方案

图6："PT对称导致超光速"封面设计方案

图7："单光子多自由度量子传输"封面设计方案

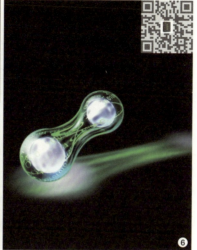

扫码观看：王国燕团队为前沿科学创作的可视化艺术作品

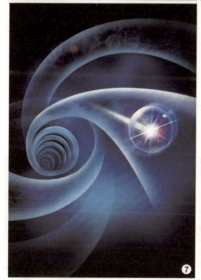

封面设计—— 用二维视觉艺术传播科学之美

这些图片像不像是抽象派艺术？其实，它们是我们熟悉的世界三大学术期刊——《自然》（Nature）、《科学》（Science）、《细胞》（Cell）的封面设计方案。这些封面还有一个好听的名字——"科学可视化艺术"。

封面设计的过程很快乐，它极大地满足了我对于前沿科学的好奇心；因为每一个成果正式对外发表之前，科学家们都会先来给我们做细致入微的介绍——这些成果是怎么来的？背后有什么样的故事？采用了何种新的技术手段？创新点在什么地方……直到我们把这些研究成果弄懂为止。在听他们讲解的时候，我的脑子里就会浮现出各种各样的画面，最后变成一个个设计方案。下面我给大家举些具体的例子。

"亚纳米拉曼成像"是一篇发表在《自然》期刊上的科研成果，同时也是中国的"十大科技进展新闻"。简单地说，它是采取化学方法测得一种成像的技术；因为成像的分辨率非常小，比1个纳米还要小，所以叫"亚纳米"。在为这篇成果设计封面时，我们尽量模拟微观环境下的实验过程，创作出了"微观摄影风格"的封面；同时，我们发现，在绿色激光的渲染之下，分子的形态看起来很像中国古代的玉如意，所以我们又创作了另一个封面方案——"玉如意"方案。就这样，我们为"亚纳米拉曼成像"设计出这两个有些相似又不太一样的视觉方案。

这两个方案，我们在交给《自然》期刊的同时，也交给了国内外的新闻媒体。后来，出现了一个有趣的现象——国内的媒体全部采用了"玉如意"方案，国外的媒体则清一色地采用了"微观摄影风格"方案。可见，国内、国外在视觉效果的审美取向上还是存在细微差异的。

以下就是这两个设计方案的效果，左边是微观摄影风格，右边是玉如意风格，你更喜欢哪一幅？

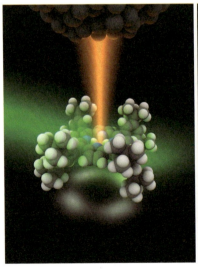 

微观摄影风格　　　　　　　玉如意风格

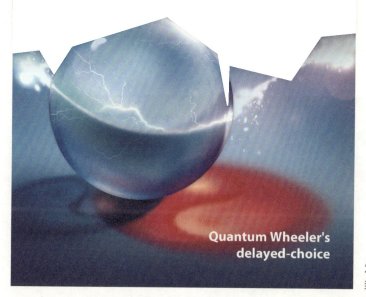

Quantum Wheeler's
delayed-choice

"量子惠勒延迟选择实验"
发表于《自然·光子学》的
封面效果

　　还有发表在《自然·光子学》（*Nature Photonics*）的"量子惠
勒延迟选择实验"。简单地说，"量子惠勒延迟选择实验"是一个
物理学的实验，它揭示出"光子具有波动性和粒子性这两种互补的
特性"。跟前面的"亚纳米拉曼成像"一样，这个研究成果对普通
人而言也很难理解，就连名字也是拗口、难记。上面的图片，是它
发表在《自然·光子学》期刊时的封面效果，画面中有一个水晶
球，水晶球被光线一分为二、上明下暗，水晶球的下面有一个太极
形的倒影。在这个设计中，我用透明的水晶球代表光子，用太极的
阴影代表它对立互补的特性。通过这样一种直观的、富有美感和寓
意的视觉效果，你是不是可以很轻松地记住这个图像，从而记住这
个"揭示光子对立互补特性"的物理实验了？

科学的视野中，万物皆是艺术精灵

○碳酸岩盐——鲜花国度

通过人工去控制pH值、二氧化碳浓度、温度等条件，哈佛大学的科学家维姆·诺丁透过显微镜发现，碳酸岩盐的微观结构如同漂亮的花朵一般。

人工"培育"的碳酸岩盐花园（图为哈佛大学晶体生长研究科学家维姆·诺丁的微观摄影作品）

○酱油——千变冰花

中国人每天炒菜都会用到酱油，平时看它黑乎乎的，毫无美感。可是在显微镜下，我们看到的酱油结晶像冰花一样。我是把一滴新鲜的酱油滴在载玻片上，当时观察到里面有一粒一粒的食盐晶体，过了一会儿，水分蒸发了，食盐就结晶形成了这样的盐花。所以，即使是同一个东西，在不同的时间观察，也是会变化的。

○百合花粉——椭圆家族

百合花很香也很美，但是它的花蕊容易凋落染色，我们平时肉眼看百合的花粉是一粒一粒的黄色小粉末，但在显微镜下可以看到，它其实并不是圆形的小球，而是椭圆形的，像橄榄球或贝壳一样。

○黄瓜——丰茂森林

在显微镜下，黄瓜像一片翠绿的森林。

可见，科学的发展带来生活便利的同时，也不断地拓展着人类观察世界的视角，从微观的到宏观的，甚至是透视的。视角变了，美感也就出来了。同时，技术的进步正在不断挑战微观领域的研究极限。

也许，我在前面提到的那些专业名词，大家并不感兴趣，没关系。只要从这一刻开始，大家能够重新看待科学、对科学产生了不一样的感觉、对科学有了一丁点的兴趣，我的目的就达到了。就像电影、音乐、文学等所有艺术领域一样，科学也有迷人的另一面，也可以给人美的享受，也可以创造出一件件的艺术品。

最后，我引用法国作家福楼拜的一句话——"科学和艺术在山脚下分手，终将在山顶上重逢。"我们期待着科学和艺术的重逢。

扫码观看：观微世界中的艺术精灵（图为王国燕在节目现场进行微观展示）

第三篇

敢未来

每一个新奇的想法，每一项创新的发明，都源自
我们内心的执着——对历史的致敬、对人类的大
爱。未来，从来不是茫然的征途，它是我们走过
的路的延伸，它是一代又一代人对那一份"初心"
的不懈追寻，它是执着开创的美好……

第 **7** 章

每个人都是未来架构师

▼

未来架构师

weilai jiagoushi

张洋

Zhang Yang

　　出生于 1990 年，现就读于美国计算机专业排名第一的学府卡内基梅隆大学，攻读博士学位。他曾经从全美最顶尖的 18 所高校的学子中脱颖而出，成为获得"高通奖学金"的成员之一。他是一位科技界的新兴"魔术师"，用一罐"喷雾"、一枚"戒指"，成功地让世界玩转于自己手中。他和他的团队研究出了一款神奇的喷雾，可以将任何表面变成触控面板。

"90后"的未来力：人机交互"新魔法"

张 洋｜卡内基梅隆大学计算机专业博士

　　我现在在美国的卡内基梅隆大学计算机学院攻读博士学位，主修的方向是"人机交互"。如果大家不是很了解"人机交互"这个学科，我可以简单介绍一下。"人机交互"是计算机科学领域的一个分支，主要研究的是如何让计算机更实用，让人们更容易、更方便地去使用计算机资源。

"界面"的进化，才刚刚开始

　　我第一次对人机交互感兴趣，是考入北京航空航天大学后的第四年。当时，我参与了中科院软件所的一个项目，是教5～7岁的小孩子学习编程。那时候我就发现，那些大多数人习以为常的计算机操作，对于小孩子来说是非常抽象的，很多小朋友怎么学也学不会。于是，我就和项目组的同学开发了一套将动画和玩具结合的计算机操作界面；有了这样的教具，小朋友们很快就学会了如何操作计算机，还对计算机编程产生了浓厚的兴趣。

摩尔定律

由英特尔（Intel）创始人之一戈登·摩尔（Gordon Moore）提出，其内容为：价格不变时，集成电路上可容纳的元器件的数目，每隔18~24个月便会增加1倍，性能也将提升1倍。即：每个一美元所买到的电脑性能，每过18~24个月后就会提高1倍以上。这一定律揭示了信息技术进步的速度。

由此，我想到，计算机的发展历程——从算盘到指令界面，到图形界面，再到触屏的发明——并不仅是速度变得更快，还有界面的快速进化。在"摩尔定律"遇到瓶颈的今天，如何提高人与计算机之间的"带宽"——即让人们更便捷地使用计算机资源——是我研究的兴趣所在。于是，从北航毕业之后，我选择进入美国计算机排名第一的大学卡内基梅隆大学，继续攻读博士学位，研究的方向是——开发下一代人机交互界面。

"触控交互"是一种非常强大的交互方式，通过触摸，用户可以直接在触屏上操作数字信息——想控制哪里就点哪里。智能手机上的触屏，就像一个窗口——连接现实世界和背后的数字世界。热门游戏"愤怒的小鸟"就是一个最直观的例子，在手机上，用户可以通过手指拖拽的方式，来控制小鸟的发射角度。

触控交互的强大，直接导致了智能手机取代机械式按键手机。

而我做的项目，是将触控交互带到智能设备以外的世界，比如桌面、墙面，甚至家具、玩具及各种工具的表面。

○项目一：让皮肤变成触控板

其实，我们的生活中已经出现了很多智能设备，比如智能眼镜、智能手表。但是，这些智能设备的尺寸往往很小，触屏也很小，在这些小尺寸的触屏上操作很不方便。我有一块智能手表，操作它的时候，手指一放上去，就会挡住1/4的屏幕，打字或玩游戏都很不方便。

在这种情况下，我注意到：在手表的周围，其实有大面积的皮肤没有被利用上。所以，我想是不是可以开发一种装置，将手表周围的皮肤变成一个触摸板，支持触控操作；这样，用户不仅可以通过触屏来控制智能设备，还可以通过触摸自己手臂上的皮肤来控制这些设备。经过半年的时间，我发明了"皮肤轨道"（Skin Track）。

这个装置利用了皮肤导电的特性，将一个微弱的电信号通过一个戒指加载到手指上，然后通过手表下的电极来采集信号，并推算出手指的位置，这很像雷达的工作方式。如果我们手臂上的皮肤都变成了触摸板，能做什么有意思的事情呢？

我们的这项技术实现了很多应用：比如在手背上滑动，翻阅App菜单；或者将触屏中的图标拖拽到皮肤上，创建快捷键；在手臂上玩"愤怒的小鸟"；在手背上拨打电话号码；或者用简单的手势快速打开App，如画"N"是打开新闻、画"S"是拒绝来电、画"A"是打开通信录（可以在屏幕上翻阅通信录，也可以在皮肤上更加快速地翻阅通信录）。

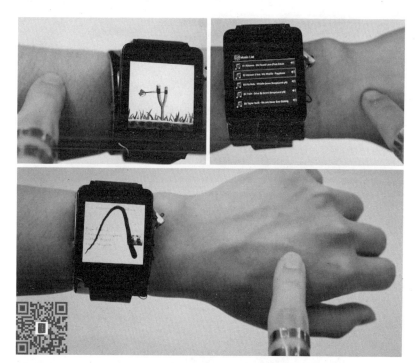

扫码观看："皮肤轨道"的神奇应用（图为在皮肤上操控智能设备）

○项目二：即喷即得的触控区

我想跟大家分享的第二个项目叫作"触控喷雾"（Electrick）
——我们发明了一种技术，它可以将触摸板喷涂在任何物体表面。

扫码观看：触控喷雾的应
用（图为喷出来的各种触
控界面）

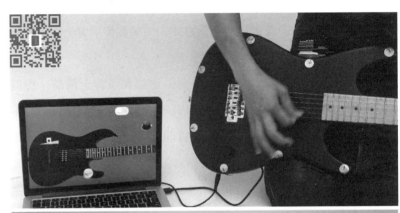

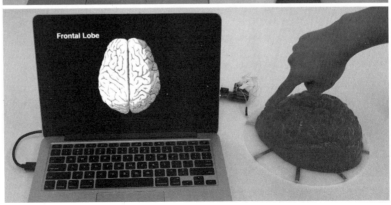

做这个项目的最初动力是：我们发现目前的触屏只支持某些规则的形状，如手机触屏、平板电脑触屏；但是，现实生活中需要应用触屏的物体表面，大都是不规则的形状，而在这些物品上实现触控交互，一直没有找到成本低廉且易于实现的方法。

我简单地介绍一下这个发明背后的技术原理。触控喷雾（Electrick）用到的技术叫作"电磁场断层扫描"，跟医院里的X光机有点类似；只不过我们用的不是X射线，而是电信号。当用户的手指碰到我们的喷漆表面时，就会在上面形成一个低电压区域；通过扫描和图像重建的方式，我们可以追踪这个区域，从而检测手指的位置。它不仅易于制作，而且成本非常低——每平方米的成本不超过40元。这大大降低了触控交互的门槛，能让生活中常用的廉价物品实现可交互性，进而智能化。

在我的设想中，未来所有物体的表面都可以检测人们触摸的位置，从而作为计算机的输入，让人们对计算机资源的使用变得更加方便。

○ 项目三：集成传感器（唾手可得的物联网）

为什么物联网没能普及？除了受操作界面的限制，另一个瓶颈在于成本。比如，一台支持Wi-Fi的冰箱要比一台普通冰箱贵很多。

为了更直接地解决这个问题，我又在另外一个项目里设计了一个集成传感器。用户只需要把它插在任意一个电源上，就能检测整个房间内物品的使用状态，从而帮助非智能家电实现物联网。

我做这些项目的最终目的，都是为了降低物联网的门槛，希望物联网成为"普通人都会用，也买得起"的技术，从而进一步降低计算机的使用门槛，使计算机真正走入老百姓的生活中。

卡内基梅隆校园中的"90后"

○ 奋进的"90后"

我就读的卡内基梅隆大学，是美国钢铁大王安德鲁·卡内基于1900年创建的，学校里的部分建筑当时直接由炼钢厂改建，到现在还能看出厂房的原貌。卡内基先生希望这所学校的学子能够专心于所学，于是留下校训——my heart is in the work，意思是"要全心全意地投入工作当中"。建校100多年来，这里的学生始终秉承这个传统，而这条古老的校训也越发熠熠生辉，在它的激励下，我们这些"90后"的学生，常常在校园里通宵达旦地学习、工作，学校的图书馆经常到了凌晨还灯火通明……

○ 实战的"90后"

卡内基梅隆大学计算机学院有一个"未来界面实验室"，这是我目前工作的地方。

未来界面实验室和其他实验室不一样的地方是：除了配备一些

扫码参观：**卡内基梅隆大学的未来界面实验室（这所大学的建筑保留着炼钢厂的原貌，图中圆柱形部分曾是厂房的烟囱）**

常用的科研仪器，比如信号发生器、示波器，这里还有很
多用于制造的工具，比如钻床、打磨机、CNC机床、激光
切割机、3D打印机，等等。我们经常会自己动手做一些科
研项目中需要用到的东西，这样比交付厂家去做快得多，
能提高效率——我们会用CNC机床切比较厚的材料，比如
木板；会用激光切割机切比较薄的材料，比如亚克力板、
纸板；会用3D打印机来做一些模型或是硬件的外壳……

未来界面实验室收
藏的只有一个按键
的鼠标

闲下来的时候我们也会用这些工具做一些工艺品，像
雕塑、木版画之类的。

我们还收藏了不同时期的电脑、鼠标，这些东西中，最古老的
也只有不超过30年的历史。从我们的这些收藏里，可以看出——近
30年来计算机发展有多么迅速，从最开始只有一个按钮的鼠标，一
直到现在具有很多功能的鼠标。

创造未来，"90后"责无旁贷

随着我们这代人越来越多地走出学校步入社会，很多优秀的
"90后"开始在各行各业努力奋斗，希望通过自己的努力让这个世
界变得更好。作为"90后"的一员，我觉得自己很幸运，因为每次
回国，我都会看到巨大的变化，国内的发展环境越来越好。我觉得
与前辈比起来，我们这代人有更多的资源、能接触到更多的信息、
面临的选择和机会也更多。

大家都听说过史蒂夫·乔布斯（Steve Jobs）和埃隆·马斯克
（Elon Musk）这两个人，我也算是他们的粉丝。我曾经想："这些
人这么牛，干脆把改变世界的事情交给他们就好了。"——我觉得
自己可能做不了什么改变世界的事情。

可是渐渐地，我发现这种想法其实不对。每做完一个科研项
目，我都会收到很多人的来信。比如，触控喷雾（Electrick）项目

做完了以后，有人给我来信，说他想用这套技术去做一个"密室逃脱"的关卡；还有一个医生给我发邮件，说这项技术可以用于仿真器官，让医生在手术前做练习。

这些来信，让我觉得我现在做的事情也在影响着别人，也许已经在一定程度上改变了世界。

我开始觉得：自己也可以设计未来的样子。

我想，我们"90后"现在所做的事情，会变成"00后"和"10后"们的未来——他们的未来世界，不正是应该由我们去创造吗？

大家觉得我做的东西很有趣，其实，我只不过是集中精力把我想的东西做出来而已。

大家都应该去动手实践，把我们对未来世界的想法展现给全世界。

我相信"90后"们是富有想象力和创造力的，未来世界是什么样，一定是由我们动手去创造的。

最后，分享一下我的人生态度——与整个世界相比，一个人的一生无论在时间上还是空间上，都非常微小；如果碌碌无为，那对于全世界来说可能只是一个微小的噪声；我希望，我的一生能够对大家的生活产生积极的影响，成为推动世界的力量。

未来架构师
Weilai Jiagoushi

Kenneth Shinozuka

肯尼思·篠塚
（冯宇哲）

　　1998 年生于美国加州。15 岁就登上 TED 大会，向世界介绍他最具温度的发明：一颗小小的传感器。它一出现就应用于各大养老院，越来越多的家庭在它的帮助下免于亲人走失的痛苦。18 岁时，他收到了哈佛、斯坦福、牛津等多所名校的录取通知；随后，他成立了自己的科技公司，只为研发出更多改善生活的高科技产品。

"90后"的未来力：做有温度的高科技

肯尼思·篠塚（冯宇哲）｜"安全漫步"创始人、
哈佛大学学生

我生长于加州纽波特海滩的一个"三世同堂"家庭，在外公的陪伴下长大。我的外公喜爱唱歌。我能记住外公会唱的所有歌曲的歌词，其中有一首中国的民谣《送别》，是这样唱的：

长亭外、古道边，芳草碧连天；晚风拂柳笛声残，夕阳山外山……

每天晚上，外公都会唱着这首歌哄我入睡；每个周五早晨，当我们沿着街道追逐垃圾车时，他都会高声唱这首歌。我感觉，和外公一起唱歌的时候，是我们最亲密的时候。

"安全漫步"，为外公量身定制的发明

○外公患上阿尔兹海默症

我4岁时，我们全家去东京旅行。当时，我和外公正哼着歌书里的歌曲，他突然变得默不作声，从他脸上茫然的表情，我能看出他迷路了；可能是出于身处异国他乡的恐惧，我记得，外公用温柔的手臂抱着我，在公园里漫无目的地兜起了圈子。

外公停止唱歌的那一刻，正是他患上阿尔兹海默症的第一个信号。之后，他的病情逐渐恶化，甚至开始频繁在夜间下床走动。

我清楚地记得：在一个8月的清晨，天刚刚亮，我们听到从前门传来了一阵急促的敲门声；打开门，看到外公穿着睡衣站在一名警察旁边时，我们都惊呆了；原来外公从大门走了出去，上了一条当地的高速公路；如果不是幸好被那位警察发现，悲剧很可能会发生。我的家人非常担心外公出走。于是我的小姨、我妈妈和我开始轮流照顾外公。但是，2012年夏天我和父母从加州搬到纽约，我小姨便成了唯一照顾他的人。在得知小姨为了看住外公而彻夜不眠时，我开始为她的健康和外公的安全担心。我努力寻找一切可能的办法来监测外公的行动，包括在地板和床上安装感应垫，但这些都没有效果。

我决心自己想办法解决家人的问题，但是该怎么做？

○ "安全漫步"的灵感

2012年的一天晚上，我回到加州过感恩节。当晚由我照看外公，我看到他想离开床。当他的脚踩在地板上时，一个想法在我脑海中闪过："为什么不能在外公的袜子下放置一个压力传感器呢——当他踩到地板时，压力传感器会检测到压力的增加，然后将警报无线传送到我小姨的智能手机上来把她唤醒，这样她就不必担心外公会出走了。"

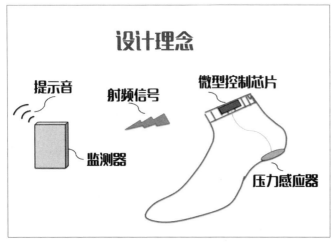

"安全漫步"的设计理念

我决定将这个系统命名为"安全漫步"（Safe Wander）。

虽然当时我只有14岁，刚上高中，但在使用技术解决问题方面，我从小就有经验——

我6岁时，跟我家交好的一位上了年纪的朋友，在自家浴室摔倒了，结果严重骨折，我开始担心外公外婆。我想出了一个方案——在浴室的地砖下安装传感器，如果外公外婆摔倒了，我的手表就会发出警报。但那是2004年，当时还没有智能手机，更不用说智能手表了。

大约一年后，我们又一次全家旅行，这一次是去埃及。外公的记忆力下降得非常迅速。那个时候，我需要不停地问他："外公，你吃药了吗？""你吃药了吗？"……当我们回到美国后，我到药店买了一个有分格的小药盒。我在每个格子里，装上了一个LED灯，还加装了计时器和蜂鸣器。外公该吃药时，相应的LED灯就会亮起，蜂鸣器也会发出响声，这样就能提醒外公在什么时间吃什么药了。

那时我还太小，无法将所有的想法都变成实用产品，但是思考和创造模型让我开始对科技产生热情。

○温暖的爱，是"安全漫步"成功的动力

"安全漫步"的设想跟之前的完全不同，因为外公已经离不开专人照看，而照看外公的小姨也迫切需要帮助，这个创意必须要付诸实践。但是，这个看似简单的想法，事实上难以执行。

在此过程中，我遇到了许多挑战。我动用了所有可以动用的资源，研究文献、向专家求助。我意识到，我必须创造出一种足够柔韧的传感器，以便让外公舒适地穿在脚上；我还设计了一个无线电路，它可以把信号传输到一个能够接收该信号的智能手机的应用程序上。

然而，数周的深入研究却让我倍感挫折，进展也非常缓慢——2013年，我用了整个夏天，试图把传感器电路和智能手机应用连接起来；8月，我编写了代码，希望能成功。可我又出了数百个错……那一刻，我开始觉得我的这个项目将徒劳无功；但是，就在这时，我听到外公唱起了歌，曾经的歌声变成了模糊的低语：

长亭外、古道边，芳草碧连天；晚风拂柳笛声残，夕阳山外山……

虽然他早已忘记了我的名字，但我本能地把手放在他那虚弱的手掌上，就像多年前他为我唱歌时，用他的手抚摸我的小手一样。突然间，他的手握紧了，我觉得他仍然记得我。之前，我因为无力改变他的状况产生了深深的无奈；此刻，我又有了新的动力，下定决心要推进和完成"安全漫步"的原型。

○令人感动的第一步

我永远都不会忘记，当"安全漫步"第一次监测到外公出走时，我们全家是多么感动。那一刻，我被这种能够改善生活的科技力量深深地打动了。在几个月的时间里，"安全漫步"成功监测到了外公的每次出走。外公摔倒的情况再也没有发生，我小姨也休息得更好了。

"安全漫步"成功后，开心的肯尼思和外公合影留念

"安全漫步"，让世界变得更加温暖

○"安全漫步"的推广应用

"安全漫步"在外公身上的这些结果令我振奋。我开始在几家护理机构对"安全漫步"做进一步的测试。

肯尼思为外公设计的"安全漫步"袜子

在这些护理机构中，我了解到，我们家面对的问题其实只是一个社会问题的缩影，它的背后是一个针对全社会的巨大挑战——世界上有超过4750万阿尔兹海默症患者，其中约有6%的人（285万人）会出走。出走的病人通常都有摔倒的风险并可能受伤。更重要的是，到2050年时，阿尔兹海默症患者的人数预计会达到目前的3倍（约1.4亿人），仅在美国，护理费用就将花掉1.5万亿美元。

在护理机构进行的广泛性测试非常有价值。它们让我意识到：许多病人不愿穿着袜子睡觉；"安全漫步"信号覆盖范围太小，无法应用到大型护理机构。

于是，我研制出了更强大的传感器。我创造的第一个商业产品是一款"安全漫步"离床报警传感器——它是一个很小的按钮，可以安全地贴合到任何衣物上；之前的版本靠监测足部压力报警，而它是通过监测身体的变化来判断病人是否出走；通过网关的使用，它可以在任何地方监测到任何角落的病人。

扫码观看："安全漫步"是如何工作的（左为纽扣版"安全漫步"报警传感器，右为传感器发送到智能手机上的报警提示）

○一种温柔的保护，一份爱的礼物

"安全漫步"传感器的研发给我带来了意想不到的社会认可。

遗憾的是，外公是唯一意识不到"这项技术是因他而生"的人。

但是，"安全漫步"传感器触发的每一种警报音乐的旋律，都会让我想起外公的歌声。

"安全漫步"对外公的保护，就像很久之前他温柔的手臂对我的保护一样。

两年前，外公去世了。

几个月后，我们的网站开始出售"安全漫步"传感器。

从那以后，我收到了许多世界各地的护理人员寄来的感人信件。他们都在努力地照料着像我外公那样的患者。他们告诉我说，他们不必再忍受疲劳和焦虑，因为"安全漫步"给他们带来了内心的平静。

外公离世之后，"安全漫步"传感器成为纪念他以及我们亲情的爱的礼物。我决定把这份礼物分享给数以百万的老人以及他们的护理者，希望这份礼物能改变他们的生活。

互动问答

| 第一问：什么是推动你创造的原动力？|

陈伟鸿（主持人）： 我们很感兴趣的是，你年纪这么小，为什么会懂得这么多？到底是什么触动了你用这个充满了温暖的科技力量来展现你所有的想象？

肯尼思： 我觉得我和外公的关系非常特别。我是在加州的一个三世同堂家庭中长大的，这在美国非常罕见。我记得在外公患上阿尔兹海默症之前，我的课余时间都是和他一起度过的。我父母都是土木工程学的教授，我小时候经常去他们的实验室摆弄他们的小器材，这让我对科技的利用很感兴趣。我和外公之间的特殊感情激励着我，使我能创造出新的技术，去帮助他以及所有老年人。

陈伟鸿（主持人）： 那些曾经养育过我们的人，他们有一天也会变老，行动也会变慢，也会需要有人陪伴，需要一双温暖的手搀扶着他们。我想这可能就是科技的力量、科技的初衷，也是科技的魅力。再一次感谢肯尼思，把饱含了温暖的科技力量带到了我们的现场。

| 第二问："安全漫步"如何应对抄袭与借鉴？|

孙梦婉（**智慧共享者**）：首先我觉得非常感人，因为外公的病，所以生产出这个产品。不知道现在你是不是一个公司的CEO？如果从公司发展和竞争的角度来看，其实这款产品的传感器没有太高的技术门槛，很多的公司都可以做，有可能别的公司看到你这个点子特别棒，就复制了自己做。这样就会削弱你产品的竞争力，对此你会怎么解决？

肯尼思：这是一个很好的问题。我首先是一名科学家，然后才是商人。我最初创造这种安全传感器是为了我的外公，并没想过将其应用到众多的阿尔兹海默症患者身上；但是，我在当地护理机构的测试经历让我产生了将其服务大众的想法。

和其他众多产品相比，"安全漫步"有其特别之处。因为它和现有的技术不同，通过利用网关系统，它可以在任何地方，甚至在不同的大陆监测病人，最重要的是可以同时监测多名病人，所以"安全漫步"具有许多独特功能。你说的没错，其他人也能开发这项技术，并以较低的制造成本生产。但我坚持认为这款设备的独特之处是其他制造商难以复制的。

陈伟鸿（**主持人**）：其实在科技这个领域，我们常常会受到别人的一些启发。我觉得这个无可厚非。刚才大家关心的问题是，在某一个具体的产品上，或者在它的功能使用上，你会如何划分模仿借鉴和彻底的抄袭复制？它们中间的这条界限到底在哪里？

肯尼思：这一点很难界定。通常来说，你可以完全复制一个想法同时声称"只是在借鉴灵感"。其中许多情况可以归结到法律上的细节问题，即某人是否能用法律为自己以借鉴灵感为名实施的剽窃行为辩护，这就是侵权的门槛所在。我对此不太确定。不过我认为这很可能发生，因为这是一个思想自由传播的互联时代，我们可以很轻松地和别人交换想法并从别人的想法中汲取灵感。

| 第三问："安全漫步"能否应用于其他领域? |

吕强（"问号青年"）：我觉得这个技术不仅可以应用在预防阿尔兹海默症老人走失的问题上，还有很多可以应用的领域，比如说走失的儿童。有没有想过把它拓展到其他的领域，比如其他的一些走失，或者人口寻找?

孙梦婉（智慧共享者）：可"走失手表"在中国早就有了，一直都有。

薛来（90后发明家）：那种"走失手表"，我还买来玩过，戴在自己手上，但它每过一会儿就需要充电。我觉得肯尼思的发明更好，它是一个小小的传感器放在身上，用的是放一块纽扣电池可以用一年的技术。它最大的特点在于，不需要每小时充电。我觉得这一点做得很好。

肯尼思：我认为现有这类手表的问题是，夜间睡觉时，手腕会经常移动，因此手表很难有效监测病人的位置或者病人是否离开了床。"安全漫步"的优势在于，它通常只在病人离床时才会发出警报。它只监测一个方向上病人身体位置的改变。

再回到最初的问题。曾经有一位家长开玩笑说，他要用传感器追踪自己的孩子，看看他有没有在半夜溜出去。这虽然只是玩笑，但我的确认为除了监测阿尔兹海默症患者出走之外，"安全漫步"还能应用到其他许多方面。举几个例子：首先，我认为它可以帮助家长监测婴儿和儿童，了解他们是否在自己的床上；其次，我认为"安全漫步"对于可能发生摔倒的病人也能有所帮助，而这部分人群比阿尔兹海默症患者的数量要多得多。

"安全漫步"的优势在于，能在病人离开床、踩到地面之前，把警报发送到照料者的智能手机上，这能有效防止摔倒事故。所以我认为，除了监测出走的病患之外，这种设备还能有更广泛的应用，而仅是前者的数量就十分巨大，数以百万的阿尔兹海默症患者都存在走失风险。

| 第四问：你是否想过从根本上治愈老年痴呆症？|

茹彬鑫（牛津学霸）：我非常惊讶于你的产品，也非常感动。但在我看来，现阶段的产品更多的是专注于监测的一个产品，更像一个"治标不治本"的产品。现在你已经进入了大学阶段，是否想过从根本上治愈阿尔兹海默症，或者朝这个方向去做一些努力？

肯尼思：我应该不会去读医学院，不过我想我不会放过任何的可能性。事实上，2017年夏天，我在哈佛医学院和马萨诸塞州综合医院开始了对阿尔兹海默症的研究。我一直对阿尔兹海默症的研究充满热情，尤其是在我知道有许多人正饱受这种疾病的折磨之后。这种疾病令许多科学家感到困惑。我想我们迫切需要进行更多研究、需要更多科学家的努力来寻找更好的解决办法。尤其可以利用新兴的人工智能和生物技术研发新的阿尔兹海默症治疗方法，我不认为这个领域得到了充分的探索。或许这会是我未来的努力方向。

| 第五问：中、日、美三种文化教育环境，哪种对你影响更大？|

李晓光（TECHPLAY创客教育创始人）：我很早就听说过你的故事，看过关于你的报道。我知道你的妈妈是中国人、父亲是日本人，而你在美国长大。我发现你的表达能力、逻辑能力、探索学习的能力，还有创造力都很强。我想知道，三种文化的教育环境，哪一种对你的影响更大？或者说分别带来了什么影响？或者这三种文化对于你的创造力的形成，分别起到了什么样的作用？

肯尼思：这是个好问题。我认为亚洲文化有一个特点，那就是孩子们认为自己有责任赡养父母。通常来说当父母进入老年后，孩子会留在他们的身边，确保父母得到最好的照料。我在美国经常能看到的一幕是，许多老年父母被送到养老院或者护理机构，与自己的孩子及孙辈分开。但是，在亚洲文化中，父母是与子女及孙辈生活在一起的。我觉得这部分文化影响了我选择的技术研究领域以及我的生活。我觉得，正是因为我和我外公的关系非常亲密，而且我们生活在一起，也因为亚洲文化的影响，我才热衷于研发技术来帮助他。

| 第六问：如果父母要去养老院，你如何选择？|

吕强（"问号青年"）：在美国文化里，可能更愿意把老人送到养老院，也许那里的养老制度更加完善；在东方文化中，更强调"老有所养"，希望跟在子女身边颐养天年。但现在中国也存在一个问题，年轻人的工作越来越忙，对于父母年老时是把他们送到养老院还是让他们留在自己身边，会比较纠结。你会如何选择？

肯尼思：我认为父母和子女的关系非常特别，这种关系始终不会改变，尤其外公和我之间永恒的爱让我深受触动。虽然阿尔兹海默症严重损害了他的大脑，但我们能够通过音乐、通过为彼此唱歌建立起感情联系。这提醒着我，就算是他的大脑感染了疾病，也无法让我们的爱褪色消失。而这种特别的爱，是无法在养老院或者护理中心得到的。因为即使能从护工那里得到同情，那也和父母子女之间的情感不同。我认为这种感情非常特殊，我们一定要好好珍惜。这就是我为什么鼓励人们在老人的晚年陪伴他们、和他们一起生活的原因。

| 第七问：为什么选择了哈佛？|

陈伟鸿（主持人）：哈佛、斯坦福、牛津……那么多的名校都要录取你，最后你是出于什么考虑选择了哈佛？

肯尼思：我认为，在生活中做出的重大决定，大部分都根植于直觉。这些决定并非来自解决问题的理性思考和方法，是一种直观感觉激励着你以某种方式行动。有时候，我们很难解释和理解这种直觉，但我非常相信直觉。当我参观哈佛校园时，我马上就感觉到这是一个我可以称之为"家"、在接下来几年里乐于生活的地方。就是这种直觉而不是任何合理的动机，让我选择了哈佛。

孙梦婉（智慧共享者）：我对此有些疑惑。加州文化属于特别自由的文化，大家可以穿着拖鞋上街、去实验室工作；但波士顿和纽约的东部文化偏于"精英文化"，必须要西装革履、严谨认真。你在加州文化下长大，为什么会觉得波士顿、哈佛像你的家？

肯尼思：这是个好问题。我觉得每个人都有多面性，这不是"你是谁"的问题，而是"你想成为谁"，你想选择成为一个什么样的人。我在加州和纽约都生活过，西岸文化和东岸文化我都接触到了，好像有种公论——西海岸地区更懒散、更放松，人们会穿拖鞋出门；而东海岸地区更加上进，更加苛刻。但我想说，很多时候这种模式化的认识并不全面，美国的各个地方和世界上的各个地方，都有各种各样的人。其实很难去概括地解释和描述生活在某个地区的所有人。

当然，我也认为，在美国确实是西海岸的人更悠闲，东海岸的人更上进。我想，很多时候，我必须在这两种自我中做出选择，我觉得在我生活的不同部分，展示不同的自我非常有趣。一方面，我觉得管理和创建自己的企业需要强大的动力，实现某个目标需要很强的专注力；另一方面，与老年人共处需要同情心，需要与人亲切交往的能力。我想，这就是两个不同自我并列和结合的确切表现。在这种意义上，我对"安全漫步"的研究，就是这两种自我的交叉。

| 第八问：如何看待带着功利心做研究？ |

薛来（90后发明家）：你是一个很多名校都想录取的学生。我知道在美国，参加各种科技竞赛是进入名校的快速通道。你的产品第一次亮相就是在谷歌的一个科学竞赛展上。我想请问，你在发明这个产品时，除了想帮助外公，有没有一点小小的功利心——就是为了以后可以更轻松地进入名校？

肯尼思：对我来说，科技展览或媒体的认可一直都是次要的，首要的动力还是我和外公之间的感情。我记得首次参加科技展览的原因是，我研发出了最初的两只"安全漫步"袜子传感器，一个了解这些原型产品的朋友鼓励我去参加科技展览。当时，我不认为我参加科技展会有什么收获，因为与我共同参展的是那些可能治愈罕见癌症的尖端技术。我觉得，与这些技术相比，我的研究恐怕不会那么打动人心。结果我很幸运，科技展的评审科学家们最终把我评为2014年科技展的获奖者之一。但我研究这种设备的初衷并不是为了参加科技展，我的目的就是帮助我的家人。

生于 1991 年，18 岁便夺得全球设计界公认最高奖项——"德国红点设计大奖"，大二时，便获得被誉为"设计界奥斯卡"的"德国 IF 国际大奖"。他着眼于生活细节，发现生活盲区，用一个滑梯助力火灾高空救援，拯救更多宝贵的生命。

"90后"的未来力：设计改变世界

范石钟｜知名设计师、FANSTONE设计工作室负责人

我是一名"90后"设计师，网上对"90后"有很多标签，比如"迷茫""不靠谱""直接""非主流""颓废""宅""啃老""爱冒险""冷漠""富二代""空巢青年""脑残"……我觉得这些标签可能是对"90后"的一些刻板印象，但有些标签我还是挺愿意承认的，比如"敢想敢做"。我觉得正因为敢想敢做，所以我才获得了120多个设计奖项，在2015年，被《福布斯》评为"中国最具发展潜力设计师"。

设计不只是追求漂亮，设计可以拯救生命

大家可能会觉得：设计，就是把东西做得好看、做得漂亮。但是，我做设计，不仅仅是为了好看、为了漂亮。

我的专业是"工业设计工程"，我做的设计是要解决一些实实在在的、亟待解决的问题。

○救命的设计："生命滑梯"

我在读研究生的时候，设计了一款"生命滑梯"。这件作品在2017年获得了美国"Core77设计奖金奖"，是中国唯一获得此项金奖的设计项目。在此之前，"生命滑梯"还获得了"亚洲设计大奖""红点奖""IF奖""意大利国际设计大奖"等12项国际大奖。2017年，这件作品入选参加迪拜举办的"全球研究成果展"。

大家可能想问我："为什么会在读研究生时设计出这样一个作品呢？"

大家应该记得，2015年8月12日发生在天津港的那场爆炸。当时发生了严重的火灾，有600位"战士"在现场全力以赴地灭火——火灾发生时，大家都在逃命，有这么一群人，他们义无反顾地逆行，哪里最危险、哪里需要救援，他们就去哪里，他们就是消防队员。在那次火灾中，有10位消防员牺牲、30多位消防员失联，付出了惨痛的代价。

大家可能都知道，当火灾、地震之类大型灾难发生时，高层建筑救援是非常难的。如何对高层建筑进行有效救援，一直是困扰全世界的一个难题。

水火无情。发生火灾时，时间就是生命，救援时能抢先一秒钟就可能抢回一条生命。

在进行相关研究时，我发现："在短时间内救出更多的人"，是高层救援设备的瓶颈所在。目前，比较常用的消防装备是消防云梯，它是中国、也是全球普遍使用的高空消防救援装备。但是，它有很多弱点，比如，它每一次的救援过程需要5~10分钟，每一次救援的人数只能是2~4人。事实上，发生火灾时，高层救援的黄金时间就那么十几分钟，消防云梯的救援效率根本无法满足实际的救援需求。对此，我产生了很强烈的使命感和紧迫感，读研究生找主攻课题时，就想针对这个问题开发设计一款高效的救援装备。于是，就有了"生命滑梯"这个设计作品。

"生命滑梯"，它可以让被困者像玩滑梯一样，从高处滑下来。使用起来非常简单、安全，最重要的是它非常高效，它可以实现"几秒钟救一个人"。

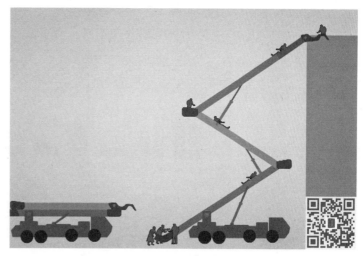

扫码观看："生命滑梯"如何实现"几秒救一人"

其实，这个设计让我最自豪的并不是它获得了多少项奖，而是——它是一个"救命的设计"，没有什么比生命更重要。

○救命的设计："空中消防车"

继"生命滑梯"之后，我们又推出了一个后续性的设计作品——"空中消防车"。这件作品是我做"生命滑梯"时产生的灵感。在国内，高层灭火大都使用消防云梯，配置消防云梯的费用不菲，每台的进口采购价大约需要1800万元。由于造价高昂，消防云梯的配备必然受限，很多地区只有一辆。

设计"空中消防车"时，我们将设计目标定为：与消防云梯相比，"空中消防车"的灭火范围要提升10倍、成本要压缩3/4。

我们将无人机和消防供水车进行了结合，消防员和消防车到达不了的地方，都可以让无人机飞达。消防云梯的灭火高度，最高只能达到70米；而"空中消防车"的灭火高度是200米，它的灭火范围扩大了不止10倍。这样一来，消防员既能高效地实现灭火救援，又可以远离烈火和爆炸的危害，保证自己的人身安全。

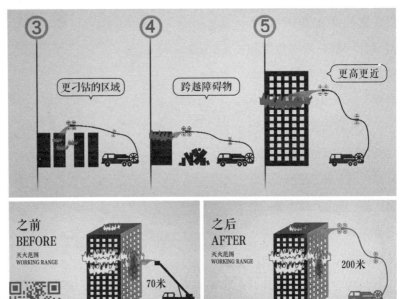

扫码观看：既能高效作业、又能保障安全的"空中消防车"

参与式设计法，成就生命救援

我做设计的方法是"参与式设计法"。在做"生命滑梯"的设计时，我们邀请了很多消防队员、工程师，以及一些经历过火灾的居民参与到设计中来。因为，他们是这款设计产品的用户，他们的意见是非常宝贵的。

在设计的过程中，我也经常去湖南省消防总队，做了长期的、深度的考察和调研，还参与消防演练，让自己体验消防员的工作，亲自去操作救援装备，体验高层救援。

记得，有一次我跟消防员们聊天，他们告诉我一个细节——每次执行完任务，他们的口腔里、他们的痰都会持续几天是黑色的。这让我意识到，火灾现场的浓烟会对消防员、被困的居民造成很大的伤害，并把它当作一个设计中需要重点解决的问题。因此，在"生命滑梯"的顶部设计有抽烟装置，可以吸取周边的一些烟雾。

"生命滑梯"分为三段，每一段的连接处，会有一个缓冲区域，消防员可以站在这个区域帮助那些需要帮助的人，指导他们逃生。由于救援的环境是火灾现场，所以"生命滑梯"的表面运用了航天涂料。

在设计的过程中，我们多次邀请消防专家、消防处的领导，还有消防英雄、结构专家，对这个作品进行评估、评审，还做了大量的学术分析和论证，如静力学分析、动力学分析、仿真力学分析以及采购供应分析，进行了多次改进。

最后，我们和湖南省消防总队、湖南大学机械与运载工程学院，一起完成了这款"生命滑梯"。

我觉得设计不是一味地空想，不是一味地天马行空，而是要在真实的环境中，去做调研，去亲身体验，得到需求和问题，然后用最合理的方式，去满足这些需求、解决这些问题。

找到改变世界的设计灵感

○世界需要有意义的设计

我曾经见过一个看起来很普通的设计作品。它是一款纸，但这款纸与众不同，是一款具有超强过滤功能的纸；它是一位设计师为非洲重污染地区设计的，可以过滤掉水中99%的细菌，经它过滤的水，能达到美国的饮用水标准。而全球大约有6.6亿人，因为缺乏最基础的净水装置喝不到干净的水。这件作品，给了我很大的触动——它看起非常普通，但它蕴含着一种震撼人心的美。

大家对美的定义各不相同。在我看来，有意义的设计，就是美的设计。

我喜欢做有社会价值、有社会意义，有可能改变社会、改变这个行业的设计。

所以，我经常会去比较偏僻的贫困地区做调研，看看自己能为这些地方做一些什么设计。

记得有一次，我发现，因为没有水，当地的居民洗衣服要走到很远的河边。于是，我着手设计了一款不用水的洗衣机。这款洗衣机的能源来自它背面的太阳电池板，采用超声波技术进行清洗，能实现"脏衣进、净衣出"的快速清洁效果。而且，它是伸缩式的结构，能放入不同尺寸的衣服，也方便随身携带。

○ 在生活中发现设计

大家可能会发现，我做的设计都比较接地气。

很多时候，设计都来源于我们的生活。比如我陪朋友去医院输液时发现，有些人要连续输好几瓶液。一瓶液快输完时要拔针、要换液，需要盯着，并及时提醒护士来操作。这个过程费力熬神。针对这个问题，我设计了一款自动更换输液瓶的装置。只需要把所有输液药瓶一次性插入这一装置中，当一瓶药输完时，它会自动打开下一瓶，全部输完后，它还会提醒医生。输液的换药、提醒过程全部自动监控和处理。

"生命滑梯"的设计灵感也来自生活。一个偶然的机会，我看到了飞机的迫降——飞机迫降时，会在紧急出口弹出应急滑梯，以此快速疏散飞机上的乘客。飞机的应急滑梯，就是我设计"生命滑梯"最初的灵感来源。

要做好设计，先要做好自己

我认为，要做好一个产品，首先要做好自己。因为你这个人是什么样的，你的设计就是什么样的；它就像是你的孩子一样，携带着你的基因。

对于设计师来说，视野也是非常重要的，所以我每天会花大量的时间，去看全球最新的设计以及最新的发明和科学技术。一个好的设计，一定是用大量的专业知识堆积出来的。

或许是因为我得过很多荣誉的缘故，大家可能会说我是一个很有天赋的设计师。但其实在我看来，如果我真的有什么特别的地方，应该是因为我热爱做有创意的事情，热爱做可能会改变这个行业、改变这个社会的事情。作为一个设计师，我很喜欢我的职业。在我眼里，设计不只是艺术，也不只是科技发明，它更是信仰和热爱。

很多人问我，如何保持鲜活的灵感？这是个很有趣的问题。

我让自己保持新鲜灵感和新奇想法的方法，就是不断地去学习，大胆地去跨界，去尝试自己不熟悉的领域，去尝试自己不擅长的事物。

现在，我在我自己的设计事务所中，和一群志同道合的伙伴在一起，用笔和纸记录着大脑中每一秒的灵光乍现，并在不断的实践中，去尝试着改善这个行业、改变这个社会。

我们"90后"这一代，不仅拥有自由奔放的想法，也是创新创业中的主力军。我们现在正是意气风发、大展拳脚的年纪。每一个人都在用自己的方式，去改变我们这个世界。我很喜欢《未来架构师》的口号："看见看不见，敢做不可能。"我们就要抱着这样的态度，一次一次把各种稀奇古怪的想法，变成脚踏实地的设计；一次一次用我们的方式去改变和影响他人的生活。

我愿意与你们一起在路上，共同架构美好的明天。

互动问答

| 第一问：少年成名是什么感觉？|

陈伟鸿（**主持人**）：旁人都会说你是一个"少年天才"，《福布斯》说，这是一个"最有潜力的青年设计师"。其实我特别想知道，少年成名，究竟是一种什么样的感觉？

范石钟：其实我觉得，大家应该更多地关注我的产品。因为，设计师就是用作品来说话的，名气替代不了作品。我还是要定下心来研发我的作品，研发可以改善大众生活，可以为这个行业做些贡献的产品。我更愿意让自己的设计，成为推动这个时代和社会进步的一种力量。

| 第二问：你最想撕掉哪个"90后"标签？|

吕强（**"问号青年"**）：刚才你演讲过程中，提到很多"90后"的标签，这其中你最不喜欢哪一个，最想撕掉哪一个？

范石钟：大概一半以上的标签我都不太喜欢。我常常不愿意说出我的年龄，因为会被贴上一个"90后"的标签。这样对我们其实很不公平。我觉得大家应该忘记"90后"这种定义，包括"80后""00后"，大家应该更多地关注一个人的作品和他所做的事情，关注他是不是做了一些有价值、有意义的事情，而不是一上来就给人贴很多标签。

陈伟鸿（**主持人**）：不要用标签、不要用年龄来衡量每一个人在这个社会当中的价值。既然吕强你也是"90后"——虽然是年长一点的"90后"——但作为你个人来说，你最想撕掉的一张标签是什么？

吕强（**"问号青年"**）：我最想撕掉的一个标签，是"叛逆"。这个标签好像是说，总感觉"90后"和这个世界不一样。但我觉得，这个世界本身就是不一样的。我们就代表了这个世界多元的一个部分。我特别同意范石钟刚刚说的话，就是不要用"90后"来定义我们，而是用我们的作品、我们的成就、我们的未来定义我们，我觉得这是真正能够给我们成就感的。

陈伟鸿（**主持人**）：对，每一个生命个体都是不一样的。只有保持这样的个性特征，这个世界才可能变得更加精彩。

| 第三问：太多荣誉会让你忘掉设计的初心吗？|

孙梦婉（**智慧共享者**）：看到你得了100多个奖项，我非常吃惊，同时也有一点担心。你的设计本身很优秀，你用一项设计，申请了全球各处不一样的大奖，但是这么多的奖项给你荣耀加身的同时，会不会助长你的虚荣心，让你渐渐忘掉了"想做好设计"的初心？

范石钟：好多人都问我说，参加竞赛、得了这么多奖，是不是为了满足虚荣心，或是为了丰富简历、自我宣传之类的。其实，我参加竞赛的原因很简单——竞赛主办方是一个认证机构，会请很多的知名专家来评审，我拿作品去参赛，就是想让那些专家、国际上的知名人士，来看看我的作品是不是一个好的设计。我是把参赛当作被专家审视的机会。设计师可能容易产生这样的感觉——我做的东西都是好东西，我的每个设计都好。自己觉得好，那不是好，用户觉得好才是好。那些专家，那些国际上的认同，那才是真的认同。我去参加竞赛，主要是拿去做认证，让专家提出意见。比如参赛过程中会有很多答辩环节，他们会指出我的作品有哪些问题、需要如何改进，我就会去解决这些问题；这样，我的作品会变得越来越好。我参加竞赛越多，我的作品就会变得越完善。另外，这些竞赛会有很多投资机构或技术人员到场，他们如果对我们的产品感兴趣，就会加入我们团队，一起来把这个产品做得更好。

孙梦婉（智慧共享者）：我非常期待你的"救命的设计"能投入到市场，什么时候它可以真正投入使用呢？

范石钟：目前已接近尾声，开始打样了。之后，我们会先交付消防总队做调试；调试完，再根据他们反馈的问题做改进。目前国内已经有两家重工企业，对我们这个作品感兴趣了，还有一家迪拜投资厂商也非常感兴趣。我们现在正在和这三家商谈，把设计作品变成产品，再把产品变成商品。

| 第四问：为什么说"设计是水，生活是鱼"？|

陈伟鸿（主持人）：我接触过一些设计师，他们会说"生活是水，设计是鱼"。但是，你把这两个介质反过来了，你说"设计是水，生活是鱼"，这句话怎么理解，为什么会跟别人有这么不一样的想法？

范石钟：我觉得是"人在设计中"，而不是"设计在人中"。我们身边处处充满设计。比如今天计划"明天去哪里玩、吃什么东西"，大家可能不认为这是个设计，但在我看来这就是设计。这是一种规划，规划也是一种设计。再比如，爱迪生是个设计师，他发明了电灯；屠呦呦也是设计师，她的青蒿素是她的作品；袁隆平也是设计师，他的杂交水稻是他的作品。所以，我一直在强调"人人都是设计师"。而最大的设计师是大自然，它设计了我们所处的自然环境，设计了我们生活的环境。所以，我们是生活在设计中的——设计是一种生态环境，而我们的生活存在于这种生态环境之中，就像鱼生活在水中。这是我的理解。

｜第五问：在设计中，你如何平衡理想主义和实用主义？｜

吕强（"问号青年"）：很多时候，我们希望把作品做得非常完美，但同时也要考虑到它制作的过程，或者它的实用性。从设计师的角度来说，你觉得实用主义和理想主义这两者有什么差别？你是怎样来平衡它们的？

范石钟：这个问题其实很难回答，因为我们也一直在找理想和现实之间的平衡。我们做设计创意可能要追求理想化、概念化，甚至超前五六年。但是，我们还要考虑它是否能实现，要考虑现实技术的可行性。所以，我们也一直在找中间的平衡点。以我现在的能力，我可能无法回答如何去平衡这两者，但是我在努力找到这个平衡。

吕强（"问号青年"）：我想追问一个问题，其实我身边很多设计师，他们特别在意自己作品的颜值。一个设计，如果要保证它的功能性、实用性，可能要牺牲部分颜值，丑一点。你会做怎样的选择？你会执着于颜值吗？

范石钟：我也是"颜值控"，我做的设计，肯定要好看。我从小学到高中、大学，一直在学美术。不过，我觉得对设计作品的颜值，还是要看具体情况。设计分为很多种，比如现在比较注重颜值的消费品，像手机、机器人，大家要先觉得好看，才会考虑买。但对某些东西，大家可能就不太在乎颜值，比如工程装备，好像没有特别好看的挖土机、起重机，因为它以功能为主，是否好看并不重要。我们对不同的项目，会有不同的要求。

| 第六问：工程师还是设计师？"打样"前验证设计可行性吗？ |

薛来（90后发明家）：你设计的这个消防车正在"打样"，然后会投产。它是一件具有现实意义的、工程性质的作品。做这样的作品，你觉得自己是设计师还是工程师？另外，你在"打样"之前，有没有做过一个实物大小的消防车，来验证它的可行性？

范石钟：先回答"是设计师还是工程师"的问题。我研究生的专业是"工业设计工程"，准确地说，我是一个"工业设计工程师"。所以，我们既要懂设计方面的知识，也要懂工程方面的知识。我觉得，设计更偏向于理想，工程更偏向于现实。

再谈关于"打样"的问题。设计分为前期和后期，如果再往后走，就进入市场层面了。我们做的事情都是比较前期的，比如设计方面，我们尽可能把各个方面都想够、想好（在我工作室的团队里，只有我是设计师，我的团队成员都是工程师，有学机械的、学物理的、学各种分析的，他们会帮我实现我的想法）。目前，我们已经把前期的各种论证做完了，比如软件的论证，我们在软件中给它加载力、加风动，加各种各样的力去测试它。实物上，我们也做模型，但1∶1的模型投入太大了，所以先是做等比缩小的实物模型，已经进行了实验，也没问题。"打样"就是做1∶1的实物模型测试，用真正的实物来让消防总队去实际操作，去找问题。

陈伟鸿（主持人）：你其实是设计师、工程师，各种角色的一个全面的融合。

范石钟：对，其实设计是一个交叉学科，它不是某一个具体的点，它是很多学科融在一起——比如软件、艺术、工程等——去设计。

陈伟鸿（主持人）：那今天你能否以设计师或者工程师的身份，来介绍一下摆在我们舞台上的这个"空中消防车"的缩小版仿真模型？

范石钟：好的。

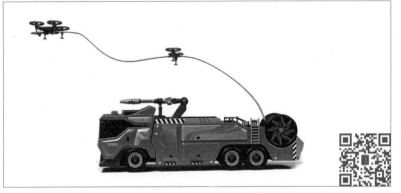

扫码观看：工业设计工程师范石钟是如何介绍"空中消防车"的（图为"空中消防车"模型图）

| 第七问：你觉得"中国设计"的核心口号应该是什么？|

李晓光（TECHPLAY创客教育创始人）：20世纪日本的整个设计界，提出了一个"重新设计"（re-design）的口号。这个"重新设计"的核心是"卡哇伊"，就是把所有的东西，都重新设计一遍，都设计得很可爱。刚才你说想让中国的设计站在国际舞台上，如果请你代表中国的年轻设计师，为中国的"重新设计"运动提一个核心的口号，你觉得应该是什么？

范石钟：我觉得"形式"并不重要。比如，我们买个手机，头一个星期会觉得漂亮，用了10年，还会觉得它漂亮吗？随着我们的知识增加、阅历增加，我们的审美也会发生变化。我认为，中国的工业设计师，应该注重作品的价值、实用性，而不应该被一些"形式"所困扰，给设计去框定"可爱""简洁"之类的标准，并不重要；重要的是我们的设计是不是有价值，是不是让这个社会变得更好。

第 **8** 章

看得见多远的历史，就看得见多远的未来

▼

郭黛姮 Guo Daiheng

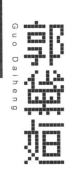

清华大学建筑学院教授郭黛姮，师从著名建筑学家梁思成，践行梁先生对于建筑遗产保护与传承的理念，最大的梦想是重现圆明园的真实面貌。20世纪末，年逾60的她开始了一次空前的研究——圆明园数字复原工程。17年里，她带领80多人的团队，查阅上万件历史档案，绘制4000多幅设计图纸，构建2000座数字建筑模型，用3D建模、数字化等科技手段让圆明园的真实面貌重现世界。

倾尽半生只为梦回圆明园

郭黛姮 | 清华大学建筑学院教授

大家好，我是清华大学建筑学院的教授郭黛姮。今天我要跟大家讲讲"数字圆明园"。

我从清华大学毕业以后就开始研究建筑史，当时研究建筑史还不是针对圆明园，是从最古老的建筑起，慢慢研究到了清代，研究了中国两千年的建筑发展历程。后来，我跟着梁思成教授研究宋代建筑，去外地考察了很多古建筑。圆明园就在我们清华大学旁边，但我那时候去得比较少。后来，我发现研究建筑史，圆明园是一个绕不过的课题。

我做数字圆明园的初心

我们过去考察的，是现存的古建筑；而圆明园是一个遗址公园，里面的建筑已所剩无几。

圆明园里的古建筑到底有什么？我们过去知道得其实很片面、很少。尽管在上课时我也讲过圆明园有些什么，但这些内容只是依据有限的记述文章或资料图片总结的。那些资料中最著名的，是一卷叫《圆明园四十景》的绢本彩绘。这套彩绘被收藏在法国国家图书馆里，我曾经特意去了一趟巴黎，到法国国家图书馆里看了这卷彩绘图的原貌。但是，这卷图反映的也只是乾隆九年（1744年）时圆明园的情况，并不是最终的完整全貌。

于是，我们就开始把圆明园作为一个科研课题。我们花了十几年的时间——查史料、查文献、查各种各样遗留的档案，尤其是查阅了考古发掘的情况。在座嘉宾靳枫毅先生是我的老朋友，他就是专门搞考古发掘的。通过查阅收集大量的资料，我们发觉圆明园确实很有特点，它不是一般意义上的皇家园林，而是一座考古遗址公园。

对于圆明园，大家都有什么样的认识呢？

对此，我们曾在网上做过一个调查，调查的结果显示，大家对圆明园的认识主要是以下两点：

第一，圆明园是爱国主义教育基地，因为它当年是被侵略者给烧毁的；

第二，圆明园是封建帝王骄奢淫逸的场所。

通过对圆明园的专项课题研究，我们可以说，大家对圆明园的这第二点认识是不确切的。研究复原后的结果显示，它其实是帝王临朝理政的地方，其中的很多景观、建筑，都跟理政有关。

这个网络调查表明，大家太不了解圆明园了。那如何才能让大家了解真正的圆明园？

有人说，把它复原起来，全都重新盖出来——之前在圆明园里只能看到它残存的样子，现在我们国家强盛了、有钱了，也研究出当年的建筑原貌了，可以照着原样重建。但是，这样的重建恐怕会对文化遗产造成破坏。文化遗产是什么，它是一个历史信息的载体。圆明园被毁是历史信息，它变成了一片废墟也是历史信息，现在的圆明园本身就是文化遗产，是不能轻易改变的。

要让每个人都能真正了解圆明园，必须保留遗址，那是圆明园真实的一部分，但仅仅有遗址是不够的，还是需要复原它，让大家看到它当年建成之后的样子——既不能重建，也不能让它像原来那样荒废着——所以，我们决定做"数字圆明园"，用数字的手段重建圆明园，把它复原出来。

打破世俗误解，再现"万园之园"

下面，我展示一些数字圆明园的成果，大家可以看到，从一片废墟中复原出来之后，圆明园的景象跟你在遗址公园看到的样子完全不同。

○方壶胜境——人造"仙境"

乾隆九年（1744年），画家沈园和唐岱为圆明园画了一套图——《圆明园四十景》。这四十景当中有一景叫作"方壶胜境"。中国历史上有很多皇帝都试图为自己找一个仙境。仙境在哪里呢？中国古书里说：仙境在东海，东海里有好几个神山，这神山就是仙境，这里有能让人长生不老的仙药。所以，秦始皇还专门派出徐福和500名童男童女到东海去找仙境。

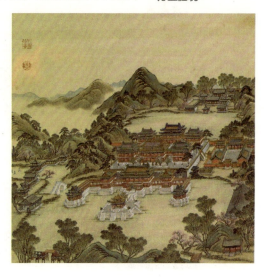

《圆明园四十景》中的"方壶胜境"

到了乾隆时期，乾隆皇帝说：恐怕没有什么东海的仙境吧，我可以在圆明园里面做一个仙境出来。"方壶胜境"，就是乾隆按照传说，在圆明园建造的"仙境"。

依据大量的史料和考古发掘资料，借助数字化手段，我们把这个"仙境"复原了出来。

这处的建筑确实跟我们通常看到的建筑形式不一样，它既不是四合院，也不是常见

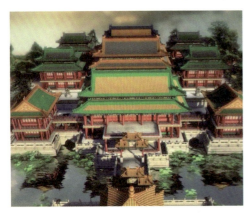

复原后的"方壶胜境"

的佛寺庙宇，而是一个很特别的、非常规的建筑形式。它全都是用颜色非常漂亮的各色琉璃瓦盖出来的。在五颜六色的琉璃瓦之间，房子都是"楼房"——是一个一个的楼阁。这些楼阁里放了佛像、神像，还有各地官员送给皇帝或皇太后的精致小塔，有几十座小塔。

除了这些楼阁，还有很多大家很难想象的建筑形象，包括伸到水里的亭子。这些五颜六色的组合形式，跟我们现在见到的建筑很不一样。

所以，建好"方壶胜境"之后，乾隆非常高兴。他说：我这次建的是一处人世间最好的地方，跟世人以前看到的景致完全不同；秦始皇真是太可笑了，还跑到东海去找，我在圆明园里就造出了一个仙境来。可见，对这一处建筑的设计创意以及实现的效果，乾隆是特别得意的。

"方壶胜境"的仙家气度

复原后的"正大光明"殿

○ 正大光明殿 —— 皇帝办公厅

圆明园里最主要的一个殿是"正大光明"殿。正大光明殿，是皇帝在圆明园临朝理政的代表建筑，它表明了圆明园的主要用途——是皇帝治国理政的所在，而非大家公认的"封建帝王骄奢淫逸的场所"。

正大光明殿是在雍正时期建成的。雍正登基以前，圆明园里没有这样的大型建筑，只有很多比较简单的、相当于私家园林的建筑。

雍正登基以后，要求工匠在圆明园里建一个供他临朝理政的场所，就是正大光明殿。他还让工匠配合这个大殿加盖了各种政务部门的办公室，就是朝房。圆明园的景区一进门是大宫门区，大宫门里面就是正大光明殿，大宫门的两侧还有几十间朝房。

正大光明殿建好后，雍正还特意下了一道旨，通知所有大臣说：各位，我就要在这里（圆明园正大光明殿）办公了，所有的奏折都要送到这里来，我在这里处理朝政；这里跟在紫禁城里的规矩是一样的。

雍正开了这个先例，之后的乾隆、嘉庆、道光、咸丰也都效仿起来。于是，清代的这五朝皇帝，都将圆明园作为临朝理政的主要场所。

据清代档案文献统计，雍正自雍正三年（1725年）八月二十七日首次驻跸圆明园，到雍正十三年（1735）八月二十三日在圆明园驾崩，平均每年驻园时间长达206.8天。通常，雍正于正月幸园，春、夏、秋三季多在圆明园居住，逢郊祀斋戒等大典才回紫禁城，到冬季才会长住紫禁城。

复原后，"杏花春馆"内的田园风光

○杏花春馆、田字房——农业考察区

临朝理政还需要结合实际。当时，中国是一个农业社会，圆明园里其实有很多地方是农田，这一点大家可能不知道。我们将这些农田称作"圆明园里的农业景观"。今天，它们被我们视作风景区里的一类"景观"，但在当时，这些农田是方便皇帝观察农业情况的巡视区，这些农田与民间的农业环境、农业生产同步，能反映民间耕作的真实情况，是皇帝施政治国的重要依据。那时候，圆明园里的农田景观有若干个，其中有一处颇具代表性。那处农田在雍正时期叫"菜圃"，后来到乾隆时期，乾隆皇帝将其改名为"杏花春馆"。

杏花春馆里开出了很多块田地，田地旁边的房子都是村舍的建筑样式——矮屋疏篱，房顶都用石板瓦来铺。看起来好像真的到了乡间一样。

这样的设计，也是皇帝想要提醒自己，必须时时关注百姓的农耕大事。

除了杏花春馆，还有一处农田区，叫"田字房"，是按汉字的"田"字，盖了一个建筑，周围都是稻田，这也是为了彰显皇帝关注农业的心态。

另外，圆明园里还有一处"北远山村"。这个地方很有意思，皇帝不仅仅在这个园子里开辟了农田，还在围墙旁边建了一个楼阁。之所以要建这个楼阁，是皇帝想要登上此楼园外，看一看圆明园外真正的乡间农田——老百姓的农田，长得好不好。

从史料中，我们查到了皇帝登楼查看民间农田的真实想法：如果，园外的农田跟我园内的都长得不好，因为旱或涝，那么就表示不是我园子里雇来种田的人工作不尽心，这样可以判断私田和公田的耕种情况是不是一样的；尽管墨子说过，人要先为公再为私，但我看现在还做不到这点，所以我得看看园外的农田，跟我园里的这些田比一比。

复原后的"田字房"

这处楼阁名叫"若帆之阁"。为什么皇帝要给它起这样的名字？因为，皇帝站在这个楼阁上往园外看的时候，感觉自己好像是站在一艘帆船上，周围的麦浪如波涛滚滚。

大家看到圆明园内的这些复原景观时，可以很真切地感受到当时的统治者对农业的重视程度。

○随处可读书——修学聚才之所

圆明园还有一类特殊景观，就是书院、书楼之类藏书、读书的地方。圆明园里有名的书院有"汇芳书院""碧桐书院"，等等。这些书院、书楼，在圆明园内的数量远比别的皇家园区多——每一个景区，不管是皇帝的卧室、寝宫，还是一个小佛寺，或是皇子住的地方，都有书室、书屋。我统计了一下，圆明园里大概有27处书室。乾隆皇帝说过"生平许多书，处处有书屋"——他要求圆明园里面处处都要有书屋。他有时候去园内的佛寺烧香，在旁边休息的时候，也会到旁边的书室去翻翻书。这是圆明园很有特点的一部分。

为什么会这样呢？因为这些皇帝，他们都觉得要想治理好国家，必须汲取古人的经验，还要吸引有识之士来辅佐。所以，汇芳书院为什么叫"汇芳"？就是蕴含着"汇集有才之人"的寓意，乾隆写的是"佐我休明被万方"，就是让这些大臣来辅佐他治国。

另外，圆明园里还有一个特别的藏书楼，就是文源阁。大家知道，故宫里有一个藏书楼叫"文渊阁"，圆明园的这个叫"文源阁"。这两个藏书楼其实都是为了收藏《四库全书》而建的。《四库全书》是乾隆三十八年（1773年）开始编撰的。在编这套书的同时就开始为这套书建藏书阁了。北方有四个藏《四库全书》的地方，除了圆明园的文源阁、故宫的文渊阁，沈阳故宫还有一个文溯阁，另外，承德避暑山庄里也有一个，叫"文津阁"。这样的藏书阁在江南还有三处。所以藏《四库全书》的皇家建筑，有"北四阁南三阁"之称。这反映出，当时的皇帝们都希望自己能成为一代圣王，能够作为一个有学问的人统治国家，而不是整天浑浑噩噩地住在园子里吃喝享乐。

由此可见，圆明园不仅是皇帝临朝理政的地方，也是他们修身养性的地方。

完美复原背后，无数辛勤付出

通过这些已经成功复原的数字景观，圆明园的恢宏壮丽又重新展现在我们眼前。这些复原景观的画面看起来美轮美奂、自然流畅，但这些画面背后的工作并不轻松，事实上，这些原貌的查找、追溯、再现工作中困难重重，大量的复原信息，并不是一下子就能搞清楚。

比如，在我们复原正大光明大殿的时候就遇到了问题——大殿到底有没有斗拱？我们查了很多档案，都没有找到答案。考虑到雍正一向比较节俭，他建的房子都比较简单，身为皇子时，在圆明园里就没盖什么大房子；登基以

《圆明园四十景》中的"正大光明"

后，虽然盖了这些临朝理政的场所，但用的都是灰瓦。因此，正大光明殿的第一版复原，我们没有加斗拱，但做出来之后，又觉得缺了点什么。

于是，我们又针对这个问题想方设法地寻找资料，最后，终于从法国买到一本书，这本书里记录了：乾隆五十八年（1793年），英国派出第一个访华使团——马戛尔尼使团，他们到了圆明园，正巧乾隆去了避暑山庄，他们带来的礼品被指定陈列到正大光明殿；访华使团的一个随行人员给正大光明殿画了一张彩图，他的这幅图正好画出了大殿檐下有好多斗拱。我们在这本书里看到了这幅图，它成为正大光明殿是有斗拱建筑的有力佐证。

类似这样的溯源，我们都是通过查阅大量文献包括国外的文献，来确定准确的历史信息的。即便只是很小的细节，我们都会以事实为依据来复原，而不是靠猜想。

再举一个例子——"西洋楼"。大家可能都去过圆明园的西洋楼景区，都知道那里有一个石雕的花柱子，还有一些其他的石雕残件。过去，人们都认为西洋楼就是效仿西洋建筑，原貌估计跟我们去欧洲看到的一些古建筑差不多；琢磨得再深一点，顶多是关注一下相应的时间，比如圆明园是17世纪到18世纪之间修建的，在这个

复原后的"西洋楼·谐奇趣"

时间段里西洋流行巴洛克建筑或洛可可建筑，那西洋楼原来的建筑应该就是照抄那些建筑形式。

但是，当我们看到德国摄影师恩斯特·奥尔默拍摄西洋楼期间所写的一段摄影手记时，便对西洋楼建筑的原貌产生了疑问。奥尔默的手记里这样写道：

"那些装饰……五彩斑斓，绚若彩虹……你看，如此丰富和迷人的色彩，浸透在北京湛蓝的天空里，随着观赏者与太阳位置的移动，如万花筒般变化无穷，在大理石建筑的映衬下，夺人眼目，湖中倒影如海市蜃楼……让人仿若来到《一千零一夜》的神话世界。"

看到这样的描述之后，我们就发现一个问题，西洋楼怎么还会五彩斑斓、绚若彩虹呢？后来，我们就跟圆明园管理处的领导说："能不能让我们进库房看看，你们收藏了一些什么东西？"领导同意了，让我们进了藏琉璃的库房——估计大家都知道圆明园有琉璃瓦，但可能不知道还有好多琉璃花饰被收藏在库房里面——我们把这些花饰拿出来一个一个清洗干净，发现它们有的是中国的花饰，中式的；有的是西洋的花饰，西式的，就像我们看到的圣诞树上那

1873年，圆明园已被烧毁多年，虽废墟一片，但仍有卫兵守护。西洋楼景区位于圆明园东北角，较为偏僻，守卫不严，在公使馆或海关工作的西方人喜欢到此郊游野餐，其中就有德国人恩斯特·奥尔默，他拍下了一组西洋楼照片，目前被公认是现存最早的圆明园照片。

圆明园库房里的琉璃花饰

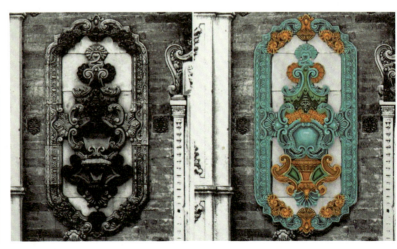

西洋楼琉璃构件色彩复原前后对比图

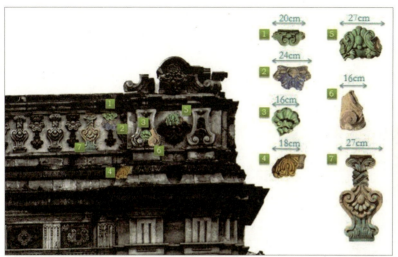

圆明园库房里的琉璃花饰

西洋楼琉璃构件对应图

种带着小红果的叶子……我们想搞清楚这些琉璃花饰原来都装饰在哪里，就拿它们跟西洋楼的老照片比对，比对之后发现，这些都是老照片里拍到的东西，它们都被装饰在圆明园西洋楼景观区的"谐奇趣"建筑群上。

现在，大家在圆明园里还可以看到谐奇趣的遗址，那里有一些残破的柱子、柱头，没人能想到这些琉璃花饰原来是用在这里的。

通过这样的调查研究，我们用数字化的方法把这些绚丽的琉璃花饰重现在西洋楼的建筑上。

大家可以看到，复原后的西洋楼，的确是五彩斑斓的样子，远非我们原来想象中的西洋楼。

像这样的问题，在做数字圆明园的过程中经常会遇到。

复原的不仅仅是景致

通过这些研究，我们感觉，看历史的园林、历史的建筑，如果还是像过去那样只是通过文献来看，会让我们漏掉很多东西；如果用三维技术把它们复原出来，会让我们发现很多想不到的东西。

复原后的"西洋楼·谐奇趣"

数字圆明园的复原项目已经证明了：我们活在当代，我们可以利用当代的技术，而且这些技术还会不停地发展，未来，这样的数字复原可能会实现更好、更有意思的效果，能够让我们更清楚地认识这些文物、遗址，更清楚地认识历史。

事实上，通过制作圆明园的三维复原模型，我们已经认识到了很多以前不曾认识的历史信息。

○还原六种风貌，重温五朝变迁

"天然图画"，是圆明园的一个景区，乾隆皇帝赞美此景的诗句表明，当年这里有水、有湖泊，湖泊里还有小岛。但我们进入园林的时候，这个景区已经不存在了，它所在的位置只是一片平地。所以，当考古队发掘这处景区的时候，我们请负责发掘的靳枫毅靳老师一定要留意，看看有没有水池子、小岛，小岛上有没有植物。

结果，靳老师真的找到了，这些都曾经有过。那为什么现在这里会成为一片平地呢？不只我们看到的实地情况是这样，而且留存下来的所有建筑档案、图纸上, 也显示这里没有房子、湖水, 只有平地。

后来, 我们找到了原因: 不同朝代, 圆明园是不一样的, 它在雍正、乾隆、嘉庆、道光、咸丰这五个朝代的历史进程中, 一直在变化。乾隆年间, "天然图画"景区有水池, 到嘉庆年间可能还留着, 但到道光年间就把水池给填平了。

所以, 我们发现, 圆明园里有很多景区, 可能都出现过六种不同的景象, 比如雍正时期、乾隆初期、乾隆晚期, 再加上嘉庆、道光、咸丰, 每个时期的景区设计、建筑形态等都不相同。

○从"景名"到"名景"

圆明园里边有很多景, 每个景都有一个名字, 这些名字都不是随随便便起的, 比如"天然图画"这一景, 没有做出三维模型的时候, 我们对这个命名的认识就不太深。

对于这个景, 当时乾隆有一个描写, 他说: "庭前修竹万竿, 与双桐相映, 风枝露梢, 绿满襟袖。西为高楼, 折而南, 翼以重榭, 远近胜概, 历历奔赴, 殆非荆关笔墨所能到。"以前读这两句文字, 只能从字面上了解到, 这里竹子很多, 有一处高楼, 登上高楼之后看到的景色很漂亮, 即便是山水画名家荆浩、关仝的笔墨也

圆明园内"天然图画"之美

画不出来。但具体是什么样的景色，其实想象不出来。做完这个景的三维复原后，我们这才亲眼看到了乾隆"修竹万竿"那一句所描述的景色——在竹林的掩映之下，整个风景确实极美，特别是登上乾隆提到的西边"高楼"，往南去到

复原后的"天然图画"一景

那处"重榭"中，西边正对着西山，西山的美景尽收眼底，不论远处还是近处的景致都很漂亮。身临其境之中，才能领悟到，为什么乾隆会觉得眼前所见的自然之美，是丹青妙手也无法描绘的；才能真正懂得"天然图画"这一景名的深意。

通过数字化的复原，这些原本只能望文生义的"景名"，终于变成了看得见的、活生生的"名景"。

○验证文献，考证历史

圆明园里有一个景区，叫"含经堂"。含经堂是乾隆为自己盖的退休之后的修养处所，称"归正欲老之所"——整个长春园都是乾隆为自己盖的"归正欲老之所"。

关于这个含经堂，没有人画过它的图，对它的了解也知之甚少。在复原它的过程中，我们发现它有很多很有特点的东西。当时，含经堂里有很多建筑，其中有一个建筑叫"淳化轩"，是收藏《淳化阁帖》用的。《淳化阁帖》收录了宋以前著名书法家的作品，以石刻的形式放在淳化轩两侧廊子里。乾隆是想退休之后，可以天天欣赏这些书法作品。

复原含经堂、淳化轩时，我们还是从文献查起，后来又查到档案图，档案图很简单，就是一个平面图。后来靳老师他们进行了

考古发掘, 发掘出很多琉璃构件、琉璃瓦, 这些琉璃构件、琉璃瓦可以把这里所有的建筑都装饰得非常漂亮。可见, 乾隆皇帝特别喜欢用琉璃, 当时琉璃是最贵的建筑材料, 它可能比青瓦要贵十几倍, 甚至几十倍, 他修建自己归正欲老的住所时, 用了大量的琉璃。

所以, 我感觉通过复原, 可以对历史有更深刻的理解。另外, 还能发现历史记录方面的一些错误。

比如, 淳化轩的旁边有一个建筑, 叫"三友轩"。淳化轩是一个大殿, 三友轩实际上是一个一层的小楼, 比淳化轩矮小。可是, 在复原的时候, 我们查到的历史文献上写着, 三友轩楼上如何、楼下如何, 表示它是个两层的建筑, 我们的画图人员就把它画成了两层楼。但画出来放在淳化轩旁边一看, 很不像样——这个两层楼在淳化轩的屋檐底下, 比例都不对。于是, 我们就重新查证史料, 发现是史料写错了。这个史料中说, 大殿虽然外面看着是一层, 但实际上里面是有两层; 这个描述记录的其实是另一个大殿, 当时被错放到了三友轩的名下。按着错误史料复原出来的结果, 自然就很不像样了。这让我们发现, 原来史料也有错。这个史料叫作《清宫内务府奏销档》, 可以理解为负责内务采办官员记的账单, 用于结

再现圆明园建筑绚丽华贵的琉璃屋顶

账、销账, 写明哪里用了什么, 能对上账目数就行。估计当时记账的人也不是亲临第一线, 记录时张冠李戴了, 但账目数能对上就算完成任务, 没人去核查他记得准不准, 就这样错误地留存了许多年, 直到被我们发现。

未来，用科技解读更多文化遗产

中国还有很多像圆明园这样的历史园林、遗址公园，中国五千年文化，我们所了解的内容实在太少了。如果用先进的科学技术把这些东西都慢慢整理出来、复原出来，那我们对五千年文化的认识肯定跟现在的认识大不相同。

我觉得，完成这样的工作，是我们搞建筑史的人的历史责任。

中国现在发掘出来的最早遗址，可以追溯到夏代末期、商代初期，在河南。如果我们从那个遗址开始，着手完成类似数字复原研究工作，那么，我们可以让中国五千年漫长历史留存下来的文化遗产，全都以新的面貌呈现出来。这个工作非常重要，它能让我们重新解读历史，重新认识历史的文化脉络发展、变化……

所以，我倡导未来架构师。我所在团队中的年轻人，他们都是未来架构师，我已经80多岁了，但我要跟着他们一块做，我还不想停下脚步，我会继续把这些遗产保护好，做好！谢谢大家！

复原后的"方壶胜境"
一景

圆明园数字导览现场演示

陈伟鸿: 谢谢郭教授,谢谢您,现场这么多的掌声都是送给您的。您在这个领域坚持了这么多年,让我们所有人都可以开启一段梦幻之旅,因为我们很多人的内心都千百次地想要梦回圆明园,您和团队的努力让我们实现了这个愿望。保护历史,传承历史,也是我们致敬未来的一种方式。刚才您说这样的一种方式,可以让圆明园活起来,活过来。我也想问一问,我们怎么样才能看到活过来的圆明园?

郭黛姮: 现在我们已经在圆明园现场给大家做了导览,一个是手机导览,一个是平板电脑导览。现在可以请我们团队的年轻人张扬老师上来介绍一下。

陈伟鸿: 张扬带了一个平板电脑上来,这个小小的平板电脑里会有圆明园所有的风貌在里面,是吗?

张扬: 这是我们最新的成果,通过它可以感受到数字复原的圆明园的景色。

扫码观看:圆明园身临其境的导览效果(图为郭黛姮与主持人陈伟鸿在节目现场)

445

靳枫毅说：非一般的郭教授

北京市文物研究所研究员
靳枫毅

我从2001年开始在圆明园挖掘遗址，当时先挖掘含经堂，后来是西部的九州清晏景区。从那时起，郭教授几乎每周都要到圆明园，风雨无阻。只要我在，我就陪她一起察看，向她介绍最新情况。郭教授每次来现场，都是亲力亲为，她带着钢卷尺，带个小本本，亲自量、亲自画、亲自记。圆明园的遗址，每个景区都有一百多处遗址，都留下了郭教授的足迹，而且每一处遗址她都去了不止一次。

2001年，郭教授已经60多岁了，她要带博士生、要给本科生上课，教学任务很重，她还要拿出大量时间和精力来研究圆明园，并且是带着学生，深入第一线做研究。

她刚才说的"天然图画"，1933年民国时期"圆明三园"的实测图上，没有大水池。郭教授查了资料，说乾隆时期肯定有个大水池，道光以后被填平了。我们在实地看到大水池的位置全是平地，堆了很多垃圾，她希望我们找到这个大水池的遗迹，以及长有植被的湖心岛。挖大水池要费很大的工夫，但我想："郭教授这么认真，我也要认真，我一定得找到这个大水池。"我们用了两个多月的时间，真的把大水池挖出来了。清理以后的大水池东西长86米、南北宽60多米，中间确实有一个湖心岛。郭教授说的一点都不错，湖心岛上面确实有树，而且还有排水口。

像"天然图画"里的那个大水池遗迹，如果郭教授不说，可能我们谁也不知道。如果没有郭教授这么认真地查找资料，又这么执着地要求我们去挖掘，那这个真实的历史遗迹恐怕就被掩埋了、没有了。

互动问答

| 第一问：圆明园全都"活"了？ |

陈伟鸿（**主持人**）：现在数字圆明园项目已经把圆明园完全复原了吗？我们去圆明园是不是既能看到现存的遗址，同时又可以通过数字导览看到遗址当年的原貌？

郭黛姮：还没有完全复原，复原了60%左右，还有很多难题有待解决。前面我说到了，我们复原不是靠猜想，是要查找很多资料，以历史原貌的切实证据为基础。找资料的工作很费劲，有时候在国内找不到，就要到各个国家去找。比如西洋楼，它那个喷泉到底是怎么做的，我们没有查到历史记录，就拿探地雷达探——因为考虑到喷泉下面可能有水管。结果，探地雷达一探地下还真有水管。但是，这水管怎么喷出水来的，是用了什么样的机械原理，怎么查也查不到，请教过好多水利专家，也没能搞清楚。有一次开国际会议，我就在会上提到了这件事情，其中有一位德国籍的教授，他在意大利的一个文化史研究院工作，他曾经看到过一段资料，说有一本书里记载了怎么用一个机械做出了圆明园的喷泉，他还在北京的国家图书馆找到过这本书。于是，我们就去国家图书馆里找，真的找到了这本书，而且这本书里的机械图旁边还留了铅笔画的一些图，就是这位教授当时做的笔记。按着这个资料，我们复原了西洋楼喷泉，也做出了机械运转的模型，让大家能搞清楚这个喷泉具体是怎么实现的。

圆明园还有40%没复原的部分，都是像这样的难题，我们正在努力解决这些难题，也希望各个领域的朋友都加入解决难题的队伍中来，帮我们提供复原所需要的准确资料。

| 第二问：复原圆明园需要什么人？|

陈伟鸿（主持人）： 您觉得要做好复原圆明园这样的工作，对人有什么样的要求？他得是一个建筑学家还是历史学家，或是考古学家？

郭黛姮： 在回答这个问题之前，我要说，我们的数字复原成果离不开靳枫毅老师他们的考古挖掘成果。没有他们的考古挖掘，我们就做不出各个时期不同的圆明园。要让圆明园"活起来"我们不能按照留存下来的那些图纸，那些图纸只有民国时期的，早一点的就是咸丰末年的或是同治重修的。再早期的东西什么样？必须请考古学家来挖掘。比如前面我提到的，请他们在"天然图画"景区的平地上查看是不是曾经有大水池。那个大水池可不是拿铁锹挖出来的，是用小铲子清理、拿刷子刷出来的。靳老师是北京市文物研究所的研究员，是专家，但在考古阶段，他整年整年地住在圆明园的工棚里边，圆明园没有有线电视，也没有无线网络，白天挖掘，晚上没有任何娱乐，那种生活很枯燥。他为什么能坚持？一定是对这个事情非常热爱，而且非常负责任。复原圆明园，离不开他们这样的人、这样的敬业精神。

复原圆明园，是很重要的文化遗产保护工作，要做好这样的工作，各行各业的人都需要介入进来，你看我们连"探地雷达"都用上了。保护文化遗产，是我们全民的责任，不是某一个单位的责任。需要大家都来爱护我们的文化遗产，都来为保护文化遗产出力，需要大家各尽所能。

| 第三问：圆明园哪些部分是恢复不了的？ |

孙梦婉（智慧共享者）：我觉得非常震惊，原来我们的历史遗产可以这样来恢复。刚刚郭教授说有40%还没有恢复，那这40%是什么？有哪些部分是可以通过技术手段来解决的？有哪些部分可以通过大家的力量来帮助的？还有哪些部分是真的完全遗失了，可能再也恢复不了的？

郭黛姮：我们现在做的标准是，每个东西都要有科学依据。有科学依据，指的有档案遗迹或有考古发掘遗迹。现在圆明园的考古发掘还有很多地方没有做。我从平面图上可以知道它的位置、样子，但是平面图画得都比较小，我希望完成了考古发掘之后再做；不然的话，我做出来的可能会跟真实的原貌不一样。还没有做出来的40%，是我们在等待考古学家把所有的景区都发掘完，这样的话我们可以做得更好。

文化遗产的数字化复原，我觉得应该说没有恢复不了的地方，可能只是恢复的精准度，有些只能说是做到宏观上的相对精确，可能不是百分之百地确切。比如前面说到的正大光明殿有没有斗拱，张三说没有，李四说有；最后，我拿出一张画来证明了，大家没话说了。像这样的问题，我就需要等资料。资料不全的情况下，我们恢复的景区，只能说完成了50%，还有50%是不确切的。对于圆明园来说，考古是第一位的。

陈伟鸿（主持人）：如果有了更精准历史的记录和信息呈现，以目前的技术，百分之百复原其实是可以做得到的？

郭黛姮：做到我们那个程度是可以的。像AR眼镜我们也试了，也做了几个景区，但是没有做全，我们资料也不全。另外，对AR眼镜，我们的认知也比较粗浅，所以还没做出来。

| 第四问：如何让"散落全球的圆明园"回家？|

李晓光（Techplay创客教育创始人）： 刚才看到更多的是建筑，这里面可能还有很多古玩字画或者很多工艺品，这些东西都散落在世界各地。我们如何通过现在的增强现实（AR）技术，跟民间或者国外的博物馆合作，让它们通过数字的方式回到祖国？在这方面，有没有一些具体的计划？已经在做哪些工作？

郭黛姮： 利用数字化技术，确实可以让"散落世界的圆明园"更容易"回家"。最近我们组织了一个圆明园研究会，跟法国国家图书馆合作，用高清扫描的办法，让《圆明园四十景》彩绘图"回来了"。这还没有用到增强现实（AR）技术，只是用高清扫描的方式，让它在国内重新再现了——就是按原来的材料，照着扫描回来的画，重新印制，双方的专家共同核对扫描、共同修正，最后让它逼真地再现。这算一个小小的尝试。还没有到戴着AR眼镜就看到法国国家图书馆馆藏原图的地步，还没到那样的程度。但是已经先迈出了第一步，以后我觉得可以尝试用AR技术把"枫丹白露"里所有的藏品做一遍，这样戴上AR眼镜就可以看了。"枫丹白露"上次丢了一个"麒麟"，我想是不是用到了AR技术，就能给藏品定位，即便丢了可能也可以追踪到？

在西方博物馆中，收藏和展览圆明园珍宝最多、最好的，要数法国的"枫丹白露宫"，其中的"中国馆"堪称圆明园在西方的再现。

| 第五问：如何保护数字圆明园这一国宝？|

吕强（"问号青年"）： 数字化复原圆明园的过程中，每个细节背后都有很多的考究、很多考古的发现，甚至要经过很漫长的研究过程。我觉得这些也是很重要的文化遗产，它可能是非物质的，但我觉得它的价值并不比文物本身的价值少，它背后历史的韵味、历史的传承，都是值得研究的。我觉得对它的保护意义重大。不知道郭教授在研究的过程当中、在复原之后，有没有想过如何把它保护起来，或者让它的价值能够体现出来？

郭黛姮：我们希望把圆明园如实复原，呈现给大家，让更多的人了解圆明园，这是第一位的。数字复原的首要目的，是借助科技手段，让大家认识文化遗产、看懂文化遗产。现在还没有做到很理想，比如，我们想搞一个演播厅，让大家身临其境；但现在还没有能力实现，还在努力一步一步做。我们都属于"书呆子"类型的人，不太清楚如何找投资人之类的事情，现在还在努力当中。

| 第六问：历史和科技如何更好地跨界？ |

王辉（微鲸虚拟现实内容负责人）：我是做虚拟现实VR的。我觉得历史是过去，更偏向于文化范畴；而科技属于未来，更偏向于应用范畴。听郭教授讲数字圆明园后，我特别激动，我觉得如果真的用增强现技术（AR）或者虚拟现实技术（VR），可以还原整个圆明园，让这两个领域实现跨界，是一件特别完美的事情。我想问的是，您觉得怎样可以更好地把历史和科技结合起来？

郭黛姮：我们搞历史的人，一定先要把历史搞清楚，才能去跨界。最近有一家单位让我们做一个类似数字圆明园的遗迹复原，他们也做了考古发掘，发现有好多地层，是一种"城摞城"的状态。他们要求我们说，要把这"城摞城"给还原出来。我说，那先得知道这城是怎么摞起来的，要把历史上的原因一个一个地搞清楚了，才能用新技术来表现它。要不然只知道城摞城，只知道这个城哪些年代被毁了、又建了，却不知道是什么原因毁的，是没办法做数字复原的。我们做数字圆明园为什么搞得很慢，就是因为要等考古发掘，否则做出来就不对。

尤瓦尔·赫拉利

Yuval Noah Harari

牛津大学历史学博士，现为耶路撒冷希伯来大学的历史系教授，全球瞩目的新锐历史学家，擅长世界历史和宏观历史进程研究。在历史学之外，他对人类学、生态学、基因学等领域的知识也信手拈来。41岁时，就以《人类简史》和《未来简史》两本畅销书震惊全球，从历史到军事、从医学到科学、从过去到未来，观点独到尖锐，短时间席卷全世界，100周蝉联畅销书榜单首位，累积销量近千万册，征服亿万读者。

人类如何面对未来的挑战？

尤瓦尔·赫拉利 | 牛津大学历史学博士、
　　　　　　《人类简史》《未来简史》作者

今天我想跟大家交流的是，人类在21世纪要面临的一些新挑战。在讨论这些挑战之前，我想先谈一谈人类在过去的几十年所取得的一些成就。因为这些成就，会给我们一些希望、一些自信，能够让我们了解到，我们有能力应对21世纪的挑战。

面对未来，计算人类的"应战实力"

○不容忽视的三大成就

在过去的几十年当中，人类实现了很多了不起的事情。最突出的成就，就是战胜了饥荒。自有历史记录以来，饥荒是人类所面临的最严重的问题——几千年来，人类每年都会有几百万人死于饥饿，死于营养不良。但是，在过去的几十年里，人类在食品生产以及与之相关的经济、工业、交通方面的发展，是非常迅速的。而且，近些年来，每年都有大约三百万人会死于肥胖及其相关疾病。这在人类历史上是一个大逆转，很多人之所以丧命，不是因为饥荒，而是因为吃得太多。人类在很短的时间里，克服了自然饥荒，这是相当了不起的成就。

第二个重大成就，是战胜了一些传染疾病。在过去的一百年中，因为医学的进步，比如抗生素、基因技术的发展，人类的寿命已经大大延长了。

第三个成就，是抑制了战争。我们现在生活在有史以来最为和平的环境里。虽然媒体始终在关注和报道世界各地的战争，但从整体情况来看，绝大多数的地方都是和平的。在过去的几十年，如果人类总数有6亿～7亿的话，大概有550万到6000万人，是死于战争、恐怖主义、暴力事件。但现在，按统计数据的分析，死于自杀身亡的概率已远高于战争和恐怖、暴力事件导致的死亡概率。从糖尿病导致的死亡人数（每年150万）来看，如今"糖"比"火药"更危险。

○ 日趋稳定的"和平"

"和平"不再是暂时的。今天，我们所说的"和平"，意味着"战争几乎不可能爆发"。国家之间的和平状态是持久稳定的，对于世界大部分地区的居民而言，已经很难想象自己会身陷"战争"之中。

○ "精打细算"的战争

在有史以来的国际政治中，今天的"战争"第一次变得那么"小心谨慎"。是什么导致了这么大变化？

因素一：战争的代价越来越高。新兴武器（特别是核武器）的出现，让战争的代价变得奇高。这让人觉得打仗不值得——如果在大国之间进行核战争，无疑是一场相互摧毁的自杀战。自1945年核武器诞生以来，核大国之间没有发生任何直接的军事冲突。

因素二：战争的利益不断减少。历史上，战争的目的通常是为了夺取土地、矿产等物质财富，以此争取经济发展的优势地位。但今天，经济发展模式已发生转变，人类进入了知识经济时代，智慧、知识、技术,已经不可能通过战争来获取了。今天之所以还频发战争的地区(比如中东地区),恰恰是因为其经济发展模式依然基于物质财富。中东地区最重要的经济驱动因素是油田,是天然气储备;这里的战争,是为了争夺这些资源的掌控权。

人类未来将面临三大挑战

目前,人类未来将要面临的重大挑战有三个:第一是战争的回归;第二是气候变化;第三就是新技术的颠覆式作用,比如人工智能和生物工程。

挑战一: 如何阻止战争回归

现在,战争的数量,相对于过去几十年已经有所下降。但这并不能说明未来依然会如此。战争数量的减少,不是因为"神的奇迹"而减少,而是由于人类改变了他们的行为:他们开始对自己的行动负责,并做出智慧的决断。如果人类现在停止这种做法,并做出不那么聪明的决定,那么战争可能很快重返。武器还在,并没有消失;事实上,我们正在研制更具毁灭性的武器。所以,为了防止战争回归,在21世纪,我们还要做出更大的努力,需要通力合作来避免战争回归。这会是一个持续存在的挑战。

挑战二: 如何预防环境恶化

这是一种全新的挑战,它衍生于人类之前所获得的巨大成就。我们已经战胜了饥荒和瘟疫,这主要是因为我们发展出更多新的科技和产业,给我们提供了更多食物和药品、更好的运输和通信,以及更强大的力量。但是,这些技术在推动人类取得巨大成就的同时,也破坏了世界的生态平衡,它们是全球变暖的根本原因。如果这种破坏持续下去,可能会导致灾难性的气候变化,不仅使整个生态系统不稳定,甚至还会威胁人类文明。

至少在今天，我们还不清楚如何面对气候变化的挑战。虽然近几年人们对此有过很多探讨，也采取了一些行动，比如签署了很多相关协议；但这些是远远不够的——协议签署之后，当我们去翻看数据时，温室气体的排放量还是在与日俱增，气候恶化的趋势并没有得到逆转。

事实上，在现有的技术环境下，要想真正减缓环境恶化，最根本的方式只有一个，那就是——减少人类的经济活动，控制经济的发展步幅。

但是，哪个政府愿意做出这样的牺牲呢？今天，世界各国政府的当务之急，都是实现经济发展。如果一个政府自主放缓经济，很可能陷入政治危机：或者在下一次的选举中失利，或者动摇自己统治的地位。

"如何预防环境恶化"是个非常棘手的难题。或许只能通过全球合作，以及新的生态友好型科技的发明，才能阻止灾难性的气候变化，拯救生态系统和人类文明。这也是我们在21世纪必须始终应对的一大挑战。

挑战三：如何避免新技术带来的毁灭性冲击

这第三个挑战或威胁也来自我们自己的力量和科技。在我们发展更强有力的科技时，误用这些科技力量的危险可能会成为人类最大的威胁。

○人类可能成为"失控的神"

在很多科幻电影中，有这样一个基本的故事线——人类创造了像机器人或人工智能的新科技之后，机器人开始反抗人类，演变成一场机器人和人类的生存战争。这是一个不太可能发生的场景，因为即使我们在人工智能方面发展迅速，但到今天为止，我们距离发展出"人造意识"还很遥远，更别说"机器人会产生自主感觉或欲望"了。

科技带给我们的真正危险并不是人与机器人之间的冲突，而是人与人之间的，或者说是人在使用新技术时犯下的错误。

地球出现生命后的40亿年来，所有生命体都被"物竞天择"这一法则所制约，无论是变形虫还是恐龙，无论是番茄还是人类，都必须遵循自然选择而进化，40亿年都未曾改变。但是，未来的几十年里，这一法则将被改写——人类有了新科技，尤其是有了生物工程和人工智能技术，从而有了一种接近于"上帝"的能力，可以打破原有的自然选择法则，建立起人为的生命进化法则；今天，人类正在学习如何凭借自己的意愿去设计和制造生命。

人类是否意识到：在获取"神"的能力时，还需要承担起"神"的责任？如果我们滥用、错用这些"神力"，创造出畸形的生态系统，那恐怕会让我们深受其害、无法自拔，最终造成人类文明的毁灭，也会毁灭地球上的所有生命；尤其是当我们试图利用新科技去改善、增强和升级我们自己的时候，更容易犯下致命的错误。

生物工程和人工智能技术的迅速发展，让人类有了控制和改造自身的能力，包括生理上的，比如智能假肢、试管婴儿、抗衰老……以及心理和精神上的，比如控制大脑和思想。但是这存在着极大的风险：人类内部的生理、精神是一个复杂的生态系统，我们目前对它的了解极为有限；在这种情况下试图利用科技完成自我改造，也许会让我们获得操纵身体和思想的能力，但这种操纵能力可能会导致我们内在生态系统的崩塌，毁掉我们的精神平衡。如果这种情况在21世纪持续，那么肯定的，我们会像"神"一样强大，但我们很有可能变成"失控的神"，并在这过程中毁掉所有生态系统。

人体系统中的神秘 bug

以幸福感为例，人类善于获取力量，却不知如何把力量转化成幸福。几千年来，人类都在被同样的心理定式所驱动——所获得的成就越高，心理上就越是不满足、越是想要谋取更多。在这种心理驱动下，科技带来的"神力"会让人产生无边的"欲望"，成为永远不满足、非常悲惨的神——虽然力量强大，但精神失衡、无法自控。

○可怕的"不平等变异"

科技发展导致的另一个危险，是不平等的增长——我们会创造出一个历史上最不平等的时代。主要表现在以下两大方面。

1. 群体间产生无法企及的"终极差距"

19世纪出现最新一轮工业革命以来，人类逐渐学会了使用电力、蒸汽机、火车、无线电等划时代的技术。但新技术的能力在各国间是不平等的。少数国家垄断了新技术，实现了新发展，大部分国家被远远地甩在了后面；一些国家，像中国、印度等，几乎是花了大约150年的时间，经历了各种苦痛、挣扎，才逐渐缩小了这种巨大差距；而中东和非洲的一些国家，直到今天依然落在后面。

今天，我们看到新的工业革命正在发生，尤其是在生物技术和人工智能技术方面。这一次的技术革命，仍然是少数国家占据技术主导地位，大部分国家会被远远甩在后面。但这里存在的巨大风险是：以前的强弱之别仅是能否驾驭蒸汽机；而未来的强弱之别却在于能否通过驾驭人工智能、生物部件来生产智慧，控制大脑、身体。

新技术实在太强大，它会让国家间的不平等差距达到前所未有的程度：如果没有搭上19世纪那一轮进步的列车，至少还有机会在20世纪赶上甚至超越；但是如果没搭上这一轮科技列车，未来恐怕就没有迎头赶上的机会了。

2. 个体间出现"物种"上的不平等

历史上，总有特权阶层和平民阶层，但两者在身体构成、智力水平上没有太大的差别，不平等的只是在政治、经济、社会领域上的地位。皇帝和平民，都是同样的"人"。但未来50到100年中，我们也许会通过人工智能、生物工程，创造出一种超级人类，使人与人之间出现真正生物学和生理学上的不平等。

○教育的巨大危机一: 出现无用人阶层

在20世纪, (西方国家的) 精英阶层愿意拨出一定的款项用于教育、福利、医疗卫生等, 作为有利于大众阶层的福祉; 因为占绝大多数的大众阶层在经济和军事上是有价值的, 他们可以作为劳动力进入工厂完成生产, 可以作为士兵走上战场。但是, 在21世纪, 一些颠覆性的技术出现, 使得经济生产、军事行动等方面的目标, 只需要高精尖的技术和少数高度专业化的精英就能实现; 而精英阶层对社会的控制力加强、对普通民众的依赖降低, 也可能使得他们对公共教育、公共卫生、社会福利方面的投资意愿越来越低。

越来越多的工作岗位上, 人会被人工智能技术取代, 我们会在未来看到一个新的人数众多阶层的产生, 那就是无用人阶层。当然, 随着旧的工作不断消失, 新的工作岗位也会被创造出来。但是我们不能确定: 这些新岗位的数量是否足以解决所有人的就业; 在新岗位上人能否竞争过机器; 新岗位出现后, 人是不是能及时完成技能培训, 顺利上岗。最大的问题可能就在于: 有新的岗位出现, 但这种岗位往往有较高的学习门槛, 人工智能无法快速掌握; 而那些被机器抢了饭碗的人, 恐怕也很难在短时间内掌握相关的技能。这意味着, 无用人阶层的困局恐怕很难被打破。

○教育的巨大危机二: 不可预测的未来需求

我们现在无法教给孩子们用于2040年或2050年就业的技能, 因为我们也不知道那时的就业市场会是怎样的情况, 这种状态是史无前例的。人类历史上, 人们即便无法精确预测未来也还是可以判断50年后的生存状态; 比如生活在1017年的中国, 没人知道1050年会发生什么, 但大家还是很清楚, 教孩子种植和收获水稻, 他可以靠农耕为生, 教孩子阅读和书写, 他就可以去考学做官, 孩子学会这些, 四五十年后肯定用得上。但如今, 不管贫穷富有, 没人知道该教给孩子什么；因为没人知道四五十年后世界会变成什么样子，就业市场会有哪些需求。

面对未来的巨变，最重要的锦囊妙计是什么？

○决定未来的不是技术本身，而是人类对技术的运用

前面，我给大家勾勒了一个令人沮丧的蓝图。但是，请注意，这并不是我的预言，这只是一种推演。实际上没有人能预测出50年后世界会变成什么样子。

因为技术并不是一个决定性的力量。同样的技术，不同的运用，给我们带来的社会影响是完全不同的。比如20世纪时，那些诞生于工业革命时期的新技术——无论是无线电、蒸汽机，还是电力——我们可以用来建设资本主义社会，也可以用来建设社会主义，甚至用于法西斯式社会。21世纪，生物工程和人工智能必将彻底改变世界，但人工智能和生物工程的用途也很多，如何选择，决定权在我们手上。

○如何做出正确选择，需要全球共同思考与行动

为了做出正确的选择，或许最重要和首要的任务是做出一个全球性的选择。因为，迎接21世纪的挑战，我们必须作为一个整体来行动，没有哪一个国家或政权能够凭一己之力解决问题。例如：对于全球变暖问题，如果仅仅是中国、俄罗斯或者美国去减少温室气体排放量，而其他国家依旧像往常一样贸易，那全球变暖问题不会有任何改善。

所以，解决人类在21世纪会面临的挑战和问题的唯一办法，就是某种程度的全球性合作。我们过去战胜饥荒、瘟疫和战争的成就带给了我们希望，使我们可以相信人类的智慧；但是历史也在警醒我们，绝对不要低估人类的愚蠢，做明智的事并不容易。

互动问答   Q²

| 第一问：面对未来的人种分化，如何才能不恐慌？|

王小川（搜狗CEO）：生物技术可能会让人分裂成两个种族，就像人跟猴子。对于这样一种未来场景，我们很容易感到恐慌。你觉得如何才能比较平静地去面对？

尤瓦尔·赫拉利：我唯一能提供的好消息就是：没有什么是可以被确定的。不是某种特定技术就会决定某种社会的形成。我们还有政府，还有力量，如果能明确地预知未来会有什么让我们害怕，那么今天我们是可以为了改变这种发展方向而采取行动的。我认为我演讲中关于核武器的例子，也许可以让大家对未来抱以乐观的态度——核武器最早出现于20世纪40年代后期，之后50年代至60年代的冷战又使之进展加速；当时，全世界成百上千万人都对这种新型核武器技术感到恐惧，认为它必然会给人类带来毁灭性的打击，而迟早冷战会变为热战，核武器会被使用，从而使人类文明终结；但现实恰好相反，因为大国看到了核武器的威胁，不仅使冷战和平告终，也造就了现在这个人类历史上最为和平的年代。当然，我不知道未来会怎样；也许会像我在2017年看到的一样，这种极端恐怖和具有杀伤力的技术，可能已经成为发生在人类身上最好的事情之一。但是，人类未来很有可能会分裂成不同种族和物种，这确实是一个巨大的危机。

| 第二问：如果可以成为"超级人类"，你选择升级还是拒绝？|

王小川（搜狗CEO）：如果你有机会选择让自己变成某种超级人类，你会优先使用这样的科技手段，还是会排斥这样的方式？

尤瓦尔·赫拉利： 在某些案例中，当特定疾病明显是由某种基因或某些操作造成时，可以通过技术改变或移除基因来解决它。但我觉得大范围应用基因工程技术还是有风险的，因为我们还不了解所有的后果。可能存在的危险是：如果我们试图提升人类的能力，很有可能会选择去提升其中某些特定的才能来满足经济和政治系统所需，并因此认为没必要提升那些可以发挥人类全部潜能的特质。比如：经济系统需要我们随时查看邮件，不停地写信息发邮件，等等，我们就会提升这些能力；但同时，我们会失去那些经济系统不需要的能力，例如做梦、保持平和，甚至是嗅觉或听觉。我们试图进化人类的过程，很可能最终会使我们退化。这是一个很大的危机。

| 第三问：是否登上科技快车，所有选择都有风险？|

王小川（搜狗CEO）：你刚才在演讲中提到，如果不选择登上人工智能这趟车，可能车开走了就再也跟不上了。当个人或者国家面对这样的选择时，我们是否应该去承担这种风险，还是让别人去承担风险自己选择逃避，也许逃避本身也是一种风险？

尤瓦尔·赫拉利： 是的，这就是当我谈到全球合作时想表达的意思。因为如果你不进行全球合作，你就会因为不想落后而试图领先。

我最担心的是，我们急于在基因工程和人工智能等领域的危险性发展中向前冲。我认为，如今世界上最大的一个困惑就是——不知如何区分智力和意识。人类通常把意识和智力相结合，凭借感觉来处理问题；而人工智能则以完全不同的方式被开发，它有着相当的智力，但在意识上处于零开发状态，工作原理完全不同。危险就在于，我们会开发出极高智能来操控世界，但它没有意识。我们会在自己浑然不知的情况下，失去人类意识的巨大潜能。

我认为最明智的做法是放慢速度等一等，我们先开发，慢慢探索，知道后果了再尝试真正理解人类思维的复杂性和精神的平衡。不要太着急地利用这些技术去改变所有事情。

| 第四问：人上升为"神人"，还是人吗？ |

郝义（长城会CEO）： 在你的观点中，人会上升为"智人"，然后上升为"神人"。"神人"和"人"在定义上有什么区别？

杜瓦尔： 关键是如何去理解这些个体的基本差异。不管称呼他们为"人"还是"神"，这些个体跟我们的区别会远大于我们跟黑猩猩或者类人猿的区别。他们会有设计和创造生命的能力。

| 第五问：未来是"长生不老"和"终有一死"的战？ |

郭家学（东盛集团董事长）： 自古以来，上到皇帝下到普通老百姓，人的终极梦想就是长生不老。那么，人类最终的发展是不是就是生物技术的发展和人工智能的发展，最后"长生不老"和"终有一死"要打一场战役？

尤瓦尔·赫拉利： 是的。我认为死亡已经从一个超自然问题转变成了一个技术问题。如果你投入足够的时间和金钱，科学甚至会解决这个问题。而我们是否能创造一个更美好的世界则是另一回事。但我可以肯定的是，这是个技术问题而非超自然问题。

| 第六问：未来是"无用人"的"大屠杀"？ |

吕强（"问号青年"）：我觉得每个人的梦想是不一样的。像郝义老师，他可能希望成为"神人"，但是我平庸一点，就希望能够平平淡淡地过一生。未来这些"无用人"能干什么？

尤瓦尔·赫拉利：我不认为人类始终需要一份工作。很多工作并没那么好。我个人并不热衷于整天开出租车或者生产衬衫，有时候做这份工作是因为不得不做。如果所有机器人和人工智能技术以廉价的成本产出巨大财富，人的基础所需可以被提供，那我们就不再需要工作，也不再有工作。未来如果能在一个理想的社会模式或政治模式之下，每个人都能从中获利，就不必把自己的生命奉献在大型加工厂里做衬衫，而是发展自己的艺术天分，投身医疗或者开发自己的思想，等等。这会是一件好事情。

| 第七问：你彻底否定过自己的观点吗？ |

袁硕（中国国家博物馆讲解员）：我对这个世界也有一些自己的思考，曾经坚信自己原来的一些观点，直到我学到了一些知识或者经历一些事，会突然发现事实并非自己认为的那样。我想请问您有没有经历过类似的事情，或者说您有没有放弃过自己曾经坚信不疑的观点？

尤瓦尔·赫拉利：有的，我想有很多次。这是科学论证过程中的好现象。你提了一个好问题。如果你想知道一个人是不是好的科学家，或者一个理论是不是科学的，你必须要去问——哪里出了错，错在哪里？科学的标志是——承认有错，承认我很无知，我犯了错误。

从我个人来讲，我的职业生涯始于军事历史学研究，专攻战争和军队之类的问题；所以，我脑中最初产生了一种观点，即对人类来说，不可避免地会有冲突、战争和军事事件。

专攻军事历史领域10～15年后，我开始研究整个世界所发生的事情，我意识到一点——这也是我在这里谈到的一点——即"人类是有能力克服战争和暴力倾向的"。所以，我开始修正我之前的观点——冲突不是永恒的，也不是描述人类最基本的事实；如果我们明智地做出行动，战争不是不可避免的。对此，我变得非常乐观，就像我在《人类简史》一书中所举的例子那样。

而到了现在，我看到过去两年所发生的变化，我在想或许我又错了。

现在我会说，我们真的不知道未来的10～20年会发生什么。

期待未来，向科学致敬

杨晓晖|《未来架构师》节目制片人、图书主编

2018年3月14日，本不是什么特别的日子，北京的地铁拥挤如常，我刚刚在车厢里站稳，口袋里的手机震动了一下，跳出一条提醒：

"霍金去世！"

互联网时代，人们早已习惯了突发新闻猝不及防地造访，而这四个字带给我的震惊早已超出了一条突发新闻。霍金之于我，仿佛是一位从未谋面的老友。就在半年前，霍金以视频连线的方式出现在《未来架构师》的舞台上，为了促成这次连线，我们经过半年的联系和沟通，终于与腾讯WE大会联手将霍金关于世界、自然、宇宙的最新思考搬上了中央电视台的演播台。他闪烁着眼睛，用语音回答现场每一个充满好奇的提问。没想到，他的这次央视亮相竟然成为绝唱。

我常常想，作为媒体人，最有价值的坚守应该就是能够不断记录下那些伟大而有趣的灵魂吧。

而这，也是当初策划《未来架构师》这档节目的初衷——展现那些有趣的灵魂，传播那些有价值的思想。我们想让大家看到这样一档节目——它不仅有"意思"，还可以有"意义"，没有复杂的规则和逻辑，以有趣的演讲和丰富的视觉展示表达思想、分享智慧。

时下，娱乐综艺火爆荧屏。我常常反思，我们给观众提供的节目菜单是不是太单一了，除了综艺、娱乐，是不是也应该给大家更多的选择？而文化类节目的日益崛起让我欣喜——科技类节目会不会成为新的关注点？

在人类历史上，科技对生活的改变从未像今天这样无处不在，我们和未来的距离也从未像今天这样触手可及：从每天我们出门拿出手机预约出租车，到智能导航软件里林志玲用甜美的声音为我们指路，人工智能、虚拟现实、无人驾驶等尖端科技正在成为越来越多人关注的话题……

社会的推动力在哪里？人类进步的原动力在哪里？国家层面讲科技强国，科技是国家强盛之基，创新是民族进步之魂。通过怎样的方式把科学精神的基因植入每个人体内，尤其是植入年轻人的体内，培育树立国人的科学思想、理性思维和科技意识，再以科学为基础，开拓想象力与创造力……这是我们传播工作者的使命和责任。也许不是每个人都能成为了不起的科学家、艺术家，但是想象力、创造力，以及对未知的好奇心是深植于每个人内心的，需要有人把它唤醒。这也是我们媒体人应有的担当。

今天，我们是不是应该重新定义"偶像""明星"的概念？《未来架构师》这档节目里有世界一流的科学家、发明者和敢为人先的创造者，他们是架构未来的人。他们是不是也应该有个舞台，也被称为明星、被视作偶像？

《未来架构师》最大的看点，除了这些一流的演讲者，还有大家前所未见的"黑科技"，以及正在被改变的世界和我们的生活。

当然，带给我们整个团队信心的还是强大的演讲嘉宾团队。大数学家丘成桐、著名神经学家鲁白、著名历史学家尤瓦尔·赫拉利、大科学家霍金……他们是科技界、知识界、创新界的引领者，也是一群跟我们一样有血有肉、有喜有悲的普通人；只是与我们相比，他们更加专注、热情，对初心更加坚定执着，对未来更加充满激情。这个嘉宾团队涵盖的领域很广，没有局限在某些高不可攀的领域，除了泰斗级的老前辈，还有很多意气风发的新生代。他们都是自己所在行业的领先者、代表者、风向标，他们的特征和《未来架构师》的节目气质非常吻合，那就是——我们不想做追随者，我们要做引领者，引领社会风气之先。

在录制节目时，我不时被演讲者的话语打动。丘成桐老先生说，做大学问名和利不是最重要的，最重要的是始终有一种冲动去探索大自然的未知。心理学家彭凯平说，只有内心幸福的人才会憧憬未来，只有内心积极乐观的人才会向往明天……这就是我们这档节目的目标，希望和大家一起满怀激情地去探索未知，希望给大家带来发自内心的幸福感，希望让大家积极乐观地憧憬未来和架构未来……

3月14日，看到霍金先生辞世噩耗的上午，我打开手机，朋友圈已经被那些表达对霍金先生哀思的文章刷屏了。这让我在深感忧伤的同时又颇觉欣慰，原来——公众的视野中，科学家从来不曾缺席。

架构未来的初心

梁怿|《未来架构师》节目导演、图书副主编

什么样的电视节目能称为"好节目"？

一档好节目应该为观众带来什么？

哪些东西是媒体人必须坚守和执着追求的？

从事电视这一行时间久了，以上这些便成为我在欣赏电视节目时常常思考的问题。一档好的电视节目，总应该让观众在哭过、笑过、猎奇过后，留下能够记住的、值得回味的、引发思考的、有所收获的东西，这便是它的价值，这也是我们做《未来架构师》这档节目的初心。

有这样一些人，他们做事的出发点，不为名、不为利，只遵循内心深处的好奇心、求知欲；他们用天马行空的想象力和炽热浓烈的爱不断地向世界和人生发问，想要弄清楚"为什么""怎么做""会怎样"的问题；他们数十年磨一剑，耐得住寂寞，不为世人评价所动，坚守初心；他们着眼未来，用科学和技术描绘这世界5年、10年之后的模样，让我们在谈论未来的时候，不经意间已与未来并肩而行。走近他们的世界，与他们交谈，旁观他们做人做事的执着与认真，我由衷地觉得他们如同黑夜中的星星，闪着耀眼的光芒。他们独特的人格魅力、他们不断探索未知的执着之心，深深地打动了我。

还记得丘成桐先生在接受节目组邀请后，专门派出一个由他的学生组成的工作组就演讲的内容、如何简单且形象化地表达数学的魅力，与我们反复沟通。他自己本人在百忙之中安排时间亲自写稿，并不断修改打磨，光是发给我们的演讲稿版本就多达十余版。

还记得剧组导演去拜访郭黛姮教授的时候，一提到圆明园，她就兴奋不已、滔滔不绝，见面交流的那几个小时里，几乎都是她在为我们讲述那些不为大多数人所知的历史与发现。年逾八旬的她在舞台上精神矍铄，从正大光明殿讲到杏花村馆，从方壶胜境讲到西洋楼，每一处遗址数字化复原的解说都凝结着郭教授数十年如一日的付出。她还要继续为圆明园的数字化复原工作努力的决心，让在场的每一位观众为之动容。

还记得年轻的肯尼思·篠塚（冯宇哲）在讲述自己发明"安全漫步"防老人走失监测仪的经历时，他与外公深厚的爱和要想守护外公的初心成为他一次又一次测试和不断改进监测仪的动力，最终让这个充满爱的发明提高了外公的生活质量，同时也让像他外公一样患有阿尔兹海默症的老人们获得了福音。他向我们证明了，想象力和创造力从来都不受年龄的束缚，而改变世界也并非只是建立在"大理想""大抱负"和"大口号"之上的。即便只是出于一个关于爱的执着，同样可以做到。

还记得"机器人爸爸"周剑为了实现自幼生发的梦想——让小时候的偶像变形金刚成为现实、让机器人与人类相生相伴、让未来人们的生活更加美好——毅然决然地放弃了自己原有的高薪工作，不顾家人的反对，执着研究机器人的伺服舵机，直至赌上自己的全部身家也仍不放弃，最终将能跳舞说话的机器人带到了我们的生活中。他说，当他看到自己造出的机器人整齐划一地舞动时，他哭了。我想那时的眼泪包含了一个词——"值得"，是对他不忘初心、坚持梦想最好的回应。

类似这样的幕后小细节和小故事还有很多很多。我相信，每位嘉宾带给我的感动与震撼，通过他们的演讲，同样能够引发读者的共鸣。尤瓦尔·赫拉利来录制节目时，反复感慨地说："中国是我到过的唯一一个对待科学家、学者如同对待摇滚巨星一样的国家。"我想这是对我们的褒奖，这从一个侧面反映了我们这一代人对知识的渴求和对偶像的新定义。同时我又想起鲁白教授的一句话——"中国要成为世界强国，不但要有科技，更要有科学。"而吴军说过——"中国成为科学和科技强国需要一个过程，这不是一蹴而就的，但是我们要有信心。"我认为《未来架构师》这本书的出版恰恰就是以上这些的印证。希望每一位读者在走进嘉宾的精彩人生和故事的同时，不仅能够收获对未来的展望和畅想，还能够唤醒自己内心深处弥足珍贵的好奇心、想象力和创造力。

科技类节目不应止于观赏

李良|《未来架构师》节目导演、图书副主编

随着人工智能、无人驾驶、5G、共享经济、虚拟现实等领域的兴起，我们该如何面对未来的生活？

互联网最大的价值在于提高了人与人的沟通效率，而人工智能将从根本上解决人与万物交流的问题，撼动"人类中心主义"。人工智能是地动山摇的革命，它绝不仅仅是机器人的批量生产与应用，更是作为核心驱动力驱动产业结构、生活方式和科技格局的颠覆式变革。

科技类节目，在全球范围内都是颇为重要的类型之一。自2017年起，国际上便掀起了一股"科技+娱乐"节目的热潮。前沿科技的新奇、极致，本就具备很强的观赏性，与娱乐化元素嫁接后，科技类节目拥有了更为广阔的大众传播空间。

央视财经频道，作为一个定位于"汇聚思想的力量"的高端电视平台，在科普类节目呈现井喷式爆发的态势下，对"如何突破主题狭窄的局限，以高远的立意关注到社会问题，以人文关怀给予节目温度和正能量"尤为重视。

《未来架构师》是央视财经频道精心打造的一档极具创新色彩的探索互动演讲节目，以"看见不可见，敢做不可能"为创作立意，邀

请在各领域离未来最近的扛鼎级人物，开启最具温度的演讲，表达对于当下和未来的观点和态度，探讨影响人类未来发展的话题，以自身情感故事升华冰冷的科技，在观点碰撞中激发大众的想象力，引爆对科学发展、未来生活的新思考、新构想。

作为一档独具个性的演讲类节目，《未来架构师》致力于"既接得了地气，又看得见未来"。

第一季12期内容，以彰显前沿科技在生活中的应用为主题，自主创新模式环节紧凑。在节目中，能看到极致的人生、炫酷的"黑科技"、异想天开的艺术创意，孩童般"初心"的创造……

演讲者们充满故事性的表达，带来了关于世界未来的信息，你可以从他们的思考中观照自己的内心与梦想，可以从他们的展示中看到自己未来的生活……真切地感受中国科技的进步，感受科技给生活带来的方便，掀起了科技应用与视觉极致化结合的强劲旋风。节目一经播出便收获了极高的口碑，得到专家们的高度评价。

零距离互动，是我们刻意追求的、给予观众的最大尊重。由意见领袖、公众大V，先锋青年组成的观察团，弹幕发问，打破传统思维局限，让现场灵感火花四溅；利用多视窗，引入新锐媒体，和国内大型网站联合发问，引爆全网的关注与热议。

科学的普及，与科学的发展同等重要，两者是实现创新发展的两翼，缺一不可。《未来架构师》探索出科技应用与视觉极致化的结合，把科学的思维、理念、素质、精神通过电视节目的特有表达方式传递给观众，将进一步带动科技节目强化人文关怀，并将着眼点放在解决当下社会难点、痛点问题之上。

希望科技节目成为解决现实问题的实用利器，让越来越多的人拥抱中国科技进步的辉煌！

致：＿＿＿年后的自己

万物同来去（《未来架构师》推广曲）

词：喻江 常石磊

曲：常石磊

有呼吸，嘴角能微风起，
有心跳，一念令山河近；
有眉眼，面孔是天、爱就是雨，
有双足，大地留印、我留泥，
这是我此生为人的足迹。

一息间，就回到初心里，
那时候，天空刚刚被补齐，
歌声起，风为旗、山为坐骑，
缀满星，蓝色天幕做布匹，
那是我来到世界的衣襟。

我在额前留海，
你以血脉为溪。

从此只与万物同在，
好大一场心心相印，
未来还是一段往事，
被生死打断，
又未完待续。

三生为树，五世为鱼，
光阴万物同来同去，
来时眼前一滴沧海，
走时天下的家桑田茂密。

好听到爆
《万物同来去》MV

特别鸣谢：
感谢喻江和常石磊对节目最无私的帮助与支持，这首歌的酝酿甚至久于该档节目。
喻江最初将歌命名为"不一样的人类"，她最懂我们。